徐悲鸿为何在买画时赞画

为何饥肠辘辘时难以自我实现

绘本典藏版

你的第一本心理学

NIDE DIYIBEN XINLIXUE

宿文渊 编著

江西美术出版社
全国百佳出版单位

图书在版编目（C I P）数据

你的第一本心理学 / 宿文渊编著. -- 南昌：江西美术出版社, 2017.7（2019.1重印）
ISBN 978-7-5480-5432-0

Ⅰ.①你… Ⅱ.①宿… Ⅲ.①心理学—通俗读物 Ⅳ.①B84-49

中国版本图书馆CIP数据核字(2017)第112569号

你的第一本心理学

宿文渊 编著

出 版：江西美术出版社
社 址：南昌市子安路66号 邮编：330025
电 话：0791-86566329
发 行：010-88893001
印 刷：深圳市彩美印刷有限公司
版 次：2017年10月第1版
印 次：2019年1月第2次印刷
开 本：880mm×1230mm 1/32
印 张：10
ISBN ：978-7-5480-5432-0
定 价：36.00元

前　言

心理学是一门探索心灵奥秘，揭示人类自身心理现象的发生、发展和活动规律的科学，它的研究及适用范围涉及与人类密切相关的各个领域，如教育、医疗、军事、司法、管理等，对人的生活有着深远的影响。同时，对于个体而言，企业管理、工作学习、人际关系、恋爱婚姻等都需要了解人的心理，都离不开心理学。可以说，心理学与我们的生存乃至发展息息相关。

目前，心理学已经在许多领域形成了分支学科，涵盖了人类社会生活的方方面面。随着心理学的逐步发展，人们逐渐认识到心理学的应用范围越来越广，对人类生活所起的作用也越来越大，因此，掌握并能够应用一定的心理学知识在现代社会就显得尤为重要。鉴于此，我们编撰了这本《你的第一本心理学》，旨在为读者提供轻松、高效地掌握心理学的方法，拥有幸福与成功。

每天读点心理学，可以洞悉人性，洞察人心。人具有多面性，在不同的时间、地点，面对不同的人、事、物，会有不同的表现；人性也并不可以一概而论，有美与丑之分。这就为我们的沟通与交往设置了重重障碍。但是人的思维方式、行事方法都是有章可循、具有一定的规律性的，这也正是心理学所研究的主要内容之一。因此，了解并掌握一定的心理学知识，就可以依据既定的心理活动规律，透过具有迷惑性的语言、行为等外在表象，洞悉人性，了解他人。洞悉人性，才能掌握人性的弱点与优点，找到通往成功的捷径。

每天读点心理学，可以圆通处世，知晓方圆。很多人之所以一辈子碌碌无为，原因就在于其不明白怎样做人做事。会做人、会做事才能圆通处世，圆润为人。美国前总统西奥多·罗斯福曾说："成功的第一要素是懂得如何搞好人际关系。"人是社会性的动物，同他人的合作与竞争几乎构成了人类生活的全部。了解并掌握心理学知识，能够提高人际交往的能力，更好地同上司、下属、客户、家人及朋友进行良好沟通。先知后行，才能把握先机。

每天读点心理学，可以识破诡计，掌控他人。在这个波谲云诡的时代，斗勇是低等的争斗，斗智是高端的竞争。若想在竞争激烈复杂的社会中占有一席之地，除了必备的基本技能，掌握并利用人的心理达到目的，是成功的必备要素之一。“有人的地方就有心理”，掌握了心理学知识，可以透过纷繁复杂的表象，一眼认清事实的真相；可以先一步知晓他人的内心，从而掌控对方。知己知彼，才能百战不殆。

本书内容丰富全面，技巧实用，可读性强，以理论联系实际，以事例为佐证，贴近现实生活，循序渐进地介绍了心理学的基本知识及其在生活中各个方面的应用，教你识破并学会应对各种心理学诡计，洞悉人性，趋利避险，精明生存；掌握快速透视对方内心、迅速赢得他人喜欢、获取对方信任和赞同、让他人心甘情愿帮忙的心理策略。同时，书中介绍了最有用的经典心理学定律，让你打破思维定式，走出竞争困境，学会利用心理力量赢得幸福与成功；色彩心理学将带你走进色彩的世界，认识色彩与心理学的神秘联系，透过色彩斑斓的表象认识周围的世界并看透背后的真实。

日常生活中的许多现象背后都包含着心理学规律，只是我们没有注意到罢了。阅读本书，你将可以利用心理学知识及技巧，看清看透他人，解决生活中出现的各种问题，轻松驾驭生活，从而拥有健康的身心、和谐的家庭、满意的工作、圆满的人际关系、完美的心态和幸福的生活，让你具有超强的心理掌控能力，能够掌控工作、掌控生活、掌控人生，最终成就梦想，拥有幸福。

目录

CONTENTS

你的第一本心理学

第一篇 迎头撞上心理学

第二篇 心理学的“诡计”

第三篇 掌控他人的心理策略

第五篇 色彩心理学

A
12 13 14
C

第一篇

迎头撞上心理学

PART 01 “眼见为实，耳听为虚”——感觉

寒冬，“冻死了”为何会脱口而出

在寒冷的冬天，人们在外面时间过长，常常会慨叹：“冻死了！”由此可见，大家对“感觉”这一现象并不陌生。

事实上，人体上分布着很多神经，这些神经支配着我们的眼、耳、鼻、舌、皮肤等感觉器官，于是，我们通过感觉器官和感觉神经把外界的声、光、味、冷、热等传到大脑，即所谓的感觉。感觉是人脑对直接作用于感觉器官的客观刺激物的个别属性的反应。从生理学角度分析，感觉是神经系统对外界刺激的反应。它只对客观刺激的个别属性做出反应，因而，也是最简单的心理活动。

感觉的形成要依赖于感觉系统。感觉系统由感受器、感觉通络及大脑感觉皮层组成；各部分各司其职，共同完成整个感觉过程。感觉系统工作的第一步就是将外界各种能量形成的刺激（如：光、声波）转变成能量在神经系统中传导的生物电信号，完成这种转变的装置就是感觉系统的感受器。

感受器对神经形成的某种刺激特别敏感，该刺激就是感受器的适宜刺激。例如，人眼的适宜刺激是400～700纳米的光波。不同的适宜刺激引起感受器的反应，感受器把刺激转化成能量，引起神经冲动，从而形成感觉。感觉形成后，感觉的作用也就开始发挥了。

感觉是由某种刺激物作用于感觉器官而引起的，但并非任何刺激物都能

引起感觉。例如，人们无法看到落在皮肤上的灰尘，也无法感觉到它的重量。只有当刺激物的作用达到一定强度时，才可能引起感受器的反应，发放神经冲动引起感觉。感觉器官这种对适宜刺激的感受能力称为感受性。

从前，有个国王，国王有个小公主，她最受国王喜爱。国王总嫌小公主长得太慢。这天，他派人找来了一个医生，命令医生："你给公主一种药，让她吃了马上长大。办到了，我重重赏赐；办不到，我就杀了你。"医生寻思了一阵，说："这种药我从前有过，只是年深日久，早已用完。不过，我可以立即去找。只是用这种药，必须遵守一个条件：在我去找药期间，你必须同公主分开，相互不能见面。不然，公主就是吃了这种药，也不见效。"

国王虽不愿和女儿分开，可他巴望着公主快快长大，也就答应了。医生到远方去找药，一去就是12年。医生把带回的药给公主服了，然后领着她去见国王。大殿里，一个长得高挑又十分美丽的姑娘站在国王面前。国王拉着公主的手，从头看到脚，乐得合不拢嘴。国王连声夸奖医生有本事，还赏给他很多奇珍异宝。

故事中的那位国王，因为每天都和心爱的女儿在一起，因此对小公主的成长变化的差别感受性就很小。那位医生改变了刺激国王视觉的时间和空间模式，使国王的感受性发生了变化。12年后进行对比，虽是同一个刺激物，作用于同一感受器官，但国王的差别感受性却提高了。

科学地讲，感受性有绝对感受性与差别感受性之分。感受性的强度以感觉阈限的大小来衡量。所谓感觉阈限，指能引起感觉并持续一定时间的刺激量，可分为绝对感觉阈限和差别感觉阈限。绝对感觉阈限是指刚刚能引起感觉的最小刺激量。对绝对感觉阈限的感觉能力称为绝对感受性（即对最小刺激量的感觉能力）。差别感觉阈限是指刚刚能引起差别感觉的两个同类刺激物之间的最小差别量，也称最小可觉差。对差别感觉阈限的感觉能力称为差别感受性（即对同类刺激最小差别量的感觉能力）。

概括来讲，我们在现实世界里对冷、热等各种感受的不经意慨叹，不过都是人体感觉的反应而已。

水墨画中为何出现“皎洁”的月亮

当在晚间看书时，你不妨做一个实验，即用你的双眼注视远处的灯光，同时用书作为你眼前的屏幕，上下迅速移动你的双眼，这时你会发现，所见的远处的灯光并不因为眼前书本的隔离而有间断的感觉。你也可以在夜晚熄灯前做这样的实验，将房间的灯快速开关一次，在熄灯的短暂时间里，你的视觉仍然留存着灯亮时的形象。这种视觉刺激虽然消失了，但感觉仍然暂时留存的现象，就称为视觉后像。

当两种不同颜色或不同明度的物体并列或相继出现时，我们的视觉感觉会与物体以单一颜色或单一亮度独立出现时不同，即无色彩时的视觉对比会引起明度感觉的变化；有彩色的视觉对比则会引起颜色感觉上的变化，使颜色感觉向背景颜色的互补色变化，这就是视觉对比。比如，在绿色背景上放一灰色方块，双眼注视这一方块时会觉得方块带上了红色调。

右图是一幅中国水墨画。画上那幅皎洁的明月是多么逼真啊！实际上，画上只是用淡墨在月亮的周围绘出了夜空的阴

影，良好的艺术效果是由于利用了我们眼睛的侧抑制作用的结果。画上的月亮的亮度与稍远一些地方的夜空是一样的，但在我们的眼睛看去却感到它十分明亮，而夜空又很黑暗。其实这是一种特殊的视觉现象——马赫带现象，即在明暗变化的边界上，常常在亮区看到一条更亮的光带，在暗区则看到一条更暗的线条。

在日常生活中，只要我们留心，经常可以观察到马赫带现象：比如，当我们凝视窗棂的时候，会觉得在木条两侧各镶上了一条明亮和浓黑的线，即在窗户纸这边出现一条更明亮的线条，在木条那边出现一条更暗的线条。在观察影子的时候，在轮廓线的两侧也会看到马赫带现象。暗的地方更暗，亮的地方更亮。

请你闭上左眼，将书竖于正前方约20厘米处，用右眼注视图中的×记号，然后前后移动书页，突然之间你会发现右边的那只小老鼠消失了（记住你的右眼一定要始终盯住那个×记号）。

奥秘在于小老鼠掉进了“盲点”中。

盲点，指的是在视网膜上无法产生任何视觉的地方。视网膜上有一处最不敏感的区域，叫作视盘。视盘上没有任何感光细胞，光线投射在上面，不能产生视觉冲动，当然也就没有视觉经验，故生理学上称之为盲点。

盲点虽被称作“点”，实际是一个区域，每只眼睛都有这样一个没有感光细胞的小区。我们的眼睛既然有这一缺陷，那么我们看东西时岂不是会出现一个个空白？其实并不是会这样，因为我们的身体会对它做出补偿。补偿之一是我们通常用双眼视物，双眼视野部分重叠，一个眼睛看不见的地方另一个眼睛却看得见。

盲点虽然真实地存在于每个人的眼中，但我们却感觉不到它的存在，对我们的生活也不会带来什么不便。

音乐为何成为人类通用的语言

人们常说“音乐是人类的通用语言”。没错，即使不用睁大眼睛去看，只要我们用心聆听，就可以理解乐声传达给我们的讯息。而实现这一切，还要归功于我们的听觉。

听觉是人类感知世界的一个重要途径，是人们接收外界刺激的第二个最主要通道。人类生活在充满声音的物质世界里，我们几乎每时每刻都在接收外界声音刺激。听觉使我们能够享受到美妙的音乐和小鸟的歌唱，它使我们能与家人和朋友们交谈。电话铃声、敲门声和汽车的喇叭声能对我们进行提醒告诫，火车轮子的吱吱声和心脏的杂音能使我们做出质量的评价和临床诊断。所以，通过听觉人们可获得声音所传递的各式各样的信息，得以沟通往来、欣赏音乐、传授知识、交流思想。听觉影响到人们实际生活的许多方面，也是认识外界的重要信息源。

和视觉一样，听觉也需要听觉刺激。它是由物体振动产生的。例如，悠扬的琴声是由琴弦的振动产生的，婉转的鸟鸣是由鸟儿声带的振动产生的。物体振动时对周围的空气产生压力，使空气分子做疏密相间的运动，就形成了声波。声波再通过空气传递到人耳，使在耳中产生了听觉。

如同眼睛那样，耳的结构也十分精妙。它由外耳、中耳和内耳构成，内耳具有能够将外部环境的声音刺激转变为神经冲动的听觉感受器（声波刺激的换能器），听觉信息由听神经传入中枢神经系统，经过复杂的听觉传导通路，最终到达大脑皮质的听觉区，该区域位于大脑颞叶的颞上回。

一个声音传来，我们一般能听出声音来自哪里，这种现象就是听觉的空间定位，听觉对我们进行空间定位是很重要的。盲人判断事物，主要靠听觉，但就听觉而言，单靠一只耳朵进行空间定位时，不能十分有效地判断声源的方位，但却可以有效地判断声源的远近。

我们要准确地判断声源的方位，必须用两只耳朵协同作用。由于我们的双耳位于头部左右不同的位置上，因而当声音从左右不同的方向传过来，到达我们双耳时就会有一个先后的时间差，这一短暂的时间差就成为我们对声源左或右定位的重要线索；而当声波同时到达我们双耳时，我们就会对声源进行定位。

另外，声音到达我们双耳时不仅有先后的时间差，而且还会有强弱的不同，这也是我们对声源进行空间定位的重要线索。比如，当声音来自左方时，由于头部的阻挡，左耳接收到的声波要比右耳接收到的声波强一些，由此对声源进行有效的定位。

很多人好奇，为什么世界上的声音千差万别呢？其实，这是由音调决定的。音调主要是由声波频率决定的听觉特性。声波的频率不同，人耳听到的音调高低也不同。音乐的音调一般在50Hz～5000Hz之间，言语的音调一般在300Hz～5000Hz之间，人的听觉频率范围为16Hz～20000Hz。其中1000Hz～4000Hz是人耳最敏感的区域。

轰隆的飞机、呼啸而过的火车、刺耳的电锯声，人耳在听到这些声音的时候，会感觉非常难受，这其实和声音的音响有关。音响是由声音强度决定的一种听觉特性。强度大，听起来响度就高，反之则响度低。测量音响的单位为贝尔或分贝尔。

在一间安静的房间内，我们可以听到钟表的“嘀嗒”声、暖气管中的水流声、窗外的流水声，但是如果室内人声嘈杂，上面的那些声音马上就会听不到了。这种现象被称为声音的掩蔽。下面这则故事中的小孩就充分利用了声音掩蔽的现象。

一位富有的农夫在巡视谷仓时，不慎将一只名贵的手表遗失在谷仓里，他在偌大的谷仓内遍寻不到，便定下赏金，要农场上的小孩到谷仓帮忙，谁能找到手表，便给他50美元。

小孩们在重赏之下，马上都卖力地四处翻找。只有一个贫穷的小孩，在众人都忙着寻找手表的时候，坐在那里不为所动。谷仓内尽是成堆的谷粒，以及散置的大批稻草，要在这当中找寻小小的一只手表，实在是大海捞针。

小孩们忙到太阳下山仍无所获，一个接着一个放弃了50美元的诱惑，一起回家吃饭去了。那个贫穷的小孩在众人都离开之后，才开始努力寻找那只手表，原来他早就有了主意，手表在谷粒

中肯定会发出声音，那么多人一起寻找，吵吵嚷嚷，手表发出的声音肯定听不到，若天色晚了，没人的时候，就一定可以听到手表的“嘀嗒”声，这样就能找到手表了。

谷仓中慢慢变得漆黑，小孩虽然害怕，但他仍然凝声屏气，默默寻找。突然他发现在人声静下来之后，出现了一个奇特的声音。那声音“嘀嗒、嘀嗒”不停地响着，小孩立刻停下所有动作，谷仓内更安静了，“嘀嗒”声也响得十分清晰。小孩循着声音，终于在偌大漆黑的谷仓中找到了那只名贵的手表。

故事中的小孩子非常聪明，他巧妙地利用听觉帮自己找到了手表。事实上，萧瑟的风声、潺潺的流水、悠悠的琴声、啾啾的鸟鸣、优美的歌声……如此一个优美动听、充满生机的世界，都是听觉赐给我们的珍贵礼物。

冷热、香臭及疼痛之感何来

除了视觉和听觉，我们还有其他的感觉，如触觉、温度觉、痛觉、嗅觉、运动觉和平衡觉等。

1.触觉

触觉是皮肤感觉中的一种，是轻微的机械刺激使皮肤浅层感受器兴奋而引起的感觉。触觉感受器在头、面、嘴唇、舌和手指等部位的分布都极为丰富，尤其是手指尖。

人们自身的触觉对机体是有益的，如经常伸一伸懒腰、半躺在摇椅上前后摇摆，可以松弛神经系统；经常进行桑拿浴、淋浴、擦身和按摩，可以使痉挛的肌肉放松下来。

2.温度觉

温度觉由冷觉与热觉两种感受不同温度范围的感受器，感受外界环境中的温度变化所引起的感觉。对热刺激敏感的叫热感受器，对冷刺激敏感的叫冷感受器。两种感受器在皮肤表层中，均呈点状分布，叫作热点和冷点。温度感受器在面部、手背、前臂掌侧面、足背、胸部、腹部以及生殖器官的皮肤分布比较密集。冷点多于热点，在面部的皮肤每平方厘米约有16~19个冷点，热点的数目比冷点少4~10个。在一定范围的温度内，两种感觉表现有一定程度的适应能力，在发生适应时，对温度刺激的敏感度明显降低。热感受器的适应只需几秒钟，但热觉的适应则需几分钟以上，可见人对热的适应并非完全决定于热感受器，而必须有中枢神经系统的适应功能参与。在热天澡盆内水温为28℃时，刚进入时觉得冷，过一段时间后，也会适应，这种现象决定于人皮肤温度与环境温度的差别。所以，对于冷、热的感觉是相对的。

3.痛觉

你或许曾经有过这样的经历：你正在吃菜，突然不小心咬到了一只红辣椒。此时你感受到了前所未有的辣，急忙喝水，试图用水来消解辣给你带来的痛苦。可是你知道吗，此时你感到的“辣”的感觉其实是一种痛觉。

痛觉是人类的感觉之一。疼痛是一种复杂的主观体验，痛觉常常伴有强烈的情绪反应，而且情绪反应总是单向的，即总是伴有不愉快感，具体表现为忧虑、恐惧、害怕，表情多有痛苦状。任何刺激过度都会引起痛觉。

痛觉体验虽然不为人们所喜欢，但它却是人体进行自我保护的一个重要手段。它可以告诉我们身体某部位受到了伤害，这样我们就会及时对受伤处进行处理和诊治。

痛觉的感受器是皮肤下各层中的自由神经末梢。如果在引起痛觉的刺激发生时，例如刀割、针扎等，一般会使机体组织细胞破裂，组织系统释放出某些化学物质，这些物质接着便会刺激神经末梢，从而痛觉就产生了。

4.嗅觉

嗅觉是由有气味的气体物质引起的。种种气体物质作用于鼻腔上部黏膜中的嗅细胞，产生神经兴奋，经嗅束传至嗅觉的皮层部位——海马回、沟内，产生嗅觉。

人类的嗅觉末梢神经细胞，虽分布在鼻内的嗅觉上皮，却直接暴露在空气中，不像耳朵或眼睛的神经细胞。耳朵的听觉神经细胞，有淋巴液、卵圆窗及耳膜，与外界分开。眼睛的视神经细胞，有玻璃状液、水晶体及角膜，隔离外界。而且嗅觉神经细胞能持续替换它们自己，称为“复制现象”。但是视网膜或内耳神经细胞，几乎无法修补它们的损伤。这是嗅觉神经与其他两者最大的差别。

5.运动觉和平衡觉

在看NBA球赛时，我们看到一个球员打出好球时，会感觉赏心悦目。其

实，运动员打出一个好球，和其自身内部的运动觉和平衡觉有极大的关系。

运动觉是关于肌肉以及关节运动状况和动态位置的感觉，其感受器位于身体骨骼肌及其与关节相连接的肌腱之中。平衡觉是关于身体平衡状况的感觉，在正常情况下，平衡觉与运动觉协同工作，为我们提供关于身体运动（加速、减速或旋转等）以及身体位置（与重力作用的关系）的信息。重力作用引起头上脚下的身体位置感觉，但是在失重状况下，如果给你的脚部施加压力，就会使你产生站立的感觉，而如果给头顶一个压力，则会使你产生倒立的感觉。

产生平衡觉的感受器是位于前庭器官中的毛细胞。前庭器官的一个显著特征是与耳蜗相邻的三个半规管。如果身体运动对平衡觉感受器的刺激过强，就会引起眩晕的感觉。此外，视觉对于平衡感觉也会产生作用。

当感觉被剥夺时，人类会怎样

感觉对人类非常重要，人类一旦失去感觉，后果将不堪设想。对于一个正常人来说，没有感觉的生活是不可忍受的。没有刺激、没有感觉，人不仅不会产生新的认识，而且也不能维持正常的心理生活。

感觉是我们关于客观世界一切知识的最初源泉。如果一个人丧失了全部感觉能力，那他就不可能产生认识，更不可能产生情感和意志。感觉的发展在人的智力培养中也起着重要作用，从某种意义上说，没有感觉器官的充分训练和经常运用，就不会有学习和教育，不会有认识能力的发展。

许多心理学家以“感觉剥夺”实验论证了感觉对于维持我们正常的身心机能是十分必要的。

第一个感觉剥夺实验的研究工作是由加拿大麦吉尔大学的心理学家赫布和贝克斯顿在1954年进行的。他们征募了一些大学生为被试，这些大学生每忍受一天的感觉剥夺，就可以获得20美元的报酬。当时大学生打工的收入一般是每小时50美分，因此一天可以得到20美元对当时的大学生来说可以算是一笔不小的收入了，而且在实验中，大学生的工作好像是一次愉快的享受，因为实验者要他们做的只是每天24小时躺在有光的小房间里的一张极其舒服的床上，只要被试愿意，尽可以躺在那儿白拿钱。

在实验的过程中，给大学生被试吃饭的时间、上厕所的时间，但除此之外，严格地控制被试的任何感觉输入，为此，实验者给每一位被试戴上了半透明的塑料眼罩，可以透进散射光，但图形视觉被阻止了；被试的手和胳膊被套上了用纸板做的套袖和手套，以限制他们的触觉；同时，小房间中一直充斥着单调的空调的嗡嗡声，以此来限制被试的听觉。

参加实验的大学生们本以为实验为他们提供了一次安安心心睡上一大觉的机会，他们正可利用感觉被剥夺后的清静安宁，思考学业或整理毕业论文的思路。但学生们不久就发现，他们的思维变得混乱无章，他们忍受不了几天就不得不要求立刻离开，放弃20美元的报酬。

实验后，学生们报告说，他们对任何事情都无法进行清晰的思索，哪怕是在很短的时间内。他们感觉自己的思维活动好像是“跳来跳去”的，进行连贯性的集中注意和思维十分困难，甚至在感觉剥夺实验过后的一段时期内，这种状况仍持续存在，无法进入正常的学习状态。还有部分被试报告说，在感觉剥夺中，体验到了幻觉，而且他们的幻觉大多都是很简单的，比如有闪烁的光，有忽隐忽现的光，有昏暗但灼热的光。只有少数被试报告说是体验到较为复杂的幻觉，比如曾有一个被试报告说他“看到”电视屏幕出现在眼前，他努力尝试着去阅读上面放映出的不清楚的信息，但却怎么也“看”不清。

自此之后，许多学者发展出了多种形式的感觉剥夺实验研究方法，所有的实验都显示了在感觉剥夺情况下，人会出现情绪紧张、忧郁、记忆力减退、判断力下降，甚至各种幻觉、妄想，最后难以忍受，不得不要求立即停止实验，把自己恢复到有丰富感觉刺激的生活中去。可见，丰富的感觉刺激对维持我们的生理、心理功能的正常状态是必需的，人们需要在日常生活中接收各种各样的刺激以及由此产生相应的感觉。

将世界尽收眼底

关注旅游资讯的朋友，应该非常熟悉这样一句宣传语：“将××美景尽收眼底！”事实上，因为拥有视觉，不只是美景，我们可以将能够看到的整个世界尽收眼底。

视觉是人类最重要的一种感觉。它主要由光刺激作用于人眼所产生。在人类获得的外界信息中，80%来自视觉。

要想看见东西，就需要光。我们能看到的是可见光，而可见光是一种电磁波。我们的双眼能接收的电磁光波仅仅是整个电磁光谱的一小部分，不到1/70，波长范围大约为380～760纳米。用380～760纳米的光依次照射我们的眼睛，我们的双眼将依次产生紫、蓝、绿、黄、橙、红等各色的感觉；将不同波长的可见光混合照射我们的眼睛，我们的双眼就可以产生各种不同颜色的感觉；而将所有可见光的波长混合起来，则会产生白色。

我们之所以能够产生清晰的视觉主要是由眼睛各部分共同协调工作的结果。眼睛是由许多细小部分组成的复杂器官，而每部分对于正常的视觉都是至关重要的。人能看到一个具体的物体，如树木是通过光把树木反射到人的眼睛，从角膜进入眼，再通过虹膜（眼前部含色素的薄膜），虹膜通过收缩瞳孔控制光的进入量。例如，光强的时候，瞳孔就收缩到大头针头大小，以控制过多的光进入。光弱的时候，瞳孔就放大以便进入更多的光。然后，光到达晶状体，晶状体把光投射到视网膜上。

健康的眼睛能根据物体的远近自动调节。看近物时，眼睛的睫状肌收缩，晶状体凸度增加；看远物时，睫状肌松弛，晶状体凸度减小。

晶状体后面和视网膜前面是玻璃体，它含有一种透明的胶状物质，叫玻璃状液。光通过玻璃体进入视网膜。视网膜覆盖眼睛的2/3，控制视觉宽度。视觉清晰时，光能直接聚焦在视网膜上。如光线聚焦在视网膜前或后，视觉就会模糊不清。

视网膜是由几百万个专门从事接收光的细胞组成的，叫视网膜杆锥体，它把光变成电流信号，通过视神经传送到脑部。视网膜杆锥体有在黑暗中观察和识别各种颜色的功能。位于视网膜中部的黄斑是锥体最多的部分。黄斑中部的小凹状体是锥体最集中的地方。黄斑负责中心视觉，能识别颜色和物体的细节。

视网膜周围主要是杆体，能在黑暗中观看，能识别运动和两侧的物体。视神经位于视网膜后面，负责将接收光细胞的信号传送到脑部。每只眼睛传送的形象信号略有差别，图像是倒置的。到达脑部，图像就矫正过来，形成一个图像。

生活中，我们通常会对那些颜色鲜艳的物体产生深刻的印象，如红色的旗帜、碧绿的草原等。我们之所以能看到五颜六色的物体，主要是由于这些物体反射到感觉接收器上的光线不同。不同波长的光线会产生不同的颜色。如蓝光处于短波末端，橙红色处于长波的末端。

我们对不同颜色的体验可以从三个维度来描述：色调、饱和度、亮度。

1.色调

色调主要决定于光波的波长。对光源来说，占优势的波长不同，色调也就不同。例如，如果700nm（纳米）的波长占优势，光源看去是红的，如果510nm的波长占优势，光源看去是绿的。对物体表面来说，色调取决于物体表面对不同波长的光线的选择性反射。如果反射光中长波占优势，物体呈红色或橘黄色；如果短波占优势，物体呈蓝色或绿色。

2.饱和度

指色彩的纯洁性。各种单色光是最饱和的色彩，物体的色饱和度与物体表面反射光谱的选择性程度有关，越窄波段的光反射率越高，也就越饱和。对于人的视觉，每种色彩的饱和度可分为20个可分辨等级。

3.亮度

物体对光的反射率越高，我们就越感到明亮；吸收光越多，则越暗。我们的视觉大约可以分辨500个不同等级的亮度。

200个色彩×20个饱和度×500个亮度=200万个颜色视觉。

仅靠我们的眼睛，就可用两百万种的形式来感受外部世界，那真是叫五颜六色、多姿多彩了。

PART 02 障眼法总能瞒天过海——知觉

拇指竟能遮住帝国大厦

我们所处的环境中充满了光波和声波，但是那并不是我们体验世界的方式。你看到的不是光波，而是墙上的海报；你听到的不是声波，而是广播中的音乐。感觉只是“演出”的开始，还需要更多的东西才能使刺激变得有意义和有趣，而最重要的是你能做出有效的反应。知觉是一系列组织并解释外界客体和事件产生的感觉信息的加工过程。这些加工过程提供额外的解释，成功地为你在环境中导航。

一个简单的例子可以帮助你思考感觉和知觉的关系。如下图，把一只手放到面前尽可能远的地方，然后把手移近面孔。当手向面孔靠近时，它在你的视野中占据的面积越来越大。这时你可能无法看到被手遮住的大楼。手是如何遮住大楼的？手变大了吗？大楼变小了吗？你的回答肯定是“当然不是”。这个例子告诉我们一些感觉和知觉的差别。你的手能够遮住大楼是因为当手离面孔越来越近时，手投射到视网膜上的像越来越大。是你的知觉加工使你懂得，尽管手投射到视网膜上的像在变化，但你的手和大楼的实际大小是不变的。

可以说，知觉的作用是使得感觉有意义。知觉加工从连续变化，并且经常是没有秩序的感觉输入中，提取信息并把它们组织成稳定且有序的知觉。

知觉以感觉为基础，但它不是个别感觉信息的简单总和。例如，我们看到一个三角形，它包含三条直线。但是，把对三条直线的感觉相加在一起，并不等于知觉到一个三角形。知觉是按一定方式来整合个别的感觉信息，形成一定的结构，并根据个体的经验来解释由感觉提供的信息。它比个别感觉的简单相加要复杂得多。我们日常看到的不是个别的光点、色调或线段。

知觉作为一种活动、过程，包含了互相联系的几种作用：觉察、分辨和确认。觉察是指发现事物的存在，而不知道它是什么。例如，我们在校园内的马路上散步，忽然发现路旁有一个闪闪发亮的东西。这时我们只是觉察到一个物体的存在，还不知道它是什么。分辨是把一个事物或其属性与另一个事物或其属性区别开来。确认是指人们利用已有的知识经验和当前获得的信息，确定知觉的对象是什么，给它命名，并把它纳入一定的范畴。例如，当我们走近路旁那个闪闪发亮的东西，经过仔细观看和摆弄之后，看清它的形状是圆的，它的光亮的表面能够反映出自己面部的形象……从而把它与其他事物区分开来，并断定它是一面镜子，这就是分辨和确认。在知觉过程中，人对事物的觉察、分辨和确认的阈限值是不一样的。如果说人们比较容易觉察一个物体是否存在，那么要确认这个物体就要困难得多，需要的加工时间也更长。

知觉和感觉一样，是对客观事物具体形象的直接反映，仍属于感性的认识形式。

人们在社会实践中积累的知识和经验对知觉的形成有独特的作用。实践是知觉的基础，人们在社会实践中产生反映客观事物的各种感觉，由此才能获得反映事物整体形象的知觉。一般来说，客观事物作用于人的感觉是多方面的和零碎的，因此，人们对事物的整体反映总是要借助于已有的知识和经验。如果对某事物没有一定的知识和经验，那就不可能对该事物立即产生整体的感性形象的反应。

知觉是感觉和思维之间的一个重要环节，它对感觉材料进行加工，为思维准备必要的条件。

下面这则寓言故事反映了狐狸的知觉，在只看到葡萄的情况下，两次对葡萄的味道做出判断。

葡萄架上，绿叶成荫，挂着一串串沉甸甸的葡萄，紫的像玛瑙，绿的像翡翠，上面还有一层薄薄的粉霜呢！望着这熟透了的葡萄，谁不想摘一串尝尝呢？

从早上到现在，狐狸一点儿东西还没吃呢，肚皮早饿得瘪瘪的了。它走到葡萄架下，看到这诱人的熟葡萄，口水都流出来啦！可葡萄太高了，够不着。

怎么办？对！跳起来不就行了吗？狐狸向后退了几步，憋足了劲儿，猛然跳起来。可惜，只差半尺就够着了。

再来一次！唉，越来越不行，差得更多，起码有一尺！还跳第三次？狐狸实在饿得没劲儿，跳不动了！一阵风吹来，葡萄的绿叶“沙沙”作响，飘下来一片枯叶。狐狸想：“要是掉下一串葡萄来就好了！”它仰着脖子，等了一阵，毫无希望，那几串葡萄挂在架上，看起来牢固得很呢！“唉——”狐狸叹了口气。忽然，它笑了起来，安慰自己说：“那葡萄是生的，又酸又涩，吃到嘴里难受死了，不呕吐才怪呢！哼，这种酸葡萄，送给我，我也不吃！”

于是，狐狸饿着肚皮，高高兴兴地走了。

人对于客观事物能够迅速获得清晰的感知，这与知觉所具有的基本特性是分不开的。

魔术为什么能“欺骗”观众的眼睛

自魔术师刘谦在春晚上大显身手之后，无数观众对其魔术如痴如醉，而且都希望能够掀开其魔术的神秘面纱。如此强大的影响力，不禁让我们自问，魔术表演为什么能使人们如此好奇呢？

事实上，所谓“魔术”，不过是魔术师利用高明的手法及障眼法，对人们在现实生活中办不到，或实现不了的事物进行神速变化，从而实现视觉真实感应，让人们对“魔术”产生无比震惊的感观，和对生活无限美好的幻想与向往。

你是否还记得，刘谦与董卿合作表演的“心灵魔术”。在表演前，刘谦问董卿：“你是不是托儿？”董卿很严肃地说：“保证不是。”之后，刘谦表演了通过“脑电波”让纸牌现形的魔术。在他表演过程中，有的观众发现了小破绽：刘谦右手的指头在动，好像是在隔着玻璃画圈；也有观众指出刘谦自己切牌，早知道董卿拿的是圆圈牌，他所谓点上墨水的牌其实是隐形的圆圈牌，最后纸上的试剂起的化学反应显现出来。看到大家都爱揭秘他的魔术，刘谦干脆在现场自我揭底“障眼法”，他在一个纸袋中变出一杯啤酒时，故意露出了纸袋背后事先就开好的大口子。他说，第一次表演这个魔术时不小心让观众看到了这个口子，之后经过无数次练习，才练成了现在

这双魔手。

还有超级魔术师大卫的“锯人”表演，也是大同小异。大卫在表演时，让他的助手们把一个长方形木箱抬到一张桌子上。箱子的上面和四周均可打开，向观众交代以后，一位女助手躺进箱子，将头和脚露在箱子两端的小孔外面。于是，他拿起锯子，把箱子连同女助手一锯为二，在锯缝中再插入两块板。现在可使箱子的两部分互相脱离了，观众们看到女助手的脚在动、脸在笑。知道为什么吗？原来，参与表演的有两名女助手，第二名助手事先早就躺在桌子里面了。这位人们看不见的女助手可通过箱子底部的翻板把腿伸进箱子，使脚露在箱外，而当着观众的面进入箱子的女助手却把腿曲了起来。

美国心理学家在1999年曾进行了一个著名的实验，这个实验对于我们理解魔术大有帮助。

研究人员找了许多被测试者，让他们为某三人篮球队队员间的传球计数。计数开始后，研究者又让一个穿着大猩猩服装的人从那些被试眼前走过。

谁料，当那些被试专心数数的时候，半数人都没有注意到那只“大猩猩”走过球场，甚至还在场中央停留一会儿拍它的胸脯。

这一现象在心理学中被称作“无意目盲”。心理学家发现，人类会本能地注意到新异刺激，但注意的能力或资源是有限的，当这一资源耗尽时，新的刺激就不能被注意了。上述实验中，由于参与者全神贯注地注意那些运动员，竟然忽视了如此怪异的大猩猩演员。

显然，魔术师非常懂得利用观众的“无意目盲”，也可以看作扰乱观众观察的障眼法。在魔术表演中，观众被魔术师精彩的表演吸引着，不断变化着自己的注视点，再通过动作和现场声光配合，将需要遮盖的戏法放在观众知觉能力降低的时段来进行，完全是利用了观众的知觉弱点。

现在，你应该明白为什么魔术能“欺骗”我们的眼睛了吧？

同一幅画，是人头还是花瓶

请看右面的这张图，你看到了什么？也许你看到的是两个侧面的人头像，但你也有可能看到的是一个花瓶。前者是因为你关注的是四周的阴影部分，后者因为你看的是中间白的部分。

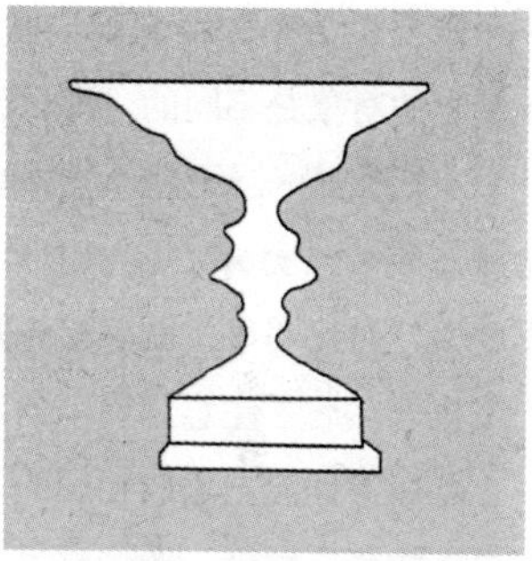

看的是同一幅画，却既可以看成两个相对而视的人头，又可以看成一个花瓶，这究竟是什么原因呢？原来这是心理学中的知觉选择性问题。所谓知觉的选择性，是指在进行知觉时，尽管同时接收很多刺激信息，我们总是把其中一部分作为知觉对象，而把另一些作为背景。比如当看到右边的图形时，我们更容易注意有条纹图案的波形带（即选择条纹图案波形带为知觉对象），而非白色的波形带。知觉的选择性使我们在认识事物时将注意力集中到少数对人有重要意义的信息上，排除次要刺激和信息的干扰，从而有效地识别事物、适应环境。

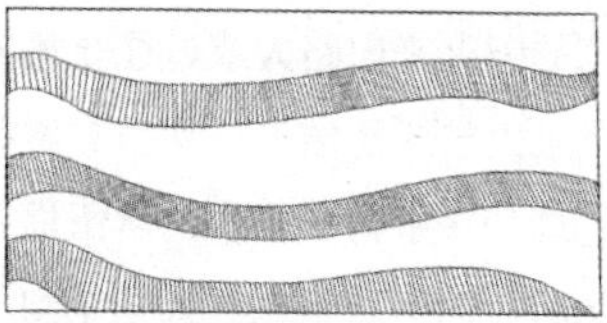

人在知觉客观世界时，总是有选择地把部分事物当成知觉的对象，而把其他事物当成知觉的背景，以便更清晰地感知一定的事物与对象。例如，在课堂上，教师的声音成为学生知觉的对象，而周围环境中的其他声音便成为知觉的背景。在这个意义上，知觉过程是从背景中分出对象的过程。

与背景相比较，知觉对象形象清楚，好像突出在背景的前面，而背景则好像退到它的后面，变得模糊不清。例如，当我们注视教师板书时，黑板上的文字被我们清晰地知觉到，而黑板附近的墙壁、挂图等好像退到它的后面成为模糊的背景。

从背景中区分出知觉对象，依存于下列两个条件：一是对象与背景之间的差别。对象与背景之间的差别越大，对象从背景中区分出来就越容易；反之，则越困难。二是注意的选择作用。当注意指向某个事物时，该事物便成为知觉的对象，而其他事物便成为知觉的背景。当注意从一个对象转化为另一个对象时，原来的知觉对象就成为背景，知觉对象便发生了新的变化。因此，支配注意选择性的规律，也是知觉对象从背景中分出的规律。

知觉的对象与背景是相互依存、相互转换的。人们的知觉是由对象及其背景的相互关系来决定的。知觉的对象与背景的相互转换在双歧图中表现得十分明显。如前面的图，由于知觉的对象和背景不同，看到的结果也就不一样。

现实生活中，引起我们知觉的事物很多，但面对同样的景物，每个人选择知觉的对象是不同的，那么，什么事物会引起我们的知觉选择呢？

一般来说，人的知觉选择与个体的需要、任务、愿望、兴趣、爱好、情绪状态相关。另外，事物本身的特点也决定着是否引起我们的知觉，信息的强度大、对比明显，就容易先知觉。如天空中有一架飞机飞过，我们总是先看到飞机，然后才注意到周围的白云和天空；又如在城市有些马路旁的灯塔、栏杆、路标等处漆上黑白相间的条纹，这样便可突出事物的对比度而引人注目。外界事物色彩鲜艳、图像醒目也容易先被注意到，在市政建设工地上通过用红灯的闪灭来向路人或过往车辆发出警告信号，以引起人们的注意和警惕；道路施工人员或清洁人员穿色彩鲜艳的衣服，以引起过往车辆的注意等，都是这个道理。在游行、集会的队伍里，引导其他人高呼口号的组织者以及队伍中的大幅醒目标语总是先被人知觉到。

知觉选择性在实际中的运用很广泛。在表演舞台上将光柱照射到主要演员身上，就是为了引起观众的注意。在学校里，教师用白色粉笔在黑板上写字，黑白两色形成极大的反差，从而引起学生注意，使他们能更好地学习。但与此相反的，在军事上为了避免引起注意就必须进行伪装，即设法将目标隐蔽于背景当中。如士兵所穿的迷彩服用黄、绿、褐三色组成，图案混杂着斑点和条纹，因为这与自然环境的颜色极其相似，而不规则的图案则打乱了士兵本身的轮廓。另外，在迷彩服色彩的颜料里还掺入了某些化学物质，使其反射红外光波的能力与周围自然景物的反射能力大体相似，从而达到了良好的隐蔽目的。

B或13，答案因你的理解而不同

在一个有趣的心理学实验中，向小朋友呈现如下图的卡片。如果遮挡住字母A和C，小朋友会回答说中间是数字13；如果遮挡住数字12和14，则小朋友会回答说中间是字母B。

你可能要问，同样的字怎么既是13又是B呢？这就要从我们知觉的理解性中找答案了。

知觉的理解性是指人们在知觉过程中会根据自己的知识和经验，对感知到的事物进行加工处理，并用词语加以概括，赋予确定意义。怎样理解面临的信息和事物，要根据个体的知识、经验，对信息进行加工处理。不同经验的人，不同兴趣的人，理解的结果都不一样。如一个专业建筑设计师和一个缺乏建筑知识的人对同一张图纸的理解就有很大的差别。在上例中，如果遮挡住A和C，在见到12和14的情况下，自然就会把中间符号理解为13，同样如果遮住12和14，就会把中间符号理解为B。

对事物的知觉需要已有经验的作用。例如，日本著名写生画家冈山应举画了一幅《马食草图》。一位农夫看了后，便对画家说："这马是瞎马吧？"冈山应举感到很意外，忙说："怎么会是瞎马呢？那眼睛不是睁着吗？"农夫说："马在吃草时，必须把眼睛闭上，使眼睛不被草尖伤着，这马睁眼吃草，准是匹瞎马。"后来，冈山应举经过一番仔细观察，证实了农夫所讲的话。所以，知识经验越丰富，理解就越深刻，理解的速度也就越快。

“左看右看上看下看”都一样

我们周围的世界在不停地变化着，它向我们的知觉系统输送的刺激信息也在不停地改变。我们看到的物体有时离我们近，有时离我们远；有时在我们正前方，有时在我们的两侧；有时处在阳光下，有时又处在阴影中。在这种不断变化的条件下，人如何保持对物体的正确知觉呢？幸运的是，自然选择给予了人的知觉系统一种重要的特性，即知觉恒常性。知觉恒常性是指当知觉的客观条件在一定范围内改变时，我们的知觉映像在相当程度上却保持着它的稳定性。它是人们知觉客观事物的一个重要特性。

在日常生活中，我们常见的知觉恒常性有：

1.形状恒常性

当我们从不同角度观察同一物体时，物体在视网膜上投射的形状是不断变化的，但是，我们知觉到的物体形状却没有显出很大的变化，这就是知觉的形状恒常性。比如，一扇门，在我们面前打开，落在我们视网膜上的影像会随着发生一系列的变化，但我们始终把这扇门知觉成长方形的。

使我们的知觉保持形状恒常的重要线索是有关深度知觉的信息，比如倾斜、结构等，如果这些深度知觉的线索消失了，我们对物体形状的知觉也就不能保持恒定不变了。

2.大小恒常性

同一个物体在我们视网膜上的影像大小，会随着物体距离我们的远近而发生改变，近大远小这是以视觉感受器为基础的视觉现象。但是，我们在判断该物体的大小时，却不纯粹以视网膜上的影像大小为依据，而是把它知觉成大小恒定不变的，这就是知觉的大小恒常性。比如，我们看着面前的小孩子，同时看着远处的一个大人，大人在我们视网膜上的影像要比小孩的小得多，但是在知觉中，我们仍然判断大人高，小孩矮。

3.亮度恒常性

亮度恒常性是指照射物体的光线强度发生了改变，但我们对物体的亮度知觉仍保持不变的知觉现象。决定亮度恒常性的重要因素是从物体反射出的光的强度和从背景反射出的光的强度的比例，只要这个比例保持不变，就可保证对物体的亮度知觉保持恒定不变。比如，两张白纸，不管是在阳光下，还是在阴影中，它们都互为背景和对象，对光的反射比例始终保持不变，因而我们对亮度的知觉也就保持了恒常性。

4.颜色恒常性

一个红苹果，在不同波长的光照射下，所反射出的光的光谱组成也一定是不同的，因而它的颜色必定是变化的，然而，我们仍然把它知觉成红的。这种不因物体环境改变，而仍然保持对物体颜色知觉恒定的心理倾向，就是知觉的颜色恒常性。

恒常性对于人们的正常生活和工作有重要意义。如果人们的知觉随着客观条件的变化而时刻变化，那么要想获得任何确定的知识都是不可能的。研究恒常性不仅有助于建筑、艺术等实践部门的工作，而且有助于现代计算机技术的发展。现代的机器人有“视觉”可以看，有“听觉”可以听，但它却没有知觉的恒常性。因此，当观察条件明显变化时，机器人就难以执行自己原来的任务。如果我们能够把人和动物具有的知觉恒常性赋予机器人，那么计算机将会发挥更大的作用。

PART 03 从“似曾相识”到“我记得你”——记忆

我们是怎么记住事物的

有些东西，我们看过后经久不忘；有些东西我们虽然看过，但事后却怎么也回忆不起来……记忆到底是怎么一回事呢?

记忆是在头脑中积累和保存个体经验的心理过程，运用信息加工的术语讲，就是人脑对外界输入的信息进行编码、存储和提取的过程。

人的记忆能力，实质上就是向大脑储存信息，以及进行反馈的能力。人的大脑主要由神经细胞构成，每个神经细胞的边缘又都有若干向外突出的部分，被称作树突和轴突。在轴突的末端有个膨大的突起，叫作突触小体。每个神经元的突触小体跟另一个神经元的树突或轴突接触。这种结构叫作突触。神经元通过突触跟其他神经元发生联系，并且接收许许多多其他的神经元的信息。神经元传递和接收信息的功能，正是大脑具有记忆的生理基础。人脑约有140亿个神经元，每个神经元上面有3万个突触。这140亿个神经细胞之间联系的突触，用天文数字也难以表达。这样的结构特点，就使大脑成为一个庞大的信息储存库。一个人脑的网络系统远比当今因特网复杂。科学家认为，一个人大脑储存信息的容量，相当于10亿册书的内容，一个人的大脑即使每一秒钟输入10个信息，这样持续一辈子，也还有余地容纳别的信息。这就证明我们大脑的记忆的确惊人。

很难想象一个人如果没有记忆会怎么样，记忆甚至可以说是人生命的源泉，是人生理与心理的一种本质特征。人生是充满活力与创造力的，而一切活力与创造力都离不开记忆这个源泉。失去了记忆，人会失去许多属于“本能”的本领，就很难生活下去。

人类之所以能够认识世界、改造世界而成为万物之灵，关键就在于人类具有卓越的记忆能力。正是依靠这些记忆能力，人类才得以学习、积累和应用各种知识、经验，才能不断地推动历史发展和社会进步。

在生活中，我们常常会发现：有些人的记忆非常好，看过的东西可以过目不忘，而有些人的记忆却比较差，学过的东西很快就忘了。

在谈到这种差别的时候，人们往往把它们归结为生理因素，认为脑袋大、前额宽的人记忆力就好，相反，记忆力就不好。其实，这种说法在科学上是站不住脚的。我们不否认，人的记忆力和生理因素有着密切的关系。智力落后的人，首先是因为他们的大脑发育不正常，影响了学习和记忆的能力。但是，这和他们大脑的轻重、大小并没有必然的联系。只要脑神经发育正常，记忆力的生理因素就相差无几，但拥有正常记忆的人，记忆程度还是有差别。这就是记忆的心理因素造成的。那么，是什么原因造成了人们记忆上的差别呢？

心理学研究表明，影响记忆差别的心理因素主要是由心理倾向性和对记忆规律的掌握不同造成的。

所谓心理倾向性，是指人们对某一事物的兴趣、爱好和注意的程度。我们知道，注意是产生记忆的首要条件。不把注意力集中在所学的东西上，要产生良好的记忆是不可能的。比如，你可能说不出你住的楼房的楼

梯有多少级台阶。这是因为我们根本就没去注意它，并不是记不住。几个人同时去参观一个展览会，回来以后让他们回忆展览会的情况，结果可能大不相同。造成这种差别的一个重要原因就是因为他们的兴趣爱好不同，因而注意的指向不同。所以，记忆的内容也就不一样。有兴趣的东西就看得具体，印象深刻，记得详细，不容易忘记。没有兴趣的东西，就会走马观花，甚至视而不见，听而不闻。因此，在一定意义上来说，心理倾向性对人的记忆活动具有决定性的作用。

除了心理倾向性以外，人们对记忆规律的掌握和运用不同，也是造成记忆差别的重要原因。我们知道，人就像一个信息加工器。当外界刺激作用于人的感觉器官的时候，这个加工器就开始工作起来。经过编码，也就是把刺激物的物理能量转化成感知和记忆系统所能接收的形式，人就把这个刺激信息贮存在自己的大脑里了。换句话说，就是记住了这个事物。比如，我们读一首诗，诗句的书面字符作用于我们的眼睛，转化为神经脉冲，传到大脑中枢，引起有关字符的感知觉，同时，过去已经贮存在大脑里的一些有关的信息也被激活，跟眼前的诗句建立起联系，再经过多次的诵读，多次的刺激，我们就把这首诗记在脑子里了。

你可能有过这样的经历，刚看过的内容有些能够长时间地保存在你的头脑中，有些则很快在脑海中消失。心理学家将能够长时间保持的记忆称为长时记忆，而在不到几分钟就忘了的记忆叫作短时记忆。心理学家还发现有一种记忆的时间更短，不到几秒钟就会忘记，并把这种记忆叫作瞬时记忆。不到几秒钟就忘记，这还能称为记忆吗？在心理学家眼里，记忆是指所有曾在我们脑海中留下的痕迹，而不在乎其长短。

为什么看得清，却记不住

下班回家的路上，小唐骑着自行车沿马路而行，突然，一辆带斗的卡车风驰电掣般从她身边驶过，竟把她剐倒在公路旁，她的头部、手脚都摔破了，司机却没有发现出了事故。她望了一眼车尾的牌号，可是没等她记住，卡车已经无影无踪了。总算万幸，没有出什么大问题，只是擦破了点皮。此刻，她想起一部小说曾描写过类似的情景，一位民警被一辆强行通过的汽车撞倒了，他躺在地上只是抬头看了一眼远去的汽车，便一动不动，待其他民警赶到时，他说出了汽车车牌号就闭上了眼睛。

电视连续剧《天下无敌》中曾有这样一段情节，赌王向瞬间驶过的一辆距离约5米的巴士只投去匆匆一瞥，就记住了上面密密麻麻的数行广告语，从而使一旁原本将信将疑的青年心服口服。

这样的情节当然是荒诞的，如果也给你那么一点时间（不超过1秒），向你出示一份约4行的材料，你能记住多少呢？4个字？7个字？还是10个字？可以肯定，你记住的不会超过6个字（或符号）。大量的心理学资料证明，无论在一次特定的呈现中共有几个字，我们一般都只能报告4～5个而已。即使让你看一辆路过的汽车的车牌号，你可能看得清清楚楚，但不等你把它们记下来，那辆车就走远了。

《三国演义》第六十回写益州牧刘璋手下有一人姓张名松，身材矮小，相貌丑陋，但是他的博闻强记世间罕有。刘璋派他出使魏国，曾驳倒当世名士杨修。杨修又拿出曹操仿《孙子兵法》著的兵书十三篇，张松看了一遍，便从头至尾背诵出来，竟无一字差错。杨修大惊，说："公过目不忘，真天下奇才也。"骇得曹操以为兵书为前人所著，便下令将自己所著的兵书烧了。

如果不是电视剧、小说夸张，便是民警、赌王、张松他们确有"特异功能"。就一般人而论，一目十行、过目不忘是不可能的。前面的事例中，为什么小唐没有记住卡车的车牌号呢？她明明已经看到车牌号了啊，这是为什么呢？

1960年，心理学家斯伯林通过巧妙的实验设计，为我们解开了这一现象的答案，并且确认了一个新的记忆阶段——感觉记忆阶段。

斯伯林的实验是这样进行的：同时向被试呈现3、4、6、9等若干个数字，呈现时间是50毫秒，数字呈现后，立即要求被试尽量多地把数字再现出来。实验结果是，当呈现的数字数低于4个时，被试可以全部正确地报告出来；当数字增加到5个以上时，被试的报告开始出现错误，其正确率平均为4.5。这个结果使斯伯林设想，在感觉记忆中所保持的信息可能比报告的多些，只是由于方法的限制未能检查出来，于是他设计了另外一种方法。他按4个一排，一共3排的方式向被试呈现如下12个英文字母：

X	M	R	J
C	N	K	P
V	F	L	B

呈现时间仍为50毫秒，其中每排字母都和一种声音相联系，如上排用高音、中排用中音、下排用低音。要求被试在字母呈现后，根据声音信号，对相应一排的字母做出报告（局部报告法）。由于三种声音的出现完全是随机安排的，因此被试在声音信号出现之前不可能预见要报告的是哪一行。这样，研究者就可以根据被试对某一行的回忆成绩来推断他对全部项目的记忆情况。

实验结果表明，当视觉刺激消失后，立即给予声音信号，被试能报告的项目数平均为9个，这比采用整体报告法几乎增加了一倍。由此，斯伯林认为，存在一种感觉记忆，它具有相当大的容量，但是保持的时间十分短暂。由于时间短暂，感觉记忆又被称为瞬时记忆，它是记忆的起始阶段。

大家也许已经注意到，我们上面特别指出的是视觉的瞬时记忆。瞬时记忆在存储的时候是以原来的方式存放在我们的感觉器官上，最多在我们的感觉皮层上留下痕迹，还没来得及加工，所以会受不同感官的性质所影响。比如，视觉的瞬时记忆时间不超过0.5秒，听觉的瞬时记忆时间则是2秒左右。我们可以同时看到很多东西，但是我们是不能一次听很多声音的，所以，听觉的瞬时记忆容量会比较小。

那么，瞬时记忆到底有什么用处呢？也就是说我们为什么需要瞬时记忆？你现在可能正坐在靠椅上，眼睛不自觉地扫描着每一行字。你知道你正在看什么，同时你也能隐隐约约感觉到周围的动静。你听得见翻书的声音，你感觉得到靠椅的舒适，你还能估计今天的温度跟昨天差不多，说不定你还闻到了早上刷牙后留下的清香……所有这些感觉在你看书时都是存在的，只是你在书上投入太多的注意而几乎没有意识到它们。但是如果有人突然推门进来，你可能会不自觉地抬起头，或者你已经从脚步声中听出来者是何人，为何事而来，总之，你是停下手中的书了。这说明你确实随时都意识到周围的变化的，瞬时记忆的作用就在于它暂时保持了你接收到的所有感官刺激以供你选择。我们需要它，因为在判断周围环境的刺激哪些是重要的，哪些是次要的，并选择对我们有意义的刺激的过程需要时间，而且这段时间不能太长，否则，我们就可能丢失下面更重要的信息。

打完电话就把刚才的号码忘了

在日常生活中，你可能有过这样的体会，给陌生人打电话，你先看一下电话号码，然后再拨电话，等你打完电话后，你已经想不起所打的电话号码了。这种记忆持续的时间不会超过一分钟，这段时间刚好可以拨完一个电话。一般来说，你经常拨打的一些电话号码你都会记住，如家中的电话、办公室的电话。但是，手机号码则不同，虽然只多了三四位数字，却比普通电话号码难记得多。为什么呢？这是因为此时你的记忆只进入了短时记忆阶段，短时记忆是信息从感觉记忆到长时记忆之间的一个过渡环节。

很早以前人们就注意到类似的现象。19世纪，苏格兰的一位哲学家曾经说过："如果你将一把小圆球向地上扔去，你就会发现你很难立即看清6个以上，最多也不会超过7个。"1871年，英国经济学家和逻辑学家威廉·杰沃斯说，往盆子里掷豆子时，如果掷上3个或4个，他从来没有数错过；如果是5个，就可能出错；如果是10个，判断的准确率为0.5；如果豆子数达到15个，他几乎每次都数错。

如果读者有兴趣的话，可以找个人做下面这个简单易行的实验。一个人读下面的数字，另一个人努力记住所听到的数字，听完后按听到的顺序将数字写出来，看看最多能正确记住几个数字。注意，读数字时声音不要变调，前后要一致，读两个数字的时间间隔控制在一秒钟左右，如果不能准确控制时间的话，可以在读完一个数字后默念一下自己的名字，然后再读下一个数字。比如，要念469这一串数字，你先读"4"，然后默念自己的名字，再读"6"，再默念自己的名字，再读“9”。念的时候从个数少到个数多的数字，记的人要等念完一串数字后才能动手将自己记住的按顺序写下来。每两串长度一样的数字都能记得正确无误才能进行下一组实验，直到这个人对某一长度数字不能完全记住为止。这样，我们就能知道他的短时记忆广度。

（以下“-”表示间隔一秒）

5-4-1

2-6-3

6-4-8-3

7-5-6-9

6-3-1-2-8

7-8-5-6-2

4-5-6-3-8-1

8-6-3-7-5-2

6-8-9-2-5-2-3

3-9-4-3-5-8-6

7-3-2-7-5-8-9-4

1-4-2-8-6-3-8-5

6-8-9-4-2-4-7-5-6

5-7-4-2-3-7-9-6-4

3-2-6-8-5-9-6-3-1-7

6-1-5-3-8-9-5-6-3-4

4-6-9-7-8-5-2-1-3-5-7

8-6-1-3-6-8-3-5-6-8-2

3-7-6-2-4-3-5-7-9-1-2-5

4-2-6-8-3-5-1-9-6-7-5-3

4-6-2-4-3-8-9-6-5-7-4-3-6

1-7-4-7-9-7-3-2-5-7-6-4-6

试试看，你能记住多少？

假如你的记忆力像一般人那样，你可能回忆出7个数字或字母，至少能回忆出5个，最多回忆出9个，即7±2个。

这个有趣的现象就是神奇的“7±2效应”。这个规律最早是在19世纪中叶，由爱尔兰哲学家威廉·汉密尔顿观察到的。他发现，如果将一把弹子撒在地板上，人们很难一下子看到超过7颗弹子。1887年，M.H.雅各布斯通过实验发现，对于无序的数字，被试能够回忆出数字的最大数量约为7颗，而发现遗忘曲线的艾滨浩斯也发现，人在阅读一次后，可记住约7个字母。这个神奇的“7”引起许多心理学家的研究兴趣，从20世纪50年代开始，心理学家用字母、音节、字词等各种不同材料进行过类似的实验，所得结果都约是7，即我们头脑能同时加工约7个单位的信息，也就是说短时记忆的容量约为7。1956年，美国心理学家米勒教授发表了一篇重要的论文《神奇的数字7±2：我们加工信息能力的某些限制》，明确提出短时记忆的容量为7±2，即一般为7，并在5~9之间波动。这就是神奇的“7±2效应”。

但是实验中采用的材料都是无序的、随机的，如果是熟悉的字词或数字，这样短时记忆还只能容纳7个吗？例如“c-o-o-p-e-r-a-t-i-o-n”，这个字母序列已经有11个字母，如果学过英语的人听到这个序列很快就能明白这是个词，意思是“合作”，并能很好地回忆出来，这不是违背了短时记忆的“7±2效应”了吗？不是的，这恰恰是神奇“7±2”中存在的另一个奇特的现象。因为短时记忆中信息单位“组块”本身具有神奇的弹性，一个字母是一个组块，一个由多个字母组成的字词也是一个组块，甚至可以通过一些方法把小一些的单位联合成为熟悉的、较大的单位，而且对知识的熟悉程度还会对它产生影响。例如，“认知心理学”5个字对于不懂心理学的人来说是5个组块；对稍懂心理学的人来说是两个组块（认知、心理学）；而对专业心理学学

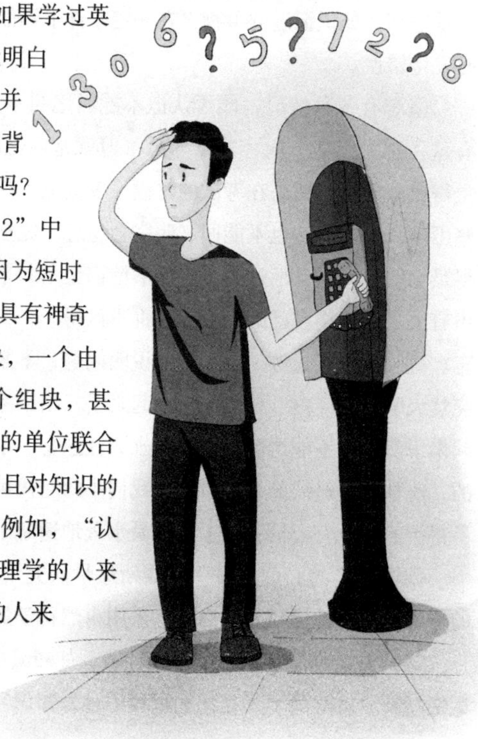

生、心理学家来说这5个字就只有一个组块。但不论人们储存的组块是什么，短时记忆的容量为7±2个组块。这就启示我们，组块可以把许多个别的信息单位结合成较大单位，组块为我们提供了一种超越短时记忆容量限度的方法，是提高记忆效率行之有效的手段之一。

不要等墙倒塌了再来造墙

人的大脑是一个记忆的宝库，人脑经历过的事物、思考过的问题、体验过的情感和情绪、练习过的动作，都可以成为人们记忆的内容。例如，英语学习中的单词、短语和句子，甚至文章的内容都是通过记忆完成的。但记忆的保持是非常难的，因为我们的大脑要经历遗忘。

遗忘和保持是矛盾的两个方面。记忆的内容不能保持或者提取时有困难就是遗忘，如识记过的事物，在一定条件下不能再认和回忆，或者再认和回忆时发生错误。

遗忘有各种情况，能再认但不能回忆叫不完全遗忘。在我们读书时经常有这种感觉，很多内容非常熟悉，但就是回忆不起来。我们读了大量的书，觉得底蕴很深，结果在考试的时候，发觉见了熟悉，但让自己默写下来，却有些困难。不能再认也不能回忆叫完全遗忘。完全遗忘在患有失忆的人身上体现得最为明显，对自己过去所有的事情都记不起来了，在电视上我们经常看到，患有失忆的人连自己的亲人是谁都不认得了。一时不能再认或重现叫临时性遗忘。对于这一点，考试怯场最能说明问题，本来平时学习成绩很好，考试时却突然大脑一片空白，什么都想不起来了，结果考砸了，考完后可能又重新回忆起来了。永久不能再认或回忆叫永久性遗忘。永久遗忘在生命里更是经常发生的，比如，小时候的一些事情，我们小的时候可能会记得，但长大以后也许记不得了，也没有心情去记了，便是永久地遗忘了。

德国著名的心理学家艾滨浩斯最早研究了遗忘的发展进程，他受费希纳的《心理物理学纲要》的启发，采用自然科学的方法对记忆进行了实验研究。

艾滨浩斯创造了一些无意义音节，如zup、rif、bik等，使用这些音节作为记忆材料，就避免了人在记忆过程中过去知识经验的影响。而且，因为没有意义，也就避免了联想记忆的作用。艾滨浩斯将几个无意义音节排成一列，让参加实验的人反复学习这样一系列的无意义音节，直到能够按音节的排列顺序回忆出这一系列音节为止，记下完全记住所用的学习次数。然后有计划地让他们在某段时间后回忆学习过的一系列音节（每次回忆都使用不同的音节系列），看看他们还能记住多少。但艾滨浩斯不是简单地统计还能回忆几个音节，而是采用一种更巧妙而又准确的方法来计算还记得多少，他让参加实验者重新学习不能完全回忆的无意义音节系列，直到能够再次完全回忆为止，记下重新学习的次数。将第一次学习的次数减去重新学习的次数再除以第一次学习的次数，最终结果就是还保留下来的百分比。用公式表示如下：

$$R=\frac{N-n}{N}\times 100\%$$

其中：R——记住的百分比

N——第一次学习的次数

n——重新学习的次数

艾滨浩斯用这种方法对记忆做了系统的研究，得到不同时间间隔记忆所保持艾滨浩斯的百分比。

下表记录了他的一些研究结果。

遗忘的进程表

次序	时距（小时）	保持的百分数（%）	遗忘的百分数（%）
1	0.33	58.2	41.8
2	1	44.2	55.8
3	8.8	35.8	64.2
4	24	33.7	66.3
5	48	27.8	72.2
6	144	25.4	74.6
7	744	21.1	78.9

从表中我们可以看出，遗忘在学习之后立即开始，遗忘的过程最初进展得很快，以后逐渐缓慢。例如，在学习20分钟之后遗忘就达到了41.8%，而在

31天之后遗忘仅达到78.9%。根据这个研究，他认为“保持和遗忘是时间的函数”。他还将实验的结果绘成曲线，这就是著名的艾滨浩斯遗忘曲线。后来很多人重复了他的实验，所得结果和艾滨浩斯的结论大体相同。

这条曲线告诉人们在学习中的遗忘是有规律的，即“先快后慢”的原则。这个规律就是在记忆的最初阶段遗忘的速度最快，后来就逐渐减慢了，到了相当长的时间后，几乎就不再遗忘了。观察这条遗忘曲线，你会发现，学得的知识在一天后，如不抓紧复习，就只剩下原来的25%。随着时间的推移，遗忘的速度减慢，遗忘的数量也就减少。

而且，艾滨浩斯还在关于记忆的实验中发现，记住12个无意义音节，平均需要重复16.5次；为了记住36个无意义音节，需重复54次；而记忆6首诗中的480个音节，平均只需要重复8次！这个实验告诉我们，凡是理解了的知识，就能记得迅速、全面而牢固。不然，死记硬背是费力不讨好的。因此，比较容易记忆的是那些有意义的材料，而那些无意义的材料在记忆的时候比较费力气，在以后回忆起来的时候也很不轻松。因此，艾滨浩斯遗忘曲线是关于遗忘的一种曲线，而且是对无意义的音节而言。对于与其他材料的对比，艾滨浩斯又得出了不同性质材料的不同遗忘曲线，不过它们大体上都是一致的。

俄国伟大的教育家乌申斯基曾经说过：“不要等墙倒塌了再来造墙。”这句话生动地描绘了遗忘曲线应用的精髓：及时复习。遗忘规律要求我们学

习之后要立即进行复习，加强记忆，并且以后还要再复习几次，但复习的时间间隔可以逐渐增加。比如，学习的第一天后进行第一次复习，三天后再复习一次，下一次的复习则可安排在一周之后，以此类推。不管间隔时间多长，总之要在发生遗忘的时刻及时复习，克服遗忘。

艾滨浩斯遗忘曲线是艾滨浩斯在实验室中经过了大量测试后，产生了不同的记忆数据，从而生成的一种曲线，是一个具有共性的群体规律。此遗忘曲线并不考虑接收试验个人的个性特点，而是寻求一种处于平衡点的记忆规律。

但是记忆规律可以具体到我们每个人，因为我们的生理特点、生活经历不同，可能导致我们有不同的记忆习惯、记忆方式、记忆特点，所以，不同的人有不同的艾滨浩斯遗忘曲线。规律对于自然人改造世界的行为，只能起一个催化的作用，如果与每个人的记忆特点相吻合，那么就如顺水扬帆，一日千里；如果与个人记忆特点相悖，记忆效果则会大打折扣。因此，我们要根据每个人的不同特点，寻找到自己的遗忘规律，在大量遗忘尚未出现时及时复习，就能收到巩固成绩的效果。

记忆中的“虎头豹尾”现象

“余风！背诵一下上节课我们学过的课文《春》。”

余风慢慢腾腾地从座位上站起来。唉！讲完了一课就要背诵，烦死了！背诵对他来说真是天大的难事。

“盼望着，盼望着，东风来了，春天的脚步近了。一切都像刚睡醒的样子，欣欣然张开了眼。山朗润起来了，水涨起来了……水涨起来了……”

才流利地背了几句，余风的舌头就开始打结了，他紧锁着眉头，挠着后脑勺使劲回想着。唉！怎么又忘了？昨天还会背的！每次都是这样，开头之后就忘记了！

老师皱着眉头看着他。

“老师！我会最后几段！”突然，余风兴奋起来，接着，他的嘴就像上了膛的机关枪一样，“嘟嘟嘟”地喷出“珍珠”一串串。

“春天像刚落地的娃娃，从头到脚都是新的，它生长着。

"春天像小姑娘，花枝招展的，笑着，走着。

"春天像健壮的青年，有铁一般的胳膊和腰脚，领着我们上前去。"

"老师！完了！"最后，他大声报告说。

看着他滑稽的样子，全班同学哄堂大笑。

对于这样的情形你是否有一种似曾相识的感觉呢？为什么余风不记得课文中间的部分，只记得开头和结尾呢？心理学家研究发现，学习材料的位置和顺序对记忆效果有重要的影响。

1961年，加拿大心理学家默多克给被试呈现了一系列无关联的词，如：铅笔、氧气、公园、蚂蚁、明星、火机、鼠标、剪刀……研究者先让被试按一定顺序学习这一系列的单词，然后让他们自由回忆。也就是说，不必按照他们学习的顺序回忆出来，想到哪个单词就说出哪个单词。结果发现，最先学习的和最后学习的单词的回忆成绩较好，而中间部分的单词回忆成绩较差。根据实验的结果，绘出的曲线图。

心理学家把这种现象称为系列位置效应。开始部分较好的记忆成绩称为首因效应，结尾部分较优的记忆成绩称为近因效应。

从中我们可以理解，结尾部分的回忆成绩比开始部分的成绩要好。这一点很好理解，因为这是我们刚刚记忆的部分，还没有经过时间的考验，与开始部分的记忆效果在本质上是有区别的，毕竟开始部分记得最早，却还没有遗忘。显然，结尾部分的记忆机制与开始部分的记忆机制不同。为了考察这一点，研究者改进了上面的实验，让被试在看完单词系列后马上做30秒的心算，然后再自由回忆，结果发现近因效应已经消失。

为什么做一个心算作业，结尾部分的内容就记不住了呢？其实如果我们将记单词与心算看作是同一个任务，那么心算作业就是结尾部分，而原来单词的结尾部分就变成中间部分了。不过读者可能还是有疑问，为什么单词的结尾部分在30秒内就被遗忘，而开始部分却还一直记得？这种现象说明记忆内部是有差别的。从这个实验我们不难看出记忆能力是有限的，我们需要时间来记住更多的内容。

我们如何在实际的学习和生活中应用这个规律呢？至少有两点是我们可以从中获益的。第一，学习的时候，应该不断变换学习的开始位置。比如在背诵一篇课文时，不要每次都是从起始读到末尾，有时也应该从文章的中间部分开始读起，这样才不至于只记得开始部分和结尾部分，却忘了中间部分。第二，学习的过程中留下一点时间间隔可以加强记忆的效果，特别是完成了某一部分学习内容后更应该留5～10分钟的时间来休息。这样可以巩固已经学习过的内容，同时也不至于太疲劳而影响下面的学习。

有“永恒的记忆”吗

短时记忆尽管比瞬时记忆强些，但记忆时间也比较短。显然，记忆停留在这个阶段是用处不大的。那么，短时记忆怎样才能转入长时记忆呢？这中间有一个媒介，就是复述。如果我们对短时记忆中的信息不断复述，就可以使信息进入长时记忆，能够在头脑里保存几分钟、几天，甚至终生不忘。长时记忆是指存储时间在一分钟以上的记忆，信息的来源大部分是对短时记忆内容的加工，也有由于印象深刻而一次获得的。

长时记忆的信息提取有两种基本形式，即再认和回忆。

再认是指人们对感知过、思考过或体验过的事物，当它们再度呈现时，仍能认识的心理过程。回忆是人们过去经历过的事物的形象或概念在人们的头脑中重新出现的过程。再认与回忆没有本质的区别，但再认比回忆简单和容易。从个体心理发展来看，再认比回忆出现的时间要早。孩子在出生半年之后便可再认，而回忆的发展却要晚一些。再认和回忆有时会出现错误，发生错误的原因是多方面的。如接收的信息不准确，对相似的对象不能分辨，有的错误则是由于情绪紧张或疾病的影响。

长时记忆中的信息是有组织的知识系统。这种有组织的知识系统对人的学习和行为决策有重要意义。它使人能够有效地对新信息进行编码，以便更好地识记，也能使人迅速有效地从头脑中提取有用的信息，以解决当前的问题。例如，我们知觉事物、理解语言和解决问题等，都需要提取头脑中各种有关的信息。知识系统的组织程度不同，提取的速度不同，知觉、语言理解和问题解决的速度也就不一样。

事实证明，这种有系统、有组织的知识系统，对正确的回忆是很有帮助的。这就好比我们在图书馆里查找和提取书籍一样，图书摆放得越是有条理，查找起来就越方便，相反，放得越杂乱，提取就越困难。事实上，在记忆贮存中，系统地组织本身就是提取材料的线索。所以记忆是有规律的，掌握这些规律的人就会有好的记忆，反之，记忆的效果就会比较差。

如果有毛笔、橘子、狼、狗、苹果、铅笔、猫、钢笔、梨一组词，让你记忆一会儿，并默写下来，结果会如何呢?

你肯定把铅笔、毛笔、钢笔放在了一起，橘子、苹果、梨放在了一起，狼、猫、狗放在了一起……研究表明，即便是记一串彼此毫无联系的单词，人们也会试图对它们进行组织，这证明记忆是一个主动的过程。

各种有意义的信息在长时记忆中可能是以命题或概念网络的方式组织的。比如，我们都知道鸟这个概念，它属于脊椎动物。我们还知道自然界中各种鸟的类型。它们构成了网络上一个个结点，概念与概念间的从属关系把一个个结点连接起来。于是，知识、日常生活经验就在长时记忆中以一张张网络保存下来。当我们从长时记忆中提取信息时，结点就被激活了。激活作用也可能借助网络，沿着结点间的通路，从已经激活的部分向未激活的部分扩散。这也就是为什么我们常常在回忆起某个人、某件事的一部分信息后，会不由自主地回忆起与这个人、这件事有关的其他信息。

我们知道短时记忆保持的时间是一分钟以内，而长时记忆是指保持时间超过一分钟，可能是一小时、一天、一个月甚至一生。有人甚至认为进入长时记忆的内容除非出现特殊事故，如脑损伤，否则是永远不会忘记的。这一点显然与我们的经验有差距，在日常生活中我们发现，不管一个人的记忆力有多好，他总有忘事的时候。按照经验，这些结论可能会被认为是草率的。其实，临床实验的证据表明：当我们在记忆某些事情时，我们的大脑皮层的某一部位或某些相关组织发生了永久性的变化。

一个很著名的例子就是加拿大神经外科医生潘菲尔德（Pen-field）在1936年给一位十几岁患癫痫病的女孩打开脑壳，用微电极刺激大脑的不同皮层，当刺激到大脑某一部位时，女孩发出了恐怖的尖叫，手术激发她回想起童年时期发生的一件可怕的事情，而且仿佛又置身于当时的那种情景，女孩忍不住喊叫起来。

关于刺激大脑某部位引发某种体验的报道很多，其实，我们在现实生活中也常发生类似的事情。比如，你突然怎么也想不起一件事情，于是你暂时把它搁在一边不去费那份劲了，然而一次你到某个地方，参加了什么活动，碰见了某人，只要这些场合中有某些东西与先前“忘记了”的事件有一定联系，你可能就会想起来。这些有联系的东西相当于记忆的线索，忘了的事件就是隐蔽的秘密，你就像是侦探一样，抓住这些线索，顺藤摸瓜揭开秘密。其实，能够回忆出来就表明我们还没有彻底忘记。那么，是不是一旦记住的东西就真的永远不会忘记呢？不是。

PART 04 “你为什么要这样做”——动机与行为

徐悲鸿为何在买画时赞画

“动机”一词来源于拉丁文“movere”，即推动的意思。心理学家认为，动机是由一种目标或对象所引导、激发和维持的个体活动的内在心理过程或内部动力。换句话说，动机是一种内部心理过程，而不是心理活动的结果。对于这种内部过程，我们不能进行直接地观察，但是，我们可以通过任务选择、努力程度、对活动的坚持性和言语表达等外部行为间接地推断出来。通过任务选择我们可以判断个体行为动机的方向、对象或目标；通过努力程度和坚持性我们可以判断个体动机强度的大小。动机是构成人类大部分行为的基础。动机是在需要的基础上产生的，它对人的行为活动具有3种功能：

1.激活的功能

动机能激发一个人产生某种行为，对行为起着始动作用。例如，为了消除饥饿而引起择食活动，为了获得优秀成绩而努力学习，为了取得他人赞扬而勤奋工作，为了摆脱孤独而结交朋友等。动机激活力量的大小，是由动机的性质和强度决定的。一般认为，中等强度的动机有利于任务的完成。

早在新中国成立前，徐悲鸿刚到北平时，便经常去琉璃厂的字画店里浏览，搜集古今的优秀字画。遇上他所喜爱的，就会情不自禁地说“这是一张好画！”“这是难得的精品！”等，直说得站在旁边的画商眉开眼笑，本来没有打算要高价的，现在却向徐悲鸿提出了高价。而徐悲鸿一旦看中，便不再计较价钱。有时为了买画，家中的钱又不够，他就再添上自己的画。徐悲鸿当时的经济条件并不富裕，他自己的生活过得十分俭朴，连双皮鞋都要到旧货摊上去买，他的妻子廖静文有时埋怨他说：“你何必在画商面前表示你那样喜爱这张画呢？你不会冷静一些吗？你总是让人家看出你非买不可，结果你原可以少出一些钱就能买到的画，也被人家要了高价。”徐悲鸿温和地点头笑了，承认她的话很有道理。但是，下一次再遇到画商送来好画时，他还是情不自禁地赞不绝口。

徐悲鸿为什么买画时赞画？从心理学的角度来解释，就是他作为一个画家，是赏画而不是买画，赏和买是不一样的，再高的价格，他也要拿下，这正是他作为一个职业画家的赏画动机在起作用。徐悲鸿终生不知疲倦地收集我国古代传统绘画，使它们能得到自己的研究、整理和保护。当一幅好画突然出现在他面前时，他激动、他兴奋、他赞赏。假如他对一幅真正的好画能装出无动于衷的样子，那他就不是画家徐悲鸿了。

2.指向的功能

动机不仅能唤起行为，而且能使行为具有稳固和完整的内容，使人趋向一定的志向。动机是引导行为的指示器，使个体行为具有明显的选择性。例如，在学习动机的支配下，人们可能去图书馆或教室；在休息动机的支配下，人们可能去电影院、公园或娱乐场所；在成就动机的驱使下，人们会主动选择具有挑战性的任务等。由此可见，动机不一样，个体活动的方向和所追求的目标也是不一样的。

沃特出身贫寒。他在读小学时，曾在西雅图滨水区靠卖报和擦皮鞋来养家糊口。后来，他成了阿拉斯加一艘货船的船员。17岁高中

毕业后，他就离开了家，加入了流动工人大军中。

他的同伴都是些倔强的人。他赌博，同所谓“边缘人物”混在一起，军事冒险者、逃亡者、走私犯、盗窃犯等一类人都成了他的同伴。他参加了墨西哥潘琼·维拉的武装组织。“你不接近那些人，你就不会参与那些非法活动，”沃特说，“我的错误就是同这些不良的伙伴搞在一起。我的主要罪恶就是同坏人纠缠在一起。”

他时常在赌博中赢得大量的钱，然后又输得精光。最后，他因走私麻醉药物而被捕，受到审判并被判了刑。

沃特进入了莱文沃斯监狱时34岁。以前尽管他和坏人在一起，但从未因此而入狱。他遭受到磨难，他声称任何监狱都无法牢牢地关住他，他寻找机会越狱。

但此时发生了一个转变。这一转变使沃特把消极的心态改变为积极的心态。在他的内心中，有某种东西嘱咐他，要停止敌对行动，变成这所监狱中最好的囚犯。从那一瞬间起，他整个的生命浪潮都流向对他最有利的方向。沃特的思想从消极到积极的转变，使他开始掌握自己的命运了。

他改变了好斗的性格，也不再憎恨给他判刑的法官。他决心避免将来重犯这种罪恶。他环视四周，寻找各种方法，以便在狱中尽可能地过得愉快些。

首先，他向自己提出了几个问题，并在书中找到这些问题的答案。此后，他开始认真地学习，并努力上进，等出狱后，他刻苦努力，开了自己的公司，他当上了董事长，实现了人生的蜕变。

沃特从囚犯到老板的蜕变过程，起决定作用的就是动机的指向性功能，指导着沃特重新设计了新的目标，并最终实现。

3.维持和调整的功能

动机能使个体的行为维持一定的时间，对行为起着续动作用。当活动指向于个体所追求的目标时，相应的动机便获得强化，因而某种活动就会持续下去；相反，当活动背离个体所追求的目标时，就会降低活动的积极性或使活动完全停止下来。需强调的是，将活动的结果与个体原定的目标进行对照，是实现动机的维持和调整功能的重要条件。

由于动机具有这些作用，而且它直接影响活动的效果，因而研究和分析一个人的活动动机的性质、作用是非常重要的。

五个玩牌的小孩为何心思各异

动机是为实现一定的目的而行动的原因。动机是个体的内在过程，行为是这种内在过程的表现。各种动机理论都认为，动机是构成人类大多数行为的基础。

需要是人积极性的基础和根源，动机是推动人们活动的直接原因。人类的各种行为都是在动机的作用下，向着某一目标进行的，而人的动机又是由于某种欲求或需要引起的。

人的动机来源于需要，需要激发人的动机。

葛礼夏、阿尼雁、阿辽夏、索尼雅和厨娘的儿子安德烈，坐在饭厅里桌子四周玩“运气”——孩子们在赌钱。赌注是一个戈比。

他们玩得正起劲。就数葛礼夏脸上的神情顶兴奋——他打牌完全是为了钱。要是茶碟里没有戈比，那他早就睡了——担心赢不成的那份恐惧、嫉妒，他那剪短头发的脑袋里装满的种种金钱上的顾虑，不容他安安静静地坐着。

他妹妹阿尼雁是一个8岁的姑娘——也怕别人会赢——钱不钱，她倒不放在心上。对她来说，赌赢了，是面子问题。

另一个妹妹索尼雅——她是为玩牌而玩牌——不管谁赢了，她总是笑，拍手。

阿辽夏——他既不贪心，也不好面子。只要人家不把他从桌子上赶走，不打发他上床睡觉，他就感激不尽了——他在那儿与其说是为了玩“运气”，还不如说是为了看人家起纠纷，这在打牌时是免不了的。要是有人打人，或者骂人，他就十分高兴。

第五个玩牌的人是厨娘的儿子安德烈——自己赢了也好，别人赢了也好，他都不关心，因为他全副精神注意着这种游戏的数字，注意着那不算复杂的原理，这世界上到底有多少不同的数字呢？它们怎么会算不错？

葛礼夏、阿尼雁、阿辽夏、索尼雅与安德烈每个人的需要不同，导致他们玩牌的动机不一样，所以不同的需要决定了不同的动机。

但不是所有的需要都能转化为动机，需要转化为动机必须满足两个条件：

第一，需要必须有一定的强度。就是说，某种需要必须成为个体的强烈愿望，迫切要求得到满足。如果需要不迫切，则不足以促使人去行动以满足这个

需要。

第二，需要转化为动机还要有适当的客观条件，即诱因的刺激，它既包括物质的刺激也包括社会性的刺激。有了客观的诱因才能促使人去追求它、得到它，以满足某种需要；相反，就无法转化为动机。例如，人处荒岛，很想与人交往，但荒岛缺乏交往的对象（诱因），这种需要就无法转化为动机。

按心理学所揭示的规律，欲求或需要引起动机，动机支配着人们的行为。当人们产生某种需要时，心理上就会产生不安与紧张的情绪，成为一种内在的驱动力，并驱使人选择目标，并进行实现目标的活动，以满足需要。需要满足后，人的心理紧张消除，然后又有新的需要产生，这样周而复始，循环往复。

为何饥肠辘辘时难以自我实现

需要是人们对必需的客观事物的一种情感倾向的取舍，它是人的心理活动的重要动力。由于客观事物与人的需要之间的关系不同，人对客观事物存在着不同的情感倾向，且随之产生不同的心理变化和外部表现。能满足或者符合人的需要的事物，就会产生肯定的情感，或褒奖，或喜爱，或积极地支持；反之，则会产生否定的情感，或贬斥，或厌恶，或消极地反对。根本的原因是看其是否符合需要。

当一个人饥饿难忍时，他一心所想的就是如何寻找食物，而不会顾及其他事情。在这个时候，其他需要无论是安全感也罢，爱欲也罢，或争强好胜也罢，都显得无关紧要。然而当他对食物和水的需要已经获得满足之后，该需要就不再位居中心地位，而其他方面的需要就可能变得更为重要。这些现象为一个关于人类动机的理论提供了部分事实依据，该理论就是马斯洛提出的需要层次理论。该理论在心理学界产生了巨大影响。

马斯洛认为人的一切行为都是由需要引起的，他把人类所有需要划分为5个层次，从生理需要、安全需要、归属和爱的需要、尊重的需要，一直到自我实现的需要，从低级到高级依次排列为阶梯状。

（1）生理需要，即人对食物、空气、水、性和休息等的需要。它是人类最原始、最基本的需要。

（2）安全需要，是人对生命财产的安全、秩序、稳定免除恐惧和焦虑的需要。这是人在生理需要获得相当程度的满足之后，随之而来的新的要求。这种需要主要是免于生命危险，避免基本的生理需要被剥夺。

（3）归属和爱的需要，是人要求与他人建立情感联系，如结交朋友、追求爱情的需要。在前两个层次的需要得到基本满足之后，归属关系和爱的需要遂成为强烈的动机，即希望归属或被赋予一定的社会团体，成为群体中一员。爱也是一种归属，包括爱与被爱两个方面。

（4）尊重的需要，包括自我尊重和被他人和社会尊重。这种需要若得到

满足，就会感受到自信、价值和能力，反之，则会产生自卑和失去信心。

（5）自我实现的需要，是指人最大限度地发挥自己的潜能，不断完善自己，实现自己理想的需要。这是一种最高层次的需要，是充分发挥个人的潜能、才赋的心理需要，也是一种创造和自我价值得到实现的需要。所谓“自我实现”即追求自我理想的实现。用马斯洛的话来概括就是：音乐家必须演奏音乐，画家必须绘画，诗人必须写诗，这样才能使他们感到最大的快乐。是什么样的角色就应该干什么样的事。我们把这种需要叫作自我实现。

这5种需要都是人的最基本的需要。这些需要是天生的，与生俱来的。

马斯洛认为，需要的层次越低，它的力量越强，潜力越大。随着需要层次的上升，需要的力量相应减弱。在高级需要出现之前，必须先满足低级需要。只有在低级需要得到满足或部分得到满足以后，高级需要才有可能出现。例如，当一个人饥肠辘辘，或为自己的安全而感到恐惧时，他是不会追求归属或爱的需要的。因此，在从动物到人的进化中，高级需要出现得较晚。所有生物都需要食物与水分，但是只有人类才有自我实现的需要。

马斯洛看到了高级需要与低级需要的区别，要满足高级需要，必须先满足低级需要，但他并没有把两者绝对对立起来。他认识到在人的高级需要产生以前，低级需要只要部分地得到满足就可以了。他还认识到，在人类历史上，那些为实现理想和事业胜利，而不惜牺牲一切，甚至自己生命的人，是不考虑自己的生理需要和安全需要的。此外，个体对需要的追求也表现出不同的情况，有人对自尊的需要超过了对爱的需要和归属需要。他们只有在感到非常自信并觉得有价值时，才会追求爱与归属的需要。

一心想考好成绩却偏偏发挥失常

动机除了具有激活和维持行为的功能以外，它与行为的关系是十分复杂的。同一种行为可能有不同的动机，即各种不同的动机通过同一种行为表现出来；不同的活动也可能有同一种或相似的动机。例如，在同一个班级中，学生的学习动机可能是各种各样的。有的学生希望成为优等生，在班上拔尖，得到老师和同学的称赞；有的学生为了报答父母的养育之恩，不愿辜负父母、亲友的期望；有的学生是在英雄、模范人物的影响下，希望学好本领，将来为建设祖国服务；有的学生没有明确的动机，上学只是为了混日子等。这些不同的动机都表现在同一种学习行为中。学习动机不同，学习效果也会不一样。另外，同一种动机，也可以产生不同的行为。例如，几个人都想休息，但有的去剧院，有的去散步，有的去划船等。

在同一个人身上，行为的动机也是多种多样的，其中有些动机占主导地位，称主导动机；有些动机处于从属地位，称从属动机。例如，一个学生的主导学习动机是学到真才实学，长大后为人民服务，但是，同时他也有成为优等生、报答父母养育之恩的愿望，这些动机则处于从属的地位。主导动机和从属动机的结合，组成个体的动机体系，推动个体的行为。所以，个体的活动往往不是受单一动机的驱使，而是由他的动机体系所推动的。

动机与工作效率的关系主要表现在动机强度与工作效率的关系上，动机不足或动机过强都会影响工作效率。研究表明，成就动机强的学生比成就动机弱的学生更能坚持学习，学习成绩也更好。

洛厄尔曾选择两组成就动机强弱不同、其他条件差不多的大学生作为被试，通过实验比较他们的学习效率。实验任务是要求他们将一些打乱了的字母组成单词，如将字母w、t、s和e组成单词west等。结果表明，成就动机较强的学生在这种学习中取得较好的成绩，进步较快；成就动机弱的学生则没有明显的进步。

学习成绩的好坏有激发或削弱学习动机的作用。学习成绩好，满足了原有的学习需要，可以促进学习动机的增强；学习成绩差，原有的学习需要得不到满足，则会使学习动机受到削弱。

心理学研究表明，动机强度与工作效率之间的关系不是一种线性关系，而是倒U形曲线关系。中等强度的动机最有利于任务的完成，也就是说，动机强度处于中等水平时工作效率最高，一旦动机强度超过了这个水平，对行为反而会产生一定的阻碍作用。如学习动机太强，急于求成，反而容易产生焦虑和紧张，干扰记忆和思维活动的顺利进行，使注意和知觉的范围变得过于狭窄，学习效率降低。在考试时动机过强的学生，一心想考出好成绩，但临场发挥时处于高度紧张状态，过于担心考不好，结果往往不能充分发挥出真正的水平，甚至不及格，这便是动机过强反而降低了工作效率的典型例

子。所以说，为了使行为效率提高，就应避免动机过强或过弱，而应使其处于最佳水平。当动机处于最佳状态时，在其他因素恒定的情况下，就能最大限度地提高行为效率。

研究发现，各种活动都有一个最佳的动机水平。动机的最佳水平往往会因任务的性质不同而不同。在比较容易的任务中，工作效率有随动机的提高而上升的趋势；而在比较困难的任务中，动机最佳水平有逐渐下降的趋势。这种现象是叶克斯和多德森（Yerkes &Dodson）通过动物实验发现的。随着任务难度的增加，动机最佳水平有逐渐下降的趋势，这种现象称为叶克斯－多德森定律。

另外，动机强度的最佳水平还会因人而异，表现出个别差异。进行同样难度的学习活动，对有些人来说，动机强度的最佳点比较高，而对另一些人来说，动机强度的最佳点可能要低一些。

因此，在生活中，我们要适当调整自己的动机强度，使其达到最佳水平，这样才能使工作效率最高，也更有利于任务的完成。

抢得火把的山匪为何没有走出山洞

动机与效果的关系也是十分复杂的，这里的效果是指社会效果。一般说来，良好的动机应该产生良好的行为效果；反之，不良的动机则会产生不良的社会效果，这就是动机与效果的统一。但是，在实际生活中，动机与效果不统一的情况也时有发生。如一个孩子想帮父母收拾一下屋子，但是不小心打碎了窗户上的玻璃或是撞碎了桌上的花瓶。从动机讲无可非议，但是却产生了不好的效果。因此，好的动机不一定能产生好的效果。对此，我们要认真分析，具体对待，不能一概而论。

古时候，有个商人遇到了劫匪，劫匪把他赶到山洞里，并抢了他的钱，结果两人都在山洞里迷了路。

之后，两个人开始寻找洞的出口。在他们追逐时，并未细察，其实这个山洞极深极黑，且洞中有洞，纵横交错。两个人置于洞内，宛如身处一个地下迷宫。这时，山匪又转回身来，商人想："这下完了，看来这个山匪还是要杀人灭口。"没想到，山匪只是拿走了商人准备为夜间照明用的火把。

山匪很庆幸，他点燃火把，就像点燃了生命之光。山匪借着火把的亮光在山洞里行走。火把给他的行走带来了很大的方便，他可以看清脚下的石头，能看清周围的石壁，因而他不会碰壁，不会被脚下的石头绊倒。但是，山匪走来走去，就是走不出这个山洞。为了避免在原路上重复，他把抢得的钱每隔一段路放一张，终于，所有的钱一张一张地都放完了，他多希望在他的路上再也不看到它们。可是，他就是走不出这个山洞。最后，他终于绝望了，并因力竭而死在了洞里。

商人因为失去了火把，没有了照明，他在黑暗中摸索行走得十分艰辛，他不时会碰壁，不时被石头绊倒，鼻子被擦破了、脸被摔肿了。但是，正是因为他一直置身于一片黑暗之中，所以，眼睛能够敏锐地感受到洞口折射进来的微弱的光亮。于是他迎着这一束微弱的光摸索着爬行，最终逃离了山洞。

数日后，这个商人带了随从及火把、路标，再次走进了这个山洞，发现了山匪的尸体，也看到了那一张张作为路标的钱。其中有的钱距离洞口并不远。

山匪抢钱，目的在于过上不劳而获的好日子。正是这钱，使他进入了虎

口一般的山洞。山匪抢了钱财之后，返回身去抢火把，目的在于走出山洞，保全性命。可正是因为火把的光亮，山匪的动机总是和目的不一致，他无法看到洞口射来的微亮，永远地留在了洞内。

上面我们讲了，不良动机导致结果变化的动机效果不一致，下面我们再看一个善良动机但是美好结局的动机效果不一致的情况。

很多年以前，一个暴风雨的晚上，有一对老夫妇走进一家旅馆的大厅要求订房。

但客房已满，服务生一脸无奈，但服务生看着两个老人可怜的样子，同情顿生，于是把自己的住房让给了老人。

第二天一大早，当老先生下楼来付住宿费的时候，那位服务生婉言拒绝了老先生，说："我的房间是免费给你们住的，我昨天晚上在这里已经取得了额外的钟点费，房间的费用本来就包含在这里面了。"老先生说："你这样的员工是每一个旅馆老板梦寐以求的，也许有一天我会为你盖一座旅馆。"年轻的服务生听了笑了笑。他明白这对老夫妇的好心，但他只当它是一个笑话。

又过了几年，服务生突然接到老先生的来信，并要他去曼哈顿，给他一个旅馆，服务生如约而至。老板果真给了他一个旅馆，这家饭店就是美国著名的渥道夫·爱斯特莉亚饭店的前身，这个年轻的服务生就是该饭店的第一任总经理乔治·伯特。乔治·伯特怎么也没有想到，自己用一夜的真诚换来的竟是一生的辉煌回报。

小伙子留老夫妇住宿，当时的动机只有一个，即帮人于危难之中。而面对老先生要付住房费时，就会有两个动机，一是收钱，获得经济上的回报；另一个是婉言拒收，塑造自己的人格。

小伙子用自己的善良动机打动了老夫妇，给他带来了意想不到的效果，小伙子的动机与效果并不一致，但这样的不一致却带来了极大的成功。

PART 05 “冲动是魔鬼”——情绪和情感

喜怒哀乐是怎么一回事

你一定有过这样的经历：遇到喜庆的事情就会喜上眉梢，遇到生气的事情就会愤怒无比，遇到伤心的事情就会悲泣涟涟，遇到高兴的事情就会开心快乐……其实，这一切都要归属于我们的情绪。

情绪是人类最熟悉、体会最深的一种心理活动。我们每个人都有情绪反应，而喜怒哀乐是最基本的情绪状态，每个人都在反复体验着这些情绪，那么情绪究竟是怎么一回事呢？

一般认为，情绪是个体感受并认识到刺激事件后而产生的身心激动反应。

何谓刺激事件？此处所说的刺激事件不仅指来自外部环境的某种刺激（诸如，看见一只色彩斑斓的蜘蛛、一句滑稽的话、一声婴儿的啼哭，等等），而且还包括来自个体内部环境的生理上的以及心理上的刺激。具体而言，胃痛或牙痛、饥饿干渴、气喘心跳等属于身体内部的生理刺激，而想到度假、想到考试、想到恋人、想到去世的朋友等则属于来自内心的刺激，它们都会引起你的情绪反应。

个体对刺激事件的认识，比如，一种气味，淡淡的，你嗅到后并无异样感受，如果是一阵水果的味道，那是你喜欢吃的水果，这种香味让你感到愉悦。但是，另一种你不喜欢吃的水果散发阵阵气味，你闻到后感到很难受，这些都是由于外界刺激而引起的情绪。

我们几乎每天都要表达自己的情绪，“今天我高兴”，“我现在很懊恼”，“昨天那事让我感到很难过”，“吓死我了”，“真恶心”，“我喜欢你”……也会描述他人的情绪，“他太紧张了”，“这人怎么这么开心”，“我父亲对我很生气”，“昨晚圣诞节舞会上，大家都很兴奋”。情绪是我们每个人不可缺少的生活体验，情绪是有血有肉的生命的属性，“人非草木，孰能无情”。

我们的情绪在很大程度上受制于我们的信念、思考问题的方式。如果是因为身体的原因而使自己产生不愉快的情绪，则可借助药物来改变身体状况。但我们非理性的思维方式就像我们的坏习惯一样，都具有自我损害的特性，而又难以改变。这正是情绪不易控制的真正原因。

情绪的好和坏事实上与我们自己的心态和想法有关，与刺激关系并不大。一件事，在别人眼中看着是悲哀的，在你眼中也许就是喜乐的，看自己怎么想了。

情绪无所谓对错，常常是短暂的，会推动行为，易夸大其词，可以累积，也可以经疏导而加速消散。

人类拥有数百种情绪，它们或泾渭分明，如爱恨对立；或相互渗透，如悲愤、悲痛中有愤恨；或大同小异的情绪彼此混杂，十分微妙，往往只可意会难以言传。在纷繁复杂、波谲云诡的情绪面前，语言实在是有点苍白无力。

人的基本情绪有以下几种：

（1）快乐：快乐是一种愉快的情绪，是人的需要得到满足时产生的喜悦体验。

（2）愤怒：愤怒与快乐是相对的两极，怒是由于事与愿违，期望不仅未能如愿，反而出现根本不愿意见到的东西，从而使原有的紧张不仅未能解除，反而会有更加严重的心理的压力体验，或突然遭到意外，瞬间引起的心理感受。

（3）悲哀：悲哀产生于所热爱和所盼望的事物突然消失或泯灭，是心理感受到的失落、空虚、渺茫、不知所措，是心理上另一种刺痛的体验。

（4）恐惧：恐惧是一种极度紧张的心理状态，极端严重时可有濒死感、失控感、大祸临头感，伴有明显的生理变化，如面色苍白、呼吸急促、小便失禁、冒虚汗等。

为什么董方卓“得罪”了克劳琛

你一定有过这样的经历：兴高采烈的时候，看什么都顺眼，做什么都顺手；情绪一落千丈的时候，觉得自己什么事都不顺心，什么都做得不好。其实，这就是情绪的强大影响力。能够控制自己的情绪的人，往往人际关系也会处理得很好，相反人际关系则处理得不好。

董方卓“得罪”克劳琛可以说就是没有控制好情绪所带来的一种人际关系的风波。

在一次世青赛中，中德相遇，最后两分钟，克劳琛换上了董方卓，在触了两脚球后，比赛结束了。董方卓和其他所有的中青队员都很难受。这时候克劳琛走到了他的跟前，想安慰他一下，但董方卓蹦了起来，甩开克劳琛的手，顺势一推，伴随着英语“Fuck off”。

这个时候，董方卓没有控制好自己的情绪，也因此“得罪”了克劳琛，引起了一场风波。虽然比赛后头脑渐渐冷静下来的董方卓，也为赛后的行为和言语感到后悔，但弥补这种因情绪失控而带来的不良人际关系，董方卓却要花费更多的努力。

事实上，情绪的好与坏和我们自己的心态及想法密不可分。一件事，在别人眼中看来是悲哀的，在你眼中也许就是喜乐的，关键是你自己怎么想了。下面就是一个非常有趣的例子。

有两个秀才一起去赶考，路上他们遇到了一支出殡的队伍。看到那一口黑乎乎的棺材，其中一个秀才心里立即“咯噔”一下，凉了半截，心想：完了，真触霉头，赶考的日子居然碰到这口倒霉的棺材。于是，心情一落千丈，走进考场，那个“黑乎乎的棺材”一直挥之不去，结果，文思枯竭，名落孙山。

另一个秀才也同时看到了这口棺材，一开始心里也“咯噔”了一下，但转念一想：棺材，棺材，噢！那不就是有“官”又有“财”吗？好，好兆头，看来今天我要红运当头了，一定高中。于是心里十分兴奋，情绪高涨，走进考场，文思如泉涌，果然一举高中。

面对同一口棺材，两个秀才产生了完全不同的情绪，进而造成了两种不同的结果。这就是情绪对一个人的巨大影响。

情绪就像一把双刃剑，消极不良时可以像敌人一样袭击我们，积极健康时可以像朋友一样帮助我们。所以，我们一定要做情绪的主人，经常保持积极的情绪。正如卡耐基所言：“没有一种胜利比战胜自己及自己的冲动情绪更伟大，因为这是一种意志的胜利。”

保持积极情绪状态的方法有很多种，包括宽容别人，保持积极乐观的心态，能接纳自己的情绪变化，善于及时调整自己的不良心态，掌握有效的自我调节的方法等。

如果你不慎掉进了河沟里，不妨想想也许有一条鱼会游进你的口袋；当遭遇困难和逆境时，想想“失败乃成功之母”，振作精神，那么，下一步就会走向成功。如果你经常保持着这样一种积极的情绪状态，在与人打交道的时候，你也就不容易因为自己的坏情绪而与他人产生误会争端。

“情绪”是“需要”能否满足的晴雨表

情绪是人对客观事物的态度的体验，是人的需要获得满足与否的反映。它是人对客观现实的一种反映形式，但不同于认识过程。认识过程是人对客观事物本身的反映，而情绪则是反映客观事物与人的主观需要之间的关系。需要是人的情绪产生的根源和基础。当客观事物能够满足人的需要时，就会使人产生积极的情绪，如考试取得好成绩会兴高采烈，得到梦寐以求的爱情会激动不已；反之，当客观事物不能满足人的需要时，就会使人产生消极的情绪，如失去亲人会悲痛欲绝，遇到危险会紧张恐惧，恋爱受挫会失望悲伤等。人类的需要是多种多样的，既有生理需要又有社会需要，既有物质需要又有精神需要，涉及方方面面，因而就会产生复杂多样的情绪。

可以说，情绪是人的需要是否得到满足的晴雨表。

1.当需要得到满足时情绪表现为喜

喜是一种愉快、高兴的情绪，由于需要的满足有助于人的生存和发展，可不再为之操劳、奔波和烦心，因而安宁、愉快、喜悦的心情便自然流露出来。此外，人的情绪还明显受到个性倾向的制约。凡与人的需要、兴趣、理想、信念相符合的事物都会产生愉快、满足和喜悦的情绪和情感，表现出欢迎、接纳的态度；反之，则会产生失望、不安、厌恶等不良情绪并拒绝、抵制与此相关的事物。人为了生存除了必须得到衣食住行等生活资料外，还需要精神生活条件，如学习、劳动、文化娱乐、贡献等。因此，凡需要能够得到满足时，人就会表现出喜悦的情绪。

2.当需要得不到满足时情绪表现为愁、忧、怒

如果生存所需要的物质无法得到，就必然会影响生存和生活，也就会引起心理的波动而产生愁、忧、怒以及失望、不安、惧怕等情绪反应。因为人是社会性的高级生物，所以社会性的精神需要得不到满足时将产生同样的情绪反应。

《红楼梦》中，林黛玉虽寄人篱下，免不了敏感多疑，但她对宝玉痴心

一片，期望得到宝玉的爱，希望能与宝玉成亲。一天，她无意中听到丫头雪雁在与紫鹃说悄悄话，雪雁轻轻告诉紫鹃“宝玉定亲了”。听罢，黛玉便感到头晕目眩，脸色苍白，好像被谁掷在大海里一般，跌跌撞撞回到了潇湘馆，从此一病不起，一日重似一日，太医治疗，全无效果。又一天，黛玉在昏睡中又听得雪雁与侍书在门外闲聊，说的又是宝玉的亲事，她俩说，宝玉没有定亲，老太太心里已经有了人了，这个人是“亲上加亲，就在园中住着”。黛玉心里寻思，这个“亲上加亲，就在园中住着”的人，莫不是自己吧，顿时心神觉得清爽了许多，病竟渐渐地好了。黛玉这一前一后截然不同的状态，正是情感需要满足与否的情绪反应。

由此可见，情绪由人的需要而定，当人的需要得到满足时，会产生积极的情绪体验，反之，人的需要一旦无法得到满足，便会产生消极的情绪体验。

情绪的“风情万种”：心境、激情、应激

情绪状态是指在某种事件或情境的影响下，在一定时间内所产生的某种情绪，其中较典型的情绪状态有心境、激情和应激3种。

1.心境

心境是一种比较微弱而持久的情绪状态。它具有弥漫性的特点，往往影响着人的整个精神状态，并且在一段时间内，使周围的事物染上同样的情绪色彩。例如，喜悦的心情往往会使人感到心情舒畅，万事如意，办任何事情都顺利；而悲伤心情则会使人感到凡事枯燥乏味，悲凉忧伤。所谓“忧者见之则忧，喜者见之则喜”，就是指人的心境。

一般来说，心境持续的时间较长，从几个小时到几周、几个月或者更长时间，主要是取决于心境的各种刺激的特点与每个人的个性差异。例如，亲人去世，往往会使人处于较长时间的郁闷心境，而且个性差异对这种心境也会带来不同的影响。抑郁质的人会助长这种郁闷的心境，而胆汁质的人可能会缩短或减缓这种心境。

心境对人的工作、生活、学习以及健康都有很大影响。积极、良好的心

境会使人振奋、提高效率、有益于健康；而消极、不良的心境会使人颓丧、降低活动效率、有损健康。

有一天，卡特来到一家装潢讲究的珠宝店，走近柜台，顺手把一个手提包放在柜台上。他挑了一件挂件，觉得不理想，又挑了一件。

“请问这一挂件是哪里产的？”卡特问道。

“香港。”营业员热情地回答说。

应该说，这一挂件是很合他的心意的。但是，这时，一个衣着讲究、仪表堂堂的男士推门走进珠宝店，也过来选珠宝。卡特礼貌地把自己的包移开，但是这人却愤怒地瞪他一眼。他的眼神告诉卡特，他是个正人君子，绝对无意碰卡特的手提包。他觉得他受到了侮辱，重重地把门关上，走出珠宝店：“哼！神经病。”

莫名其妙地被人这么嚷了一通，卡特非常生气，再也没有心思买珠宝了，随手放下已被看中的挂件，出门开车回家。

马路上的车像一条巨大而蠢笨的毛毛虫，缓慢地蠕动着，看着前后左右、密密麻麻的车，卡特愈来愈生气！心情极为烦躁，真想狠狠地破坏一些什么东西。

不久，卡特的车与一辆大型卡车同时到达一个交叉路口。他心想，这家伙仗着他的车大，一定会冲过去的。当他下意识准备减速让行时，卡车却先慢了下来，司机将头伸出窗向卡特招招手，示意让他先过去，脸上挂着一个开朗愉快的微笑。

“嘟——嘟——”卡特按了两声喇叭，表示对他的谢意，然后一踩油门，迅速将车子开过路口。这时，卡特突然发现满腔的不愉快一下子全没了。

珠宝店中的男士不知从哪儿接收了愤怒，又把这种情绪传染给卡特，带上这种情绪，卡特眼中的世界都充满了敌意。

每件事、每个人好像都在和他作对。直到看到卡车司机灿烂的笑容，他用好心情消除了卡特的敌意。

2.激情

激情是一种迅速强烈地爆发而时间短暂的情绪状态，如狂喜、绝望、暴怒等。在激情爆发时，常常会伴有明显的外部表现，如咬牙切齿、面红耳赤、顿足捶胸、拍案叫骂等。有时候甚至会出现痉挛性的动作或者言语混乱。激情的发生主要是由生活中具有重要意义的事件引起的。此外，过度地抑制和兴奋，或者相互对立的意向或愿望的冲突也容易引起激情的状态。激情有积极与消极之分，积极的激情合成为激发人正确行动的巨大动力；而消极的激情常常对机体活动具有抑制的作用，或者引起过分的冲动，做出不适当的行为。

伯牙和成连学琴，学了几年，可弹出的声音却和成连不一样，他不明白，于是问成连。

成连微笑着说："我且问你，你演奏的时候是不是一直都感到你在弹琴？"

"那当然了。"伯牙更迷惑了。

成连哈哈大笑起来："常言道：'师可教其法，不可教其心。'你学会了我的技巧，但修行还不到家，所以不能与乐曲融为一体、合二为一，时时还在想着自己该如何拨动琴弦。"

伯牙若有所悟，问道："那么您在想什么呢？"

"曲子不同，感觉也就不一样。"成连看着伯牙，一副"只可意会，不可言传"的神态。

"那为何我在弹每一首曲子的时候，感情都是一样的呢？"伯牙诚恳地问。

"一样的感情，说明你没有感情。无感情地弹奏，听者不会动情，你缺少的正是这个。"

"那么您教我如何有感情吧！"伯牙央求道。

"哦……"成连沉吟片刻，"我只会教你弹琴，不会教你如何有感情。不过，我有一个法子，就是你乘船到东海去体验一番，在东海上弹琴试试。"

于是伯牙抱着琴来到东海，在海上风起浪涌，波涛汹涌的海水拍打着两岸的山石，发出巨大的轰鸣声。伯牙的小船随海浪时高时低，海水从四面冲向船舷，仿佛要把小船吞没。他抓

住船帮，遥望蓬莱山，只见山上树木葱茏，山林杳冥，野兽出没，群鸟悲号。伯牙忽然感到悲情顿生，便弹起琴来。伯牙紧闭双眼，感情如海水一样在胸中涌动，呼吸与琴声一起时快时慢，伯牙渐渐地感到自己随琴声在海浪与山间穿梭。就在这种激情之下，他弹出了名曲《水仙操》。

伯牙被伟大的自然力所震撼，恐惧崇高的激情可以情景交融，终于创作出了不朽的名作。

3.应激

应激是指在出乎意料的情况下所引起的情绪状态。例如，人们遇到突然发生的火灾、水灾、地震等自然灾害时，刹那间人的身心都会处于高度紧张状态之中。此时的情绪体验，就是应激状态。

在应激状态中，要求人们迅速地判断情况，瞬间做出选择，同时还会引起机体一系列的明显的生理变化，比如心跳、血压、呼吸、腺体活动以及紧张度等都会发生变化。适当的应激状态，使人处于警觉状态之中，并通过神经内分泌系统的调节，使内脏器官、肌肉、骨骼系统的生理、生化过程加强，并促使机体能量的释放，提高活动效能。而过度地或者长期地处于应激状态之中，会过多地消耗掉身体的能量，以致引起疾病和导致死亡。

人在应激状态时，一般会出现两种不同的表现：一种是情急生智，沉着镇定；另一种是手足无措，呆若木鸡。有些人甚至会发生临时性的休克等症状。在应激状态下人们会出现何种行为反应是与每个人的个性特征、知识经验以及意志品质等密切相关的。

有一次，拿破仑骑着马正穿越一片树林，忽然听到一阵呼救声，情况很紧急，他扬鞭策马，朝着发出喊声的地方骑去。来到湖边，拿破仑看见一个士兵跌入湖里，一边挣扎，一边却向深水中漂去。岸边的几个士兵慌成一团，因为水性都不好，只能无可奈何地呼喊着。

拿破仑见此情景，便朝那几个士兵问道："他会游泳吗？""他只能扑腾几下，现在恐怕不行了。"一个士兵回答道。拿破仑立刻从侍卫手中拿过一支枪，朝落水的士兵大声地喊道："你还往湖中爬什么，还不赶快游回来！"说完，朝那人的前方开了两枪。落水人听出是拿破仑的声音，也看到子弹射入水中，似乎增添了许多力量，只见他猛地转身，扑通扑通地向岸边游来，不一会儿就游到了岸边。落水的士兵被大家七手八脚救上岸来，小伙子惊魂初定，连忙向拿破仑致敬："陛下，我是不小心落入水中的，您为什么在我快要淹死时还要枪毙我呢？"拿破仑笑着说："傻瓜，我那只不过是吓你一下，要不然，你真的要淹死了！"经他这样一提醒，大家才恍然大悟，打心底更加佩服拿破仑的足智多谋。

拿破仑的做法是很有道理的。士兵在这种应激时刻，已经丧失理智，手足失措，陷入慌乱之中，不能自救。对他开一枪，就能使他镇定，使其行为保持一种高度激活的状态。

短暂的情绪vs持久的情感

情绪和情感是十分复杂的心理现象，它既是在有机体的种族发生的基础上产生的，又是人类社会历史发展的产物。西方心理学著作常常把无限纷繁的情感和情绪概称为感情。这样，感情的概念就包括了心理学中使用的情感和情绪两个方面。

日常生活中，人们对情绪与情感并不作严格的区别，但在心理学中，情绪与情感是既有区别又有联系的两个概念。

情绪和情感二者的区别表现在：

第一，情绪通常是与生理需要相联系的体验。例如，由于饮食的需求而引起满意或不满意的情绪，由于危险情景引起的恐惧，和搏斗相联系的愤怒等。因此，情绪为人和动物所共有。但是，人的情绪在本质上与动物的情绪有所不同。即使人类最简单的情绪，在它产生和起作用的时候，都受人的社会生活方式、社会习俗和文化教养的影响和制约。由于这个原因，人在满足基本需要的生活活动中，那些直接或间接地与人的这些需要相联系的事物，在人的反应中都带有各种各样的情绪色彩。例如，难闻的气味能引起厌恶的情绪，素雅整洁的房间使人产生恬静舒适的心情。

第二，情绪具有情境性、冲动性和短暂性。它往往由某种情境引起，一旦发生，冲动性较强，不容易控制，外显成分比较突出，表现形式带有较多的原始动力特征。时过境迁，情绪就会随之减弱或消失。情感具有稳定性、深刻性、持久性，是对人对事稳定的态度体验，它始终处于意识的控制之下，且多以内隐的形式存在或以微妙的方式流露出来。例如，孩子的顽皮可能引起母亲的愤怒，但这具有情境性，每一个做母亲的绝不会因为孩子引起她的一次生气，而失掉亲子之爱的情感。

除了区别，二者的联系也是非常紧密的，这主要体现在：

一方面，情感依赖于情绪。人先有情绪后有情感，情感是在情绪的基础上发展起来的，而且情感总是通过各种不断变化的情绪得以表现，离开具体情绪，人的情感就难以表现和存在。例如，当人们看到小偷行窃时，愤恨的情绪使人产生正义感；看到自己的祖国遭到外敌入侵时，就会产生无比愤怒和激动的情绪，由此而表现出崇高的爱国主义情感。

另一方面，情绪也有赖于情感。情绪的不同变化，一般都受个人已经形成的社会情感的影响。例如，在非常艰苦的条件下，人们受高尚情感的支配，可以克服很多常人难以想象的困难，让自己的情绪服从于情感。

在现实生活中，人的情绪与情感是难以彼此分离的两种心理现象。就大脑的活动而言，情绪与情感是同一物质过程的心理形式，是同一事物的两个侧面或两个着眼点，是相互依存、不可分割的，有时甚至可以互相通用。

表情是情绪的指南针

情绪和情感是人的一种内部主观体验，但是这种内部体验又伴随着一些外部表现，即表情。日常生活中，我们可以通过观察他人的面部表情、姿态表情、语音表情来推知他的情绪体验。

面部表情是指通过眼部肌肉、颜面肌肉和嘴部肌肉的变化来表现各种情绪状态。

人的眼睛是最善于传情的，不同的眼神可以表达人的各种不同的情绪和情感。例如，高兴和兴奋时“眉开眼笑”，气愤时“怒目而视”，恐惧时“目瞪口呆”，悲伤时“两眼无光”，惊奇时“双目凝视”等。眼睛不仅能传达感情，而且可以交流思想。人们之间往往有许多事情只能意会，不能或不便言传，在这种情况下，通过观察人的眼神可以了解他的内心思想和愿望，推知他们的态度：赞成还是反对、接收还是拒绝、喜欢还是不喜欢、真诚还是虚假等。可见，眼神是一种十分重要的非言语交往手段。艺术家在描写人物特征、刻画人物性格时，都十分重视通过描述眼神来表现人的内心的情绪和情感，栩栩如生地展现人物的精神风貌。

嘴部肌肉的变化也是表现情绪和情感的重要线索。例如，憎恨时“咬牙切齿”，紧张时“张口结舌”等，都是通过嘴部肌肉的变化来表现某种情绪的。

心理学家艾克曼通过实验发现，人脸的不同部位具有不同的表情作用。例如，眼睛对表达忧伤最重要，嘴部对表达快乐与厌恶最重要，而前额能提供惊奇的信号，眼睛、嘴和前额等对表达愤怒情绪很重要。我国心理学家林传鼎的实验研究也证明：嘴部肌肉对表达喜悦、怨恨等少数情绪比眼部肌肉重要；而眼部肌肉对表达其他的情绪，如忧愁、惊骇等，则比嘴部肌肉重要。

不同的面部表情表达特定的情绪，我们可以通过观察他人的面部表情来识别他人的情绪。如下表所示：

不同情绪的面部模式

情绪	面部模式
兴奋	眼眉朝下、眼睛追踪着看、倾听
愉快	笑、嘴唇朝外朝上扩展、眼笑（环形皱纹）
惊奇	眼眉朝上、眨眼
悲痛	哭、眼眉拱起、嘴朝下、有泪有韵律地啜泣
恐惧	眼发愣、脸色苍白、脸出汗发抖
羞愧、羞辱	眼朝下、头低垂
轻蔑、厌恶	冷笑、嘴唇朝上
愤怒	皱眉、眼睛变狭窄、咬紧牙关、面部发红

姿态表情可分成身体表情和手势表情两种。身体表情是表达情绪的方式

之一。人在不同的情绪状态下，身体姿态会发生不同的变化，如高兴时“捧腹大笑”，恐惧时“紧缩双肩”，紧张时“坐立不安”等。举手投足、两手叉腰等身体姿势都可表达个人的某种情绪。

手势常常是表达情绪的一种重要形式。手势通常和言语一起使用，表达赞成还是反对、接纳还是拒绝、喜欢还是厌恶等态度和思想。手势也可以单独用来表达情感、思想，或做出指示，在无法用言语沟通的条件下，单凭手势就可表达开始或停止、前进或后退、同意或反对等思想感情。“振臂高呼”“双手一摊”“手舞足蹈”等手势，分别表达了个人的激愤、无可奈何、高兴等情绪。心理学家的研究表明，手势表情是通过学习得来的。它不仅有个别差异，而且存在民族或团体的差异。同一种手势在不同的民族中用来表达不同的情绪。

除面部表情、姿态表情以外，语音、语调表情也是表达情绪的重要形式。我们都知道，朗朗笑声表达了愉快的情绪，而呻吟表达了痛苦的情绪。言语是人们沟通思想的工具，同时，语音的高低、强弱、抑扬顿挫等，也是表达说话者情绪的手段。例如，当播音员转播乒乓球的比赛实况时，他的声音尖锐、急促、声嘶力竭，表达了一种紧张而兴奋的情绪；而当他播出某位领导人逝世的讣告时，语调缓慢而深沉，表达了一种悲痛而惋惜的情绪。

总之，面部表情、姿态表情和语调表情等，构成了人类的非言语交往形式，心理学家和语言学家称之为“体态语”。人们之间除了使用语言沟通达到互相了解之外，还可以通过由面部、身体姿势、手势以及语调等构成的体语，来表达个人的思想、感情和态度。在许多场合下，人们无须使用语言，只要看看脸色、手势、动作，听听语调，就能知道对方的意图和情绪。

第二篇

心理学的「诡计」

PART 01 洞悉人性，拿捏分寸

对方再谦虚，也不要过分表现自我

在与人交往的过程中，我们总能遇到一些谦虚有礼的人。他们总是客套地说“如有不周之处，还请多多指教”“请多提宝贵意见”“很多方面还需要向您多多学习”……

事实上，虽然说人要想得到别人的认可，就得善于表现自我，但是表现过分反而会遭到别人的反感，以至于让你寸步难行。因此，适当地低调一些，适度地隐藏自己的实力是明智之举。

柳萍刚下岗，她好不容易请理发店老板同意把她留下来工作，她觉得应该主动找事做。于是，她每天赶在大家起来之前，就把地擦了，把所有的理发器具也擦得一尘不染。

柳萍没想到的是，自己的“过分表现”却引起了别人的不痛快。原先负责搞清洁的女孩，虽然表面跟柳萍客客气气，常说“做得不好的地方还请多多批评”一类谦虚的客套话，背地里却老跟柳萍过不去，总打她的小报告。幸好后来有了个机会，才使两人消除了误会。柳萍这才意识到自己无意中把别人的工作抢了。

无独有偶，还有一个事例与之类似。

王伟是某政府机关办公室主任，对下属非常和蔼，总喜欢说“有什么意见大家尽管提”。

不过，谈起新人在单位急于表现的话题，他却摇头叹气。他举例说，有一年招了一个中文系毕业生，人是很用功，但劲儿总是使不到点子上。

毕业生来上班的第三天，看见王伟桌上有一份领导发言稿，他觉得文章结构不够合理，于是，也没问过王伟就自己把稿子拿回去改了。改完以后，还直接把稿子交到领导手里。

那篇稿子的初稿是王伟写的，已经给领导看过，并根据领导的意思做了修改，文章的结构也是领导惯用的。

开会时，领导读起稿子来很不顺，与自己习惯的风格相去甚远，会后，领导对王伟大发雷霆。

事后，王伟把毕业生叫到办公室，那位毕业生不但不觉得自己做错了事，而且还辩解说是为领导好，最后导致办公室里大家都有点讨厌他。

无论是刚从校门走进社会的毕业生，还是在跨国公司间跳槽的资深职业经理人，到了一个全新的工作环境，总会希望尽快展现自己的才华，以求得到别人的了解与认同。急于显露自己的能力，是很多新人的通病，也是人之常情。

当然，对于新人，上司对他的工作表现一般都会比较宽容。虽然他们与新人见面时，都会谈及公司的不足，并说些鼓励的话，比如“希望你的到来能为公司注入新的活力”之类。但实际上，他们不会指望新人一进公司就能马上出成绩，反而会通过一些小事来观察新人的为人、品性、工作态度等，据此形成一个基本判断。这个判断会影响上司将来对这位新人的使用。此外，作为上司，他们并不希望新人的到来一下子打破原有的平衡，就算他们有计划用新人来替代原来的员工，也希望能平稳过渡。

很多刚走出校门的毕业生，都有大干一番事业的豪情壮志，所以到了新单位，干什么事都想冲在前面，希望给别人留一个好印象，尤其是遇到谦虚的上司。

实际上，这样高调张扬的表现反而容易弄巧成拙。

不仅是在职场，商场、情场等亦是同理。与他人打交道，就要做一个有心计的人，在刚开始相互接触或接手某些事情的时候，学会低调，适当地隐藏自己的实力，对方再怎么谦虚，也不应该过分表现自己。只有这样，才能登上成功的宝座，而且坐得稳。

以诚动人，抓住他人心

人与人之间的交流如果想要说服对方认同你的观点，靠的是以诚服人、以情服人、以理服人、以德服人，这是感情、知识和心智力量使然。情感的力量是情感的认知和共鸣，知识的力量能使人们信服观点的论证，心智的力量则能使人们接收辩手本身，并进而在有意无意中相信和支持你的论证与反驳。

正如一位诗人所言："动人心者，莫过于情。"抓住了对方的心，与对方交谈也就成功了一半。

如果为人真诚，说话之前先有了真诚的心，那么即使是"笨嘴拙舌"也是没有什么关系的。有太多的事例一再说明，在与人交流时表达真诚要比单纯追求流畅和精彩更重要。

1915年，小洛克菲勒还是科罗拉多州一个不起眼的人物。当时，发生了美国工业史上最激烈的罢工，并且持续达两年之久。愤怒的矿工要求科罗拉多燃料钢铁公司提高薪水，小洛克菲勒正负责管理这家公司。由于群情激奋，公司的财产遭受破坏，军队前来镇压，因而造成流血，不少罢工工人被射杀。

那种情况，可说是民怨沸腾。小洛克菲勒后来却赢得了罢工者的信服，他是怎么做到的呢？原来小洛克菲勒花了好几个星期结交朋友，并向罢工代表发表了一次充满真情的演说。那次的演说可谓不朽，不但平息了众怒，还为他自己赢得了不少赞誉。演说的内容是这样的：

"这是我一生当中最值得纪念的日子，因为这是我第一次有幸能和这家大公司的员工代表见面，还有公司行政人员和管理人员。我可以告诉你们，我很高兴站在这里，有生之年都不会忘记这次聚会。假如这次聚会提早两个星期举行，那么对你们来说，我只是个陌生人，我也只认得少数几张面孔。

上个星期以来，我有机会拜访整个附近南区矿场的营地，私下和大部分代表交谈过，我拜访过你们的家庭，与你们的家人见过面，因而现在我不算是陌生人，可以说是朋友了。基于这份互助的友谊，我很高兴有这个机会和大家讨论我们的共同利益。由于这个会议是由资方和劳工代表所组成，承蒙你们的好意，我得以坐在这里。虽然我并非股东或劳工，但我深觉与你们关系密切。从某种意义上说，也代表了资方和劳工。”

这样一番充满真诚的话语，可能是化敌为友最佳的途径。假如小洛克菲勒采用的是另一种方法，与矿工们争得面红耳赤，用不堪入耳的话骂他们，或用话暗示错在他们，用各种理由证明矿工的不是，那结果只能是招惹更多怨恨和暴行。

真诚就像一颗种子，你细心维护它，有一天它就会结出让你惊喜的果实。你真挚待他人，他人也会真挚待你，甚至你敬人一尺，人必回你一丈。但是，我们不能够把付出真情当作某种本小利大的低风险投资，使别人觉得你的“真情”只是一种交易的筹码。

一个旅游团不经意走进了一家甜品店，参观一番后，并没有购买任何甜品的打算。临走的时候，服务员没有抱怨旅游团，相反，他却更加热情，把一盘精美的可可糖捧到了他们面前，并且柔声慢语地说：“这是我们店刚进的新品种，清香可口，甜而不腻，请您随便品尝，千万不要客气。”如此盛情，使顾客不知不觉进入了糖果店营造的一种双方好似亲友的氛围之中。恭敬不如从命，既然领了店家的“情”，又岂能空手而归呢？旅游团成员觉得不买点什么，确实有点过意不去。于是每人买了一大包，在服务员“欢迎再来”的送别声中离去。

如果这位服务员使这个旅游团的成员感到他的热情只是一种算计，那么结果只有一种可能，就是：你越是热情，我越是拒绝。

每一句话都是心里话，而不是把装出来的热情做得不露痕迹，这样才能够在打动自己的同时打动对方。我们所要强调的是，真情，重在自然流露，在乎本性天成，不能仅仅作为一种方法或者策略。

真诚待人，展现人格魅力，这也是争辩的一种方法，它是某些人的特质。一个真诚的人，一个具有人格魅力的人，即使不能舌绽莲花，也可以让一个能言善辩的人哑口无言。

活用“谎言”，让对方乐于同你交流

你曾经说过谎吗？没有？恐怕这本身就是最大的谎言。马克·吐温曾说过：“我们都说过谎，也都必须说谎。因此聪明的话，我们就应勤快地训练自己能善意地说谎。”

现实生活中，很多时候，我们在某些场合说“谎话”反而比说真话更容易得到别人的好感，还能避免不必要的尴尬，或者促进事态更好地发展。例如，某人患了不治之症，知道这一情况的亲友多不以实情相告，因为他们知道，患者如果知道实情不仅不利于病情的好转还会给他的心理带来折磨。此时，谎言就是最好的妙药灵丹。

正所谓“谎言永远比真理更受欢迎”。在交际中，不同的场合说不同的谎话总能产生不同的微妙效果。为此，我们总结了以下几种情况，可以让你在人际交往中取得“反客为主”的好效果。

（1）能产生良好交际效果的谎言有时是以装糊涂的形式出现的，以避免或解除尴尬。

生活中，我们常常会碰到这样的场面，到朋友家做客时，主人热情地给客人夹菜，恰恰是客人不喜欢吃的菜。这时，客人不外乎有两种态度。一种是接收主人盛情，一边道谢一边违心地说：“好吃！好吃！”当然，这样的谎言只能让自己自讨苦吃。而如果有一天主人知道了原委，也会后悔一辈

子。这窝囊的谎言，既苦了自己又伤了别人，实在不是高明之举。另一种态度，便是巧妙地拒绝。先说一句：“别客气，我自己来！”再补充一句：“这个菜我挺喜欢吃，就是胃受不了！”如此巧妙的谎言，既不伤主人的面子，又避免了活受罪，两全其美！

（2）在某个时候说点谎话，能使本来很有距离的双方达到某种“共识”，从而使进一步的交流成为可能。

有位先生和朋友去拜访一位教授，那教授为人严肃，不苟言笑。坐了半天，除了开头说了几句应酬话，剩下的全是让人尴尬的沉默。

忽然，那位先生看到教授家养的热带鱼，其中几条色彩斑斓，游起来让人眼花缭乱。那位先生知道这鱼叫“地图”，因为自己也养了几条，还很得意地为朋友介绍过。教授见那位先生神情专注，就笑着问：“还可以吧？才买的，见过吗？”那位先生说：“还真没见过。叫什么名字？明儿我也打算养几条呢！”当时他的朋友不解地看看他，心想装什么糊涂，不是上星期才到我家看过吗？

可教授一听，来了兴致，大谈了一通养鱼经，那位先生听得频频点头。那位教授像是遇到了知音，说说笑笑，如数家珍地给他讲每条鱼的来历、特征，又拉着他到书房看他收集的各类名贵热带鱼的照片，气氛顿时活跃起来。他们一直聊到吃过晚饭才走，朋友才突然领悟到那位先生说谎话的用意。

一句谎话使本来几乎陷入僵局的交谈又顺利地进行下去了。

（3）有时候对家人也应撒点谎。

一位身患重病的母亲，为了支持儿子上学，竟然把买药治病的钱给儿子交了学费，当她带儿子到商店给儿子买圆规掏钱时，不慎带出了一张药单。儿子见后，再也不肯让母亲买圆规。可那位伟大的母亲为了使儿子能安心努力地读书，便谎称药单是用过了的。

母亲的谎言中孕育了伟大的母爱，表现的是一种最可贵的奉献精神。

（4）对求爱者的谎言。

一个男大学生爱上了一个女大学生，于是对女大学生说了一番热烈的话：“我离不开你，你是温暖着我的太阳，你是照耀着我的月亮，你是为我呼唤早晨的启明星。”

女大学生早已听出这是一番表白爱情的极热烈的话，但自己并不喜欢面前的小伙子，怎么办？如果断然说“我不喜欢你”，岂不是会使对方陷入尴尬？不置可否，岂不是对对方不负责任？

她只说了一句：“真美！您对天文学太有研究了，可我，真对不起，我对天文学一点也不感兴趣！”

就这样，女大学生轻松拒绝了男大学生。

在现实生活中，当你不得不用一些小谎言去办事时，你一定要注意，自己所说的谎言要不容置疑，这样才能以假胜真，巧中取胜，黑中取白。否则，会弄巧成拙。

得理时要让他三分

著名的哲学家、教育家苏格拉底曾经说过：“一颗完全理智的心，就像是一把锋利的刀，会割伤使用它的人。”在这个世界上，没有完全绝对的事情，就像一枚硬币一样具有它的两面性。这就告诫我们做人做事都不要太绝对，要给自己和他人留有余地。

在一个春天的早晨，房太太发现有三个人在后院里东张西望，她便毫不犹豫地拨通了报警电话，就在小偷被押上警车的一瞬间，房太太发现他们都还是孩子，最小的仅有14岁！他们本应该被判半年监禁，房太太认为不该将他们关进监狱，便向法官求情：“法官大人，我请求您，让他们为我做半年的劳动作为对他们的惩罚吧。”

经过房太太的再三请求，法官最后终于答应了她。房太太把他们领到了自己家里，像对待自己的孩子一样热情地对待他们，和他们一起劳动，一起生活，还给他们讲做人的道理。半年后，三个孩子不仅学会了各种技能，而且个个身强体壮，他们已不愿离开房太太了。房太太说：“你们应该有更大的作为，而不是待在这儿，记住，孩子们，任何时候都要靠自己的智慧和双手吃饭。”

许多年后，三个孩子中一个成了一家工厂的主人，一个成了一家大公司的主管，而另一个则成了大学教授。每年的春天，他们都会从不同的地方赶来，与房太太相聚在一起。

房太太就是“得理让三分”的典范。

“人活一口气，佛争一炷香。”这是一个人在被人排挤，或者被人欺侮时，经常说的一句急欲“争气”的话。

其实也不必如此，试想一下，一个人究竟能有多大的气量？一生大不了三万六千天，这还是极少数。就像古代名人张英说的那样，“万里长城今犹在，不见当年秦始皇”。“千里捎书只为墙”，却不如“得饶人处且饶人，让他三尺又何妨”。这方面，不管是古人还是今人，有好多值得我们学习的地方。

“得理不让人，无理搅三分。”这是普通人常犯的毛病。其实，世界上的理怎么可能都让某一个人占尽了？所谓“有理”“得理”在很多情况下也只是相对而言的。凡事皆有一个度，过了这个度就会走向反面，“得理不让人”就有可能变主动为被动，反过来说，如果能得理且让人，就更能体现出一个人的气量与水平。给对手或敌人一个台阶下，往往能赢得对方的真心尊重。

古希腊寓言家伊索曾说道：“不要瞧不起任何人，因为谁也不是懦弱到连自己受了侮辱也不能报复的。”

一个人不仅要自己的胸怀宽广，度量宽宏，更要注意别人的自尊。一个人如果损失了金钱，还可以再赚回来；一旦自尊心受到伤害，就不是那么容易弥补的，甚至可能为自己树起一个敌人。“得理且让人”就是要照顾他人的自尊，避免因伤害别人的自尊而为自己树敌。

你可保守他的秘密，但莫让他保守你的秘密

在人际交往中，许多人，尤其是年轻人，常常把自己的秘密毫无保留地袒露出来。有时如果没把自己的心事完完全全地告诉问及的人，心中就会不安，认为自己没有以诚待人，感到对不起人家，认为别人对自己很好或很重要，不告诉人家自己的秘密是错的。很显然，这些人在如何对待自己的秘密和如何对待坦诚这些问题上，所谓的“知无不言，言无不尽”是一种错误的认识。

在生活中，人与人之间需要交流，需要友情，但谁都不愿与一个从不袒

露自己的内心世界、对任何问题都不明确表态的高深莫测的人交往。然而，对于坦诚有一个正确的理解是十分必要的。所谓坦诚并不意味着别人要把内心世界的一切都暴露给你，也不意味着你要把内心世界的一切都暴露给别人。每个人都有秘密，这是正常的，也是必要的。

例如，一次约翰把自己的重大秘密告诉了乔治，同时再三叮嘱："这件事只告诉你一个人，千万别对别人说。"然而一转脸，乔治便把约翰的秘密添枝加叶地告诉了别人，让约翰在众人面前很难堪。这种背信弃义有时出于恶意，有时却是无意的。

当然了，能否保守秘密也与个人的品质修养有关。有的人透明度太高，这种人不但不能为别人保守秘密，就连自己的秘密也保守不住。有的人泄露别人的秘密，不是为了伤害别人，而是为了抬高自己，"咱们单位的事，没有我不知道的"，"我要是想知道某件事，我就一定能了解出来"……这种人常这样炫耀自己，他们认为，知道别人的秘密越多，自己的身价就越高。用泄露别人秘密的方法伤害别人、娱乐自己，甚至把掌握的秘密当作要挟别人的把柄，当作自己晋升的阶梯，这种人在现实中也大有人在，对这种人最应该提高警惕。

再回到前面的例子，像约翰那样让他人为自己保守秘密，远比只让自己保守自己的秘密难得多。因此，不是万不得已的时候，不要让他人分享自己的秘密，要学会自己的秘密自己保守。因为，你的秘密一旦落入别有用心的人的耳中，它就会成为关键时刻别人攻击你的武器，使你在竞争中处于被动的局面，甚至因此而失利。

许军是某公司的业务员，在厦门工作已经有三年的时间了，他因为工作认真、勤于思考、业绩良好，被公司确定为中层后备干部候选人。总经理找他谈话时，他表示一定加倍努力，不辜负领导的厚望。只因他无意间透露了一个属于自己的秘密而被竞争对手击败，遭到排挤，终于没被重用。

许军和同事王广林私交甚好，常在一起喝酒聊天。一个周末，他备了一些酒菜约了王广林在宿舍里共饮。二人酒越喝越多，话越说越多。微醉的许军向王广林说了一件他对任何人也没有说过的事。

"我高中毕业后没考上大学，有一段时间闲着没事干，心情特别不好。有一次和几个哥们喝了些酒，回家时看见路边停着一辆摩托车，一见四周无人，一个朋友撬开锁，让我把车给开走了。后来，那朋友盗窃时被逮住，送到了派出所，供出了我。结果我被判了刑。刑满后我四处找工作，处处没人要。没办法，经朋友介绍我才来到厦门。不管咋说，现在咱得珍惜，得给公司好好干。”

谁知道，没过两天，公司人事部突然宣布王广林为业务部副经理，许军调出业务部另行安排工作岗位。

事后，许军才从人事部了解到是王广林从中捣的鬼。原来，在候选人名单确定后，王广林便来到总经理办公室，向总经理谈了许军曾被判刑坐牢的事。不难想象，一个曾经犯过法的人，老板怎么会重用呢？尽管你现在表现得不错，可历史上那个污点是怎么也擦洗不干净的。

知道真相后，许军又气又恨又无奈，只得接收调遣，去了别的不怎么重要的部门上班。

德国作家让·保·里克特曾说：“一个人泄露了秘密，哪怕一丝一毫，就再也得不到安宁了。”如果还想过宁静的生活，如果不想成为别人眼中的透明人，那就别把心里的话全都说出来，把该保守的秘密坚定地保守下去。

每个人都有自己的秘密，都有一些压在心里不愿为人知的事情。这些隐私就是一个人的底线，别人不知道你的底线在哪里，也就无从伤害你。如果将其过多地暴露在别人的面前，即使是原本没有不良记录之人，也难免会在利的诱惑之下，做出常规外的伤害之举。

既然秘密是自己的，无论如何也不能对别人讲。在保护一份神秘感的同时，也能保护自己不因“祸从口出”而受害。

帮别人的同时，也是在帮自己

罗曼·罗兰曾说过：“只要还有能力帮助别人，就没有权利袖手旁观。”没错，永远不要吝惜对别人的帮助，在帮助别人的同时，你也正是在帮助你自己，你将从中不断收获幸福和快乐。

有一个盲人，在夜晚走路时手里总是提着一个明亮的灯笼。别人见了觉得非常奇怪，问他：“你自己根本看不见，为什么还要打着灯笼走路呢？”盲人回答道：“这个道理很简单，这个灯笼当然不是为了给我自己照路，而是为别人提供光明，帮助别人看清道路。也只有这样，别人才能看见我，不会撞到我身上，我的安全才有保证。”

当盲人无私地为他人着想、方便他人时，恰恰帮助了自己，给自己带来了方便。如果每一个人都能够像盲人这样学会帮助别人、关心别人，我们这个世界一定会变得更加美好。

帮助别人就是帮助自己，有时，仅仅只是举手之劳，却解决了人家的大麻烦、大问题，我们又何乐而不为呢？你也许会说，帮助别人需要耗费你大量的精力、体力，耽误你的时间，但要知道，你的付出，不仅能助他人一臂之力，而且能给对方带来力量和信心，使他们有更大的勇气去战胜困难。特别是当一个人遇到挫折、处于逆境之中时，如果我们能热情相助，那将犹如雪中送炭，别人也定会有“滴水之恩，当涌泉相报”的感激。“危难中见真情”，很多人在受到别人真诚的帮助后，总能以更真诚的感激报答别人，你为他人所做的一切将为你赢得尊重、感激、信任等弥足珍贵的感情。

古往今来，人与人之间的交往实质是一种平等互惠的关系，也就是说，你对别人怎么样，别人就会怎样对你。你帮助我，我就会帮助你，正所谓“投之以桃，报之以李”，一个人只有大方而热情地帮助和关怀他人，他人才会给你帮助。所以你要想得到别人的帮助，你自己首先必须帮助别人。

有些时候，我们在帮助别人的同时，还能收获到意外的利益。

在一场激烈的战斗中，上尉忽然发现一架敌机向阵地俯冲下来。照常理，发现敌机俯冲时要毫不犹豫地卧倒。可上尉并没有立刻卧倒，他发现离他四五米远处有一个小战士还站在那儿。他顾不上多想，一个鱼跃飞身将小战士紧紧地压在了身下。此时一声巨响，飞溅起来的泥土纷纷落在他们的身上。上尉拍拍身上的尘土，回头一看，顿时惊呆了：刚才自己所处的那个位置被炸成了一个大坑。

显而易见，上尉的善意之举，不仅救了小战士的性命，而且也意外地让自己免于牺牲。这种帮助，不正是一种双方的共赢吗？

最后，我们帮助别人的时候，还能给自己带来精神上的欢愉和满足，这本身也是一件值得自豪的事。

展现自信的风采，给对方一颗定心丸

不知道你是否注意到：无论是去应聘，还是平时与他人交往，自信的人总是比唯唯诺诺的人更受欢迎。这是为什么呢？

很简单，自信是人生重要的心理状态和精神支柱，是一个人行为的内在动力，是自我成功的必然法宝；自信能够使弱者变强，强者更健。我们只有相信自己，才能激发进取的勇气，才能最大限度地挖掘自身的潜力，才能在成功的路上健步如飞。所以，在他人面前展现出你自信的风采，无疑是给对方一颗定心丸，让对方觉得你是有能力、有实力的。

一个下着小雨的中午，车厢里的乘客稀稀拉拉的，在一个站台，上来了一对残疾的父子。中年男子是个盲人，而他不到10岁的儿子也只有一只眼睛能感光。父亲在小男孩的牵引下，一步一步地摸索着走到车厢中央。当车子继续缓缓往前开时，小男孩开口说：“各位先生、女士，你们好，我的名字叫麦蒂，下面我唱几首歌给大家听。”

接着，小男孩用电子琴自弹自唱起来，电子琴音质很一般，但孩子的歌声却有天然童音的甜美。

正如人们所预料的那样，唱完了几首歌曲之后，男孩走到车厢头，开始“行乞”。但他手里既没有托着盘子，也没有直接把手伸到你前面，只是走到你身边，叫一声“先生”或“小姐”，然后默默地站在那儿。乘客们都知道他的意思，但每一个人都装出不明白的样子，或者装睡着，有的干脆扭头看车窗外面……

当小男孩小手空空走到车厢尾时，一位中年妇女尖声大喊起来：“真不知怎么搞的，纽约的乞丐这么多，连车上都有！”

这一下，几乎所有的目光都集中到这对残疾的父子俩身上，没想到，小男孩竟表现出与年龄不相称的冷静，他一字一顿地说：“女士，你说错了，我不是乞丐，我是在卖唱。”车厢里所有淡漠的目光刹那间都生动起来，有人带头鼓起了掌，然后，是掌声一片。

一个没有生存能力的孩子，却在顽强不屈地承受着生命给予他的考验。在有人悲叹自己命运不济的时候，小男孩却用自己的成熟和坚强支撑着自己和一家，用自己的劳动、自己的歌声为自己赢得收入。面对别人的嘲笑，他毫无自卑之感，自信坦然地面对。面对这个小男孩，所有的自卑都变成了逃避人生的理由，只要坚持相信自己，掌声一定属于自己。

小泽征尔成名之前，在一次世界优秀指挥家大赛上，他发现了不和谐的声音，觉得乐谱有错。这时，评委们却坚持说乐谱没有问题。面对这些权威人士，小泽征尔斩钉截铁地说：“不！一定是乐谱错了！”话音刚落，评委们便报以热烈的掌声。原来，这正是比赛的一部分，小泽征尔的勇敢、自信征服了所有评委。

正是因为相信自己，小泽征尔才果断地跳过了“圈套”。这次的夺魁，也正如一盏明灯，照亮了他的前程！

成功不一定站在智慧的一方，但一定会站在自信的一方。相信自己，就

会拥有自己的成就与幸福。如果你真的相信自己，并且深信自己一定能实现梦想，你就一定会成功。因为你相信“我能做到”时，自然就会想出“如何去做”的方法。

一般来说，我们既可以通过用语言来表达自信，也可以通过身体姿态等来表现自信。对于前者，你可以在陈述问题时多表现得诚恳些，简单明了，有重点；与人交流时可以多使用“我认为”“我宣布”等词汇；有异议时，多提出建设性的批评而不是责骂或假设“应该如何”；想提出改进意见时不用劝告的语气；以清晰、稳重、坚定的语调表达自己的思想；可以通过主动询问的方式去发现别人的思想或情感，等等。对于后者，在与他人当面交流的时候，多以赞赏的眼光与对方接触；坐、立姿态均坚定挺拔；以开朗的表情辅助别人的评论；平静地讲解，强调重点词汇、不犹豫，等等。

英国剧作家、诗人莎士比亚说：“自信是走向成功的第一步，缺乏自信即是其失败的原因。”自信是一生的事情，是一个人热爱自己并不断完善的过程，相信自己：即便不是最好的，至少也是独一无二的，毕竟“每个人都是自然界最伟大的奇迹”。

那么，请相信你自己，如果你不能做到心灵统一，就不可能发挥出生命的潜在力量，不发挥出潜在力量，就是自己埋没自己。也许你并没有意识到：在大部分时间、大多数事物中，不是别人限制你，而是你埋没了你自己！

率先化干戈为玉帛，敌对的他也会成朋友

人生漫漫，我们总是会遇到形形色色的人。有时，一次竞争、一个分歧，甚至一句玩笑，都有可能令我们树敌。常言道：“多个朋友多条路，多个敌人多堵墙。”树敌对我们个人的发展是非常不利的。

然而，时光不会倒流，世界上也没有后悔药，一旦树立了敌人，就已既成事实。很多人都想知道，那我们有没有化解他人敌意的好办法呢？

想要化敌为友，你必须学会率先迈出第一步。

从前，在苏伯比亚小镇有两个叫乔治和吉姆的邻居。可事实上，虽然他

们住得非常邻近，但他们的关系一点儿都不和睦，谁都不喜欢对方。

日常生活里，他们相遇总会发生口角。即使夏天在后院开除草机除草时车轮碰在一起，他们多数情况下也不会跟对方打招呼。

在一次夏天快要过去的时候，乔治和妻子外出两周，一同去度假。由于两家一向彼此充满敌意，吉姆和妻子一开始并未注意到乔治夫妇走了。没错，注意他们干什么？除了口角之外，两家相互间几乎就没什么话可说。

突然有一天傍晚，吉姆在自家院子除过草后，发现乔治家的草已很高了，与自家刚刚除过草的草坪形成鲜明对比。

对附近过往的人来说，都发现乔治夫妇显然不在家，而且已离开很久了。吉姆想，这不是等于公开邀请夜盗入户吗？这个想法如同闪电一样攫住了吉姆。

当吉姆再一次看到乔治家那高高的草坪，尽管心里非常不愿意去帮助那家他非常不喜欢的人，但第二天早晨，他还是把那块长疯了的草坪除好了！

几天之后的一个周日下午，乔治和妻子多拉回到了家。他们愕然地发现，自己不在家时竟然有好心人帮他们把草坪收拾得如此干净、整齐。他们很想知道这位好心的朋友是谁，于是就到整个街区的每一家询问。然而，这里却不包括吉姆的家。

可除了吉姆家，所有询问的邻居都说不是自己做的。最后，乔治敲了吉姆家的门。吉姆开门时，乔治站在那儿不停地盯着他，脸上露出奇怪和不解的表情。

过了很久，乔治终于说话了：“吉姆，你帮我除草了？”这是他很久以来第一次这样称呼吉姆的名字。“我问了所有的人，他们都没除。杰克说是你干的，是真的吗？是你除的吗？”尽管乔治的语气似乎有些责备的意味，但他内心的感谢之情仍旧不经意地流露出来。

“是的，乔治，是我除的。”吉姆答道。他以为乔治会因为自己主动除草而大发雷霆。可乔治犹豫了片刻，像是在考虑要说什么，最终，用他那低得几乎听不见的声音嘟囔说“谢谢”之后，急转身马上走开了。

能够主动帮自己敌对的人做好事，这几乎是常人所意料之外的。不过，这种“帮助”所带来的结果往往也是常人意料之外的。

吉姆的主动帮忙就这样打破了他与乔治之间的敌意沉默。尽管当时他们还没发展到在一起打高尔夫球或保龄球，他们的妻子也没有为了互相借点糖或是闲聊而频繁地走动，但他们的关系已经出现了改善。至少除草机开过的时候他们相互间有了笑容，有时甚至说一声“你好”。也许没多久，他们就会像朋友一样分享同一杯咖啡。

所以，当你与他人发生矛盾时，一定要学会主动示好。这种智慧的选择，可以帮你把眼前的那堵墙，变成畅通的路。

尽量让对方多说，自己才能获得更多信息

只要你稍微留心，便会发现：无论在职场，还是在情场，那些总能赢得他人喜欢的人，往往是精明、内敛的倾听者，而不是滔滔不绝、夸夸其谈的擅说者。为什么呢？很简单，能说的不如会听的，尽量让对方多说，你自己才能获得更多信息。

卡耐基曾被邀请去参加一个桥牌集会。卡耐基不玩桥牌，在场的一位金发女郎也不玩。她发现卡耐基以前曾是罗维尔·托马斯进入无线电业之前的经理，也发现他在准备生动的旅行演讲的时候，曾在欧洲各处转过。因此她说：“啊，卡耐基先生，我请求你把所有你过去的那些美妙的地方，以及你所见过的那些美丽景色，全部告诉我。”

坐在沙发上，金发女郎说她和丈夫最近刚从非洲旅行回来。“非洲！”卡耐基惊叹，“多么有意思！我一直想看看非洲，但除了有一次在阿尔及利亚待了24小时以外，我从没去过。告诉我，你是否去过那个狩猎王国？真的，我多羡慕你，请把非洲的情况告诉我。”

接下来，她滔滔不绝地告诉卡耐基自己到过的地方，那里是多么多么的有趣……

45分钟就这样过去了，她没能从卡耐基口中得到丝毫关于非洲的信息，反而非常开心地把自己所知道的全部信息都告诉了卡耐基。

我们不难发现，在这次交谈中，卡耐基以一个“饶有兴趣的听众”的身份，赢得了金发女郎的喜欢，所以她非常开心地将自己所知道的非洲信息全

部告诉了卡耐基。这也告诉我们，如果你会听，很多时候要比你能说更能讨人喜欢。

也许你会问为什么，这个问题的理由至少可以举出两个：第一，只有凭借聆听，你才能学习；第二，别人只对听他说话的人有反应。

正如卡耐基自己所言："最重要的是聆听，在你开口告诉别人你有多棒之前，你一定要先聆听。然后你才能开始认识别人，与别人交谈，千万别高人一等。多跟别人交谈，用心倾听，不要太快下决定。"

简单地说，世界上任何人都喜欢有人听他说话，只有对于听他说话的人，他才会有反应。聆听也是尊重的一种最佳表示，表示我们看重他们。我们等于是在说："你的想法、行为与信念对我都很重要。"

你也许想不到，要想了解别人的想法，最好的办法就是听听他的意见，让他自己说出你想了解的事情。拥有私人银行桑德斯·卡普公司的银行家汤姆·桑德斯曾说道："关键在于先了解对方，他的价值观以及他对投资的看法，再决定你是否能诚实地说出我们的投资方式是正确并对其有利。"他也正是利用了聆听的方式，多次协助大企业进行天文数字般的巨额投资。他还说："一切都由聆听开始。他心里到底想怎么样？他为什么不答应？真正的理由到底是什么？""我与美国电信公司（AT&T）已经维持了25年的关系，而且是很好的关系。我认为真正的聆听功不可没。""我可以提供印刷精美的小册子，也可以运用幻灯片，可是，我仍然必须弄清楚什么才能真正吸引对方。他考虑什么？担心什么？他看事情的角度如何？"

常言道："知己知彼，百战不殆。"如果你想在人际交往中游刃有余，首先就要学会做一个注意听话的人，了解别人，从别人那里获得自己想要的信息。正如查尔斯·洛桑所说的："要令人觉得有趣，就要对别人感兴趣——问别人喜欢回答的问题，鼓励他谈谈自己和他的成就。"

所以，请记住：跟你谈话的人对他自己、他的需求和他的问题，比他对你和你的问题，更感兴趣千百倍。当你下次跟别人交谈的时候，千万别忘了这一点，尤其在想获得对方信息的情况下。

PART 02 以心攻心，斗智斗勇

要赢，先在勇气上压倒对方

曾有这样一幅画面：一株纤弱的小树苗从巨石的缝隙中蜿蜒地爬出来，倔强地寻求一缕阳光。小树苗那股子精神真的很震撼人心。其实，真的勇气不是压倒一切，而是不被一切压倒。

面对强大的敌人，面对重重阻挠和困难，退缩就意味着死亡，只有奋勇向前才能打破层层壁垒赢得最后的胜利。如果因为对手强大或者困难难以克服就气馁丧气，退缩求饶，没有勇气面对，那么小树苗将永远被埋在阴暗的石头缝里，见不到阳光，更看不到风雨之后的彩虹，最后慢慢地腐烂变质。

俄国著名作家屠格涅夫就曾经亲眼见过一只母麻雀为了保护自己的孩子战胜了一只凶狠的猎狗。饥饿的猎狗似乎嗅到了美味的食物，疯狂地朝两只麻雀跑过来，欲要将之一口吞下。母麻雀用翅膀护住小麻雀，挓挲起羽毛疯狂地扑腾，并拱起自己的背提起十二分精神跟恶狗对峙，一会儿尖叫，一会儿扑腾翅膀，一会儿凝神不动……每当猎狗扑上去的时候，母麻雀就突然变换姿态和声音，突然给猎狗一个惊吓，久而久之，猎狗终于疲劳和迷惑了，呆呆地望着到嘴边的肉却不敢咽下，只能悄悄地走开。就这样，在本不可能生还的情况下老麻雀却凭借着自己的勇敢无畏战胜了比自己强大十几倍的猎狗保护了自己的孩子，最终化险为夷。

试想，在这场惊心动魄的战斗中，如果麻雀有一丁点退缩的心理，有一丁点松懈，就有可能葬送自己和孩子的生命。不可思议的奇迹的发生，就在于深深的母爱，母爱让老麻雀爆发出了惊人的潜力和勇气，爆发出了一种压倒一切，令对方害怕的霸气和不要命的傻气，震住了对方，赢得了胜利。

危急关头，“狭路相逢勇者胜”，“明知不敌对手也要毅然亮剑”，这里没有退路，只有突破，才能站得住脚，谋得一席发展之地，所以，越是困难，越是强敌，我们越要勇于迎接挑战，在战斗中让自己更强大，在与狼搏斗中让自己的“爪牙”更锋利。

一位自幼丧父的老翁，一生孤苦，种地赶上灾荒收成很少，转而经商，又遇上行情不好，想要当渔人，出海打鱼却遇到风暴差点丧命，他苦于自己受挫太多，老天对他太不公平。于是就去质问上帝，上帝听完对他说：“你知道吗？有个向来事事顺心，左右逢源的商人，同样在这场风暴中损失惨重，他因为接收不了现实的打击跳楼了，可是你却好好地活着。”老翁听完后，若有所悟，从此不再抱怨，明白了上帝对每个人都是公平的，给你关上了一扇窗的同时就会给你打开另一扇窗。因此，60多岁的他重操旧业，开始经商，在经商路上遇到各种困难都勇敢面对，最后成为资产十几亿的大富翁。

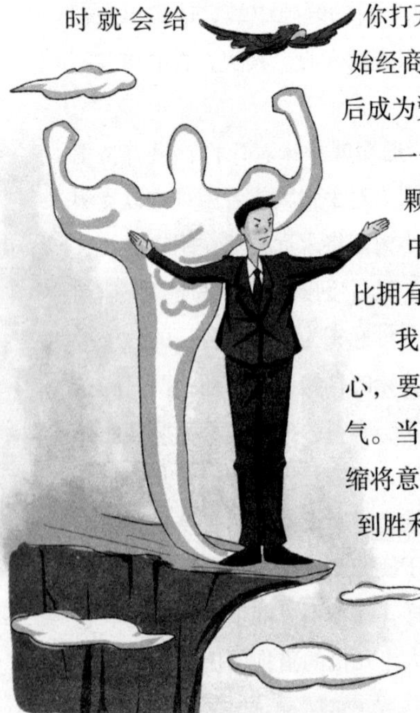

一个人只有经历了比别人更多的挫折才能以一颗平常心来面对以后的挫折。我们在生活工作中，拥有不被一切压倒敢于迎难而上的勇气要比拥有一帆风顺的运气更加可贵。

我们一定要有那种压倒一切对手的决心和信心，要有战胜一切困难去夺取最后胜利的勇气和霸气。当“狼群”在我们身边时，我们绝不能退缩，退缩将意味着死亡，意味着永远也难以站起来，难以见到胜利的阳光。我们也要把困难估计得更多一些，把挑战估计得更严峻一些，把对手估计得更强大一些，把自己的准备做得更充分一些。然后丢下包袱、轻装前进。

绵里藏针，柔中带刚

先说软的，可以在强敌面前取得进一步论辩的机会；再说硬的，就可以显示一些威胁的力量。软的为绵，硬的为针，是为绵里藏针。

“绵里藏针法”的运用常常跟喂小孩子吃苦药的道理一样，要用糖衣包着药片，或者就着糖水送服，招数因人而异，窍门却一通百通。

春秋时期的晋灵公奢侈腐化。某年下令兴建一座九层高的楼台，群臣劝说，他火了，干脆又下了一道命令，将劝阻建九层台者斩首。这样一来便没人敢说话了。

只有一个叫孙息的大臣很讨灵公喜欢。他就告诉灵公说他能把九个棋子摞起来，上面还能再摞九个鸡蛋。灵公听了，觉得这事儿挺新鲜，立即要孙息露一手让他开开眼界。孙息也不推辞，就把九个棋子摞在一起，接着又小心翼翼地把鸡蛋往棋子上摞，放第一个，第二个……

孙息自己紧张得满头大汗，战战兢兢，看的人也大气不敢出一口。如果孙息不能把鸡蛋摞好，就犯了欺君大罪，是会被杀头的。

这时，灵公也憋不住了，大叫：“危险！”孙息却从容不迫地说：“这算什么危险，还有比这更危险的事哩！”灵公也被勾起了好奇：“还有什么比这更危险？”

孙息便掂掂手中的鸡蛋，慢吞吞地说："建九层台就比这危险百倍。如此之高台三年难成，三年中要征用全国民工，使男不能耕，女不能织，老百姓没有收成，国家也穷困了。而国家穷困了，外国便会趁机打进来，大王您也就完了。你说这不比往棋子上摞鸡蛋更危险吗？"

灵公吓得出了一身冷汗，立即下令停工。

孙息让晋灵公看了场不成功的杂技表演，更受了一次形象生动的批评，那味道确实是又甜又苦。正在气头上的人，是难以与他正面争辩的，何况他还有无上的权威支持，那更是老虎屁股——摸不得。然而，"绵里藏针法"每每在这样的关键时刻，能起到逆转乾坤的作用。

庄重显力量，风趣显风度。在论辩中做到既庄重又风趣，可以叫对方无力招架，自叹弗如。庄重为绵，风趣为针，是为绵里藏针。

有一次，一个美国记者同周恩来总理谈话时，看到桌上有一支美国派克钢笔，就带着几分讥讽的口气问："请问总理阁下，你们堂堂中国人，为何还用我们美国的钢笔呢？"听出了他的言外之意，周总理庄重而又风趣地答道："提起这支钢笔，话就长了，这是一位朝鲜朋友的抗美战利品，作为礼物赠送给我的。朋友说，留下做个纪念吧。我觉得有意义，就收下了贵国这支钢笔。"那个记者听后，露出一脸窘相，怔得半天也没有说出话来。

绵里藏针，话里藏话，总体上有两个基本功：

一是能够听出对方的弦外之音，恶毒之意，否则便会成为笑柄，白白赔了笑脸；二是要委婉含蓄地表达自己，话要说得很艺术，让听话之人心领神会，明白你话中的锋芒所在。

辩论中先发制人，争取主动权

先发制人，占据主动位置，这是论辩中最常用的一种策略，在辩题对己方明显不利的情况下尤其适用。

1986年亚洲大专辩论会上，新加坡国立大学队和中国香港中文大学队展开辩论，辩题是"外来投资能够确保发展中国家经济高速成长"。

香港中文大学队为正方，新加坡国立大学队为反方。显然，从命题上看，香港中文大学队处于不利地位。因为“确保”一词是个值得推敲的词语，如果把“确保”理解成绝对保证，那么，正方香港大学中文队几乎是无理可辩。

不过，香港中文大学队也有高招，他们采取“先发制人、先声夺人”的策略，开场就提出“确保”并不是指百分之百保证。比如，在客车里，乘务员常说：“为了确保各位旅客的安全，请不要扶靠车门。”这并不是说只要不去扶靠车门，乘客的安全就百分之百得到保证了。

香港中文大学率先定义“确保”一词的含义，为自己的论点开辟了广阔的活动舞台，而反方新加坡国立大学队又没有令人信服地证明“确保”就是百分之百地保证。因此，香港中文大学就化不利为有利，牢牢把握住了辩论场上的主动权，并最终获胜。

可以设想，如果不是采用了先发制人的方法，而是在承认“确保”就是百分之百地保证的前提下与对方辩论，正方很难有取胜的希望。

“先发制人”重在一个“先”字，贵在一个“制”字。当你了解别人将要说一些对你不利的话或让你办一些不想办的事时，你可抢先开口，或截，或封，或堵，或围，或压，或劝，明确告知对方免于开口，打断对方的话题，用其他话题岔开。这样就能牢牢掌握交际的主动权，达到自己拒绝的目的。

辩论不是简单的舌战，更不是街头泼妇骂架，而是进攻与防守综合艺术的运用。顾头不顾尾的蛮攻和忍气吞声的呆守都会造成灭顶之灾。孙子曰：

“备前则后寡，备后则前寡，备左则右寡，备右则左寡，无所不备，则无所不寡。”在辩论时，为了辨明是非，最经常也是最奏效的战略就是主动出击，先发制人，因为只有在进攻、进攻、再进攻中才能始终把握主动权。但不能盲目进攻，要掌握进攻技巧，才能取得好的效果。

1.正面进攻

辩论中，与对方短兵相接，面对面地直接驳斥对方的论点，尤其是中心论点，指出对方论点的错误和明显违背事实和常理的地方，使其主张不能成立，是辩论制胜的法宝。这就是所谓正面进攻。这是大规模的正规军决战常用的手法，最常用，也最难以掌握。

1988年“亚洲地区大学生论辩赛”预赛的第一场，香港中文大学队对新加坡国立大学队，辩题是“个人功利主义是社会进步的最重要的因素”。辩题即论点，站在反方的香港中文大学队的一名队员发言指出：

“孙中山领导辛亥革命，推翻了中国两千多年的封建统治，难道是因为个人功利主义吗？爱迪生发明了电灯，造福于全人类，难道是因为个人功利主义吗？”

上述例子中采用的就是正面进攻，直接反驳辩题。只用两个反问句，举出两个无可辩驳的历史事实。孙中山领导的辛亥革命，中国及全世界都知道；爱迪生的科学发明，给全世界带来了光明，更是世人皆知。论者用这两个促进社会进步的重大历史事实，直接证明“个人功利主义是社会进步的最重要因素”这一论点的错误。这一方法的效果是全面而且有力的。

2.侧面进攻

侧面进攻指不与对方正面交锋，或是因对方论点看似十分坚强，难以找到漏洞，而从侧面驳斥对方的论据，或提出对方论据逻辑上的毛病，加以迎头痛击，彻底打垮对方。

3.迂回进攻

迂回进攻是指不与对方近距离接触，而先远距离地进攻，如从挑剔对方的论辩态度不妥或论辩风度有失，开始诘难，进而抓住对方的论辩企图，深入进行驳诘。用这种方法，往往使对手措手不及，难以应答。

4.包围进攻

包围进攻是指当对方分论点很杂时，可以分割包围对方核心论点周围的分论点及论据逐一进行驳诘，最后推翻对方的核心立论。既然对方分论点不能成立，其核心立论自然不成立。

在辩论中，要做到先发制人，抢先掌握主动权，只有以正确的进攻方式攻击对手，在攻击过程中发现对方的破绽抢先下手，进而穷追猛打，方可达到预先目的，并一举取胜。

反其道而行，让对方的努力等于零

三十六计中有一计叫“借尸还魂”，原意是说已经死亡的东西，又借助某种形式得以复活。当然，这里并非讲这些命理性的东西，用在商场上，是指利用、支配那些看上去没有作为的势力、无什么用途的东西，来达到我方目的的策略。就像我欲“还魂”必须借助看似无用的“尸体”一样。我们要善于抓住一切机会，甚至是看上去没什么用处的东西，努力争取主动，壮大自己，即时利用而转不利为有利，乃至转败为胜。

这条计谋要求我们借助死去的人（也就是看上去无用的东西）与活着的人（也就是看上去有用的东西）较劲，似乎有悖常理，但这正是它的精髓所在，意在告诉人们要不走寻常路，独辟捷径。比如，当对手纷纷抛弃老模式、旧思维和老技术，大力创新时，我们不妨反其道而行重新揣摩旧的思维、模式和技术，通过另辟捷径以反常方式来取得成功。

这种竞争手法最关键的是不按常理出牌，当对手都已经抛弃时，只有你在使用。当对手们蜂拥向独木桥时，你却乘着小舟；当对手们彼此你追我赶，向所谓的最新潮流追逐的时候，你却反方向而行……你的“唯一”往往是你战胜敌手的“利器”，因为对手下了很多功夫都是无用功。

在美国，电报业最兴盛之时，老范德比经营的西联电报公司处于垄断地位。老范德比去世之后，古尔德花100万美元开了一条新电报线路，成立了太平大西洋电报公司。小范德比意识到了古尔德对自己的威胁，决定收购太平大西洋电报公司，如此，就能使自己仍处于垄断地位。他马上派人与古尔德谈判，结果他以500万美元买下了太平大西洋电报公司，太平大西洋公司人员设备全部转入西联。艾克特是古尔德的挚交好友，因为有技术，进西联后，担任该公司的总工程师。小范德比对这一次成功的收购十分满意，他不仅扩大了实力，还引进了一员虎将。

过了一段时间，爱迪生又发明了四重发报机，使用这种发报机，效率要比原来提高一倍以上，如此一来，西联小范德比决定买下这项专利。他派艾克特与爱迪生谈判，让艾克特以低于5万美元的价格收买。他认为这次他同样会稳操胜券，因为电报市场是他一人垄断着。然而，艾克特虽在西联担任总工程师，却是古尔德的内线，他及时地将进展告诉古尔德。有一天，古尔德请爱迪生来到他的家里，想以高薪聘请爱迪生去自己刚刚成立的美联电报公司。

爱迪生本是个科学家，根本不懂生意经，觉得美联比西联的条件优厚得多，也就答应了。现在，古尔德决定向小范德比摊牌，要挟小范德比说要撤走艾克特。失去了爱迪生的四重发报机，又失去艾克特，西联将会一片黑暗，无奈之下，小范德比只好同意美联与西联合并，由古尔德任总经理。

古尔德为了得到西联可谓费尽心机，直到老范德比去世，才能稍稍有所动作，成立太平大西洋公司。当然，当时电报公司是赚钱的，而古尔德却绝非想从电报的营业中赚钱，他想将西联电报公司赚到手，太平大西洋电报公司不过是他抛下的一个诱饵，小范德比果然上当。

此外，古尔德的另一个妙笔是将艾克特打进西联高层，从而使高级情报可以及时地传到古尔德的手里。所谓知己知彼，百战不殆。此时古尔德对小范德比的作为一目了然，而小范德比却对古尔德一无所知，未加丝毫防范，本来

唾手可得的四重发报机专利，却从眼皮底下被古尔德夺去。

古尔德得到了四重发报机的专利，此后他便可以实施他赚取西联公司的最后攻势了。要么撤走总工程师，要么合并，在此条件之下，小范德比只好俯首就范。合并公司，古尔德得到了他垂涎已久的西联。

《三十六计》中说：“有用者，不可借；不能用者，求借。借不能用者而用之，‘匪我求童蒙，童蒙求我’。”要在竞争中取胜，首先要发挥自己的优势，要发挥优势就要求另辟蹊径。竞争之法无准则，取胜才是根本目的，使用反常方式，对手更易陷入措手不及的状态。

以己之长，攻人之短

很多时候，打架不一定弱的输，赛跑不一定快的赢。关键在于你能不能够充分利用自己的特长，以己之长，攻人之短。

齐国的将军田忌经常同齐威王赛马。他们赛马的规矩是：双方各自下赌注，比赛共设三局，胜两局的为赢家。然而每次比赛，田忌总是输给齐威王。

这一天，田忌赛马又输给了齐威王。回家后，田忌把赛马的事告诉了自己的军师孙膑。孙膑是军事家孙武的后代，饱读兵书，深谙兵法，足智多谋，被庞涓谋害双腿残废。来到齐国后，很受田忌器重，被田忌尊为上宾。

孙膑听了田忌谈他赛马总是失利的情况后，说：“下次赛马你让我前去观战。”田忌非常高兴。

又一次赛马开始了。孙膑坐在赛马场边上，饶有兴趣地看田忌与齐威王赛马。第一局，齐威王牵出自己的上马，田忌也牵出了自己的上马，结果跑下来，田忌的马稍逊一筹。第二局，齐威王牵出了中马，田忌也以自己的中马与之相对。第二局跑完，田忌的中马也慢了几步而落后。第三局，两边都以下马参赛，田忌的下马又未能跑赢齐威王的下马。

看完比赛回到家里，孙膑对田忌说：“我看你们双方的马，若以上、中、下三等对等比赛，你的马都相应地差一点，但悬殊并不太大。下次赛马你按我的意见办，我保证你必胜无疑，你尽管多下赌注就是了。”

这一天到了，田忌与齐威王的赛马又开始了。第一局，齐威王出那头健步如飞的上马，孙膑却让田忌出下马，一局比完，自然是田忌的马落在后面。

可是到第二局形势就变了，齐威王出中马，田忌这边以上马对战，结果田忌的马跑在前面，赢了第二局。最后，齐威王剩下了最后一匹下马，当然被田忌的中马甩在了后面。这一次，田忌以两胜一负而取得赛马的胜利。

由于田忌按孙膑的吩咐下了很大的赌注，他一次就把以前输给齐威王的都赚了回来，还略有盈余。

田忌以前赛马的办法总是一味硬拼，希望一局也不要输，结果因自己总体实力差那么一点，总是赛输了。孙膑则巧妙运用自己的优势，先让掉一局，然后保存实力去确保后两局的胜利，这样便保证了整体的胜利。

也许，我们都该悟出这样的道理：每个人生来都不可能是完美的，成功的关键在于以长制短、以优制劣。

瞄准对方关键点，以一点击溃其全部

商场上劲敌如林，很多时候我们很难与之正面交锋，因为，有时候你越是跟强敌较劲，越能激发对方的凶猛攻势，最终，只能让自己丧失主动权，陷入无休止的被动，变得连喘气的机会都没有。那么，应该如何对付强敌？“打持久战”是耗不起的，“打游击战”又没有那么多的“根据地”，所以，只能做“狙击战”，瞄准对方关键点，一击即中，彻底粉碎敌方的“大本营”。

《三十六计》中说：“不敌其力，而消其势，兑下乾上之象。”也就是说，要避其锋芒，攻其弱点，消除敌方生存之根本，那么对方自然不攻而破。也就是“釜底抽薪”之意，是现代经商赚钱中不可不知的一计。

20世纪90年代中期，戴尔发现，许多竞争厂商有一半以上的利润来自服务器。更严重的是，虽然他们的服务器是很好的产品，却为了补贴业务上其他比较不赚钱的地方而必须抬高定价。事实上，由于他们服务器的定价高得超乎常理，所以等于是把额外的成本转嫁给最好的顾客，从而暴露了自己的致命伤。1996年9月，戴尔公司以非常具有竞争力的价格，推出一系列服务器，整个市场为之震惊。这项野心勃勃的行动，重新建立了其在服务器市场的地位，而戴尔公司现在已是全美第二大服务器供应商，占有20%的市场。

戴尔公司凭借掏空竞争者的利润来源，削弱了他们在笔记本电脑、台式电脑等市场上以价格和戴尔公司对抗的能力。

因特网也是另一个让戴尔公司和竞争者大玩柔道的绝佳方式。对戴尔公司来说，网络是直接模式的最终延伸。但对许多采取间接模式的对手而言，进入网络市场是个两败俱伤的主张。对他们来说，直接交易终将导致通路上的冲突。他们的营运模式是以传统的产销者、代理商和经销商为基础，而不是与顾客直接发生交易关系。一旦原本采取间接模式的制造商开始与使用者直接对话时，便会和本来是为自己销售产品的经销商产生竞争。这让戴尔公司很快就获得更多的青睐。假想一下，如果顾客想直接向制造商购买，还有什么方法比向直接销售的公司购买更好呢？

戴尔之所以能在市场上谋得“一方水土”，能在竞争中崭露触角，靠的就是“釜底抽薪”，直接攻击对手的“供给线”——“利润”，商家利润要害如同蛇的七寸，掐断利润，也就相当于断了对方的“粮草”。所谓“兵马不动，粮草先行”，割断敌方的粮草，必然使之惊慌失措，敌人不攻自破。

当然要想釜底抽薪，首先要“知己知彼”，充分了解其他对手的特点、优势，博取众家之长，弥补自己的缺点，推陈出新，以自己所具有的生产能力、生产工艺、生产技能、生产出市场上独一无二的适用产品。这样才能广销各地，受到消费者的欢迎。

20世纪50年代，一个名叫鬼冢喜八郎的日本人，得知体育运动将会在世界范围内得到推广，便想从生产运动鞋上发财致富。然而，他一无资金，二无生产设备，如何与其他已有的运动鞋生产厂家竞争呢?

看来正面无法硬碰，只能另谋良策了。为了生产一双真正适合运动员穿得舒适的运动鞋，他走访了许多优秀篮球运动员，与他们一起打球，并亲身验证了目前篮球鞋的缺点：容易打滑，止步不稳，影响投篮的准确性。怎样扬长避短，生产出独具特色的运动鞋呢？鬼冢喜八郎昼思夜想，终于从鱿鱼触足长着的一个三吸盘上受到启发，决定把平底改为凹凸底，以防止打滑。试验一举成功，鬼冢喜八郎马上申请了专利，并投入生产，一上市，这种新型球鞋马上排挤了所有厂家的同类产品，人们争相购买，产品备受欢迎……

商场上不存在永远的强势和永远的弱势，弱势如果想跟强势争夺市场底盘，就不能正面硬碰，这样只会导致“大鱼吃小鱼，小鱼吃虾米”的结果，弱势要善于做一个狙击手，不断培养自己的敏锐触觉和目光，暗中瞄准劲敌的关键点，才能将之一击即中。弱势还要不断提高自己在博取众家之长的基础上，不断创新，顺从消费者的需要生产，在千变万化的市场竞争中，使自己的产品保持销售旺势，永远立于不败之地。

欲摘鲜花，先从绿叶开始

“想人之所想，急人之所急”总是能给人留下极佳的印象，并能同时获得料想中、甚至远超出想象的人际交往成果。能将这种策略巧妙地运用于管理之中的领导，自然能得到更高的支持率。

家庭幸福和睦、生活宽松富裕无疑是下属干好工作的保障。如果下属家里出了事情，或者生活很拮据，上司却视而不见，那么对下属再好的赞美也无异于假惺惺。

利用对下属亲人的关心，可以使下属感到上司的平易近人和关心爱护，从而将企业当作了自己的家。

日本的西浓运输公司，在企业内部设立了一个特殊的假日：日本公司员工的妻子过生日时，该员工可以享受有薪假一天，来陪伴他的太太共度爱妻诞辰。当然，员工本人生日，也有获带薪假一天的权利，让夫妻共度良日。

后来，公司又规定：员工每年的结婚纪念日可以享受有薪假一天。自从有了这几个规定之后，职工们为感谢公司的关怀，都非常卖力地干活，而重要的是让员工的妻子认识到了这是一个能够理解人的、有人情味的公司。妻子们常常鼓励，甚至下令她们的先生：“效忠公司，不得有误！”这比老板的命令更为有效。公司因此获益匪浅。

利用下属的家属做好下属的思想工作，比起上司亲自做工作省心多了，上司批评可能会产生抵触情绪，而自己的家人批评就会心平气和地接收。同时，关心下属的家属就会减轻下属的顾虑，使得下属以厂为家，能够更好地为企业效力。

据说有一天，一个急得嘴角起泡的青年找到美国钢铁大王卡耐基，说是妻子和儿子因为家乡房屋拆迁而失去了住处，要请假回家安排一下。因为当时业务很忙，人手较少，卡耐基不想放他走，就说了一通“个人的事再大也是小事，集体的事再小也是大事”之类的道理来安慰他，让他安心工作，不料这位青年被气哭了。他气愤地说：“在你们眼里是小事，可在我是天大的事。我妻儿都没住处了，你还让我安心工作？”卡耐基被这番话震住了。他立刻向这位下属道了歉，不但准了他的假，还亲自到这位青年家中去探望了一番。

关心下属疾苦，就是要站在下属的角度，急下属之所急，解决下属的后顾之忧，这个道理是适用于任何组织的。

一个优秀的上司，不仅要善于使用下属，更要善于通过替下属排忧解难来唤起他内在的工作主动性，要替他解决后顾之忧，让他的生活安稳下来，集中精力，全力以赴地投入到工作上。

一般来说，为下属解决后顾之忧必须做到以下三点：

第一，要摸清下属的基本情况。

上司要时常与下属谈心，关心他们的生活状况，对生活较为困难的下属的个人和家庭情况要心中有数，要随时了解下属的情况，要把握下属后顾之忧的核心所在，以便于对症下药。

第二，上司对下属的关心必须出于一片真心。

上司必须从事业出发，实实在在，诚心诚意，设身处地地为下属着想，要体贴下属，关怀下属，真正地为他们排忧解难。尤其是要把握好几个重要时机：当重要下属出差公干时，要帮助安排好其家属子女的生活，必要时要指派专人负责联系，不让下属牵挂；当下属生病时，上司要及时前往探望，要适当减轻其工作负荷，让下属及时得到治疗；当下属的家庭遭到不幸时，上司要代表组织予以救济，要及时伸出援助之手，缓解不幸造成的损失。

第三，上司对下属的帮助也要量力而行，不要开实现不了的空头支票。

上司在帮助下属克服困难时要本着实际的原则，在力所能及的范围内进行。帮助可以是精神上的抚慰，也可以是物质上的救助，但要在公司财力所能承受的范围内进行。

身为上司，收服下属的心有很多种办法，物质上的激励、言语上的肯定、精神上的支持都是至关重要的，但通过“收买”其家属迂回地收服，也不失为一个妙招，有时甚至能收到比直接攻心更满意的效果。

像关心自己的家人一样，去关心下属的家人，身居下位之人，自然是感激涕零。这一招有时比直接收买人心更有效。

PART 03 以心赢心，以力借力

“寄生”于人，成长加速

提起“寄生者”，很多人会感觉很不舒服，因为它让我们联想到许多糟糕的东西，如寄生在我们身体之中、吸食我们的养分并使我们生病的那些小生物，就像蛔虫、钩虫之类。

“寄生者”意味着“不劳而获”和“损人利己”，我们也常常称那些不肯付出努力而混吃混喝的人叫作“寄生虫”。

但是，也许你不知道在自然界中，借助外在力量获取利益的例子比比皆是。鲨鱼的身边总是游弋着几条灵巧的小鱼，它们靠拣拾鲨鱼猎食的残余为生；海鸥喜欢尾随军舰，因为后者的排水可以使海里的小生物浮上水面，成为它们的食物；在丛林中，很多藤蔓植物是靠依附在参天大树上得以享受阳光的。

在这个“巨兽”横行的时代，做一个“寄生者”是很不错的选择，毕竟大树底下好乘凉。想要做事，先要立身；想要做大事，先要立稳身。

清朝康熙帝最宠爱大臣明珠。明珠幼年在宫中当过侍卫，与康熙的关系比较亲近。正是由于这层关系，明珠仕途一帆风顺，鼎盛时期官至兵部尚书。

吴三桂自请“撤藩”，朝中大臣多有慰留之意，而明珠附和康熙的意见，主张下旨“撤藩”，看看吴三桂敢不敢反。从此以后，康熙更是对明珠恩

宠有加。

明珠得势以后，与余国柱开始大肆卖官，中饱私囊。凡是各省的总督、巡抚、布政使、按察使等重要位置一有空缺，他们便向有意者大肆索贿，直到满足他们的欲望为止。日子久了，明珠的财富也就堆积如山了。

而且，明珠还进一步控制那些检察官员，以钳制百官。他将所有新上任的检察官员找来，令他们定下密约，答应所有向皇帝上报的奏章，事先一定拿来给自己过目。

这样，明珠不仅得宠于皇上，控制百官，还控制着整个检察机构，国家机构对他已没有任何的约束力，一时权倾朝野。

宠臣太过，必然会危害朝廷。大智如康熙者，不曾明眼辨奸，实为憾事。

等到明珠最终被人告发，康熙也仅仅是免了他的大学士之职，即便如此，康熙也很不忍心。过了不久，康熙又把他召来身边，充任“内大臣”！

明珠若不是有康熙这棵大树为他挡住烈日、挡住狂风、挡住暴雨，他早已是满朝文武的众矢之的，早已身首异处了。

虽然明珠这种尽全力来讨好皇帝主子以欺上瞒下、为非作歹的行为很卑鄙、无耻，不值得宣扬，但是在人生中，如果自己一时势单力薄、孤掌难鸣，不妨找棵大树来依靠。如此，不仅能遮风挡雨，他人也会因“大树”而力图取悦于你，可免去许多求人之苦，其好处自不待言。

你一定熟悉可口可乐的瓶子，这个造型独特的瓶子现在已经成了可口可乐的一部分。其实，它就是一个“寄生”的结果。

一个年轻人走进可口可乐公司经营者的办公室，向这些大老板显示他设计的饮料瓶。他介绍他的设计：优雅的曲线富有女性的妩媚之美；收细的腰身正好适于手的抓握；而且，最主要的是这种包装可以节省饮料而又不会为消费者注意。

为了使论点更有说服力，这位设计者还做了一个样品当场演示。他成功了，可口可乐公司接收了这一设计。这是一个双赢的结果，“寄主”和“寄生者”都获得了他们想要的东西。

所以，如果你还不具备成功所需的卓越能力，如果你艰苦卓绝的毅力和征服一切的胆识尚且不够，那么要想成为杰出人士的话，就应该好好地考虑一下，下一步该怎么走？寄生于人，不是一种耻辱，而是一种智慧。从别人的身上吸取自己需要的能量，既省去了到处“觅食”的艰辛，也令自己成长的过程加快了很多。

现在，你不妨去寻找一棵生命中的“大树”，做一个暂时的“寄生者”，才能从借力中受益。

巧妙地将棘手之事抛给有能力的人

事情有难易之分，面对易如反掌的事情，我们总是能轻松解决，但当面前的问题很棘手时，就不妨将问题抛出去，让能人去解决。

有位知名度颇高、要求极为严格的建筑师，他规划了许多的建筑物，然后分别包给多位承包商。

由于这位建筑师对质量和进度要求甚高，所以在他的手下做事压力巨大。在他的建筑师事务所里，经常可以听到会议室里传出来的阵阵怒吼声，因此，他手下的助理更换非常频繁。

这次，建筑师请来的是一位刚毕业的年轻助理，负责监督和催促工程进度的工作。这个工作一向是最吃力不讨好的，所以受到建筑师的责难也最大。可奇怪的是这位年轻助理连续工作了半年，居然很少受到建筑师的责骂，工程的进度在他的监督下也几乎都能跟上，同事们对此都感到非常不解。

直到有一天，同事们在同这位年轻助理谈论工作经验时，才向其问道："我们实在都很好奇，你工作时间不长，却能把工程进度控制得如此之好，你到底是怎样做到的呢？"

年轻助理耸了耸肩，无比轻松地说："其实，这很简单，当一位承包商把难题丢给我，企图想要拖延工程进度时，我就很坚定地告诉他：'我的进度不能变更，你是要和我解决呢，还是让我们的建筑师和你解决？'这样他们通常都会没什么话说了。"

这位小伙子真的很聪明，他将自己的困境轻松地转化为建筑师和商人的矛盾，自己却轻松了起来。与之类似，中国历史上也有一个非常有名的事例。

唐肃宗时，李辅国是宫中一名大宦官。至德元年（756年），肃宗在灵武称帝后，李辅国官拜行军司马。凡是肃宗的起居出行、诏令发布等内外大事，都委任李辅国处理。唐肃宗打败安禄山，收回京城后，李辅国在银台门主持恢复京城的事，并负责掌管禁兵，一时权倾朝野，人人都不敢小看他。上元二年（761年）八月，又加给李辅国兵部尚书一职。

可是李辅国仍然不满足，恃功向唐肃宗要官，请求做宰相。唐肃宗对李辅国这种咄咄逼人、明目张胆要官的做法非常反感，同时，对他的权力过重也有所警惕。因此，唐肃宗并不想把宰相的权力交给他。不过，李辅国对唐朝宗室有功，唐肃宗不想当面得罪他，于是，就对李辅国说："按照你为国家所建立的功勋，什么不能做？可是，你在朝廷中的威望还不够，这怎么办呢？"

李辅国听了唐肃宗的话以后，就让仆射裴冕等人上表推荐自己。唐肃宗知道李辅国在请人上表，十分担心，就悄悄把宰相萧华找来说："李辅国想做宰相，我并不打算让他干。听说你们想上表推荐他，真的吗？"

萧华没有作声，但心里已经明白了，出宫以后找到裴冕，征求他的意见。裴冕说："当初我并没有打算上表推荐李辅国做宰相，是他自己来找我的。现在我知道了皇上的真实意图，请皇上放心，我宁死也不会上表推荐李辅国为宰相的。"

萧华又进宫向唐肃宗奏明他们的意见，肃宗非常高兴。后来，李辅国始终没能当上宰相。

有句谚语说"把热马铃薯丢出去"，其中热马铃薯指的就是忽然遇到的问题与困难。就如同前面故事中的年轻助理和唐肃宗一样，他们都非常巧妙地将问题推了出去，让别人为自己的问题苦恼，使其处于两难的境地，自己则享受没有烦恼的乐趣。年轻助理是将问题引向了更困难的建筑师，自己巧妙地回避了矛盾；唐肃宗则是将问题推给了下属，借他们的力量来限制李辅国。有的问题在当时就应很快反应，否则稍有停顿便会烫到自己的手。事后步步埋怨自己没有抓住稍纵即逝的机会作适当的反应，也没有用了。

所以，尽管烫手的马铃薯人人都不想接，但如果它不幸落到我们自己这里的话，那最好的办法就是将它丢出去，扔给那些有能力的人去解决。不过，热马铃薯丢出去还要有技巧，要丢得不愠不火，小心别烫到了对方，伤了感情。这里面就有个“度”的问题，既要让对方能在脸面上过得去，又要让自己摆脱困境。高明的人不仅能使丢出去的热马铃薯不会砸到别人，还能让别人心甘情愿地替自己解决问题。

还需要注意的是，这些技巧是要经常练习的。常常操练，就能够掌握这个火候了。但是，有些时候也不应一味地回绝，应该抓住时机。有些时候，如果问题不是非常难处理，则应尽量去把它做好。

借用他人的智慧

俗话说：“一个篱笆三个桩，一个好汉三个帮。”还有句古话说得好：“三个臭皮匠，胜过一个诸葛亮。”个体不同，就各有各的优势和长处，所以一定要善于发现别人的优势和长处，取人之长，补己之短。

一个人不能单凭自己的力量完成所有的任务，战胜所有的困难，解决所有的问题。须知借人之力也可成事，善于借助他人的力量，既是一种技巧，也是一种智慧。

《圣经》中有这样一则故事：

当摩西率领以色列子孙们前往上帝那里要求赠予他们领地时，他的岳父杰罗塞发现，摩西的工作实在超过他所能负荷的。如果他一直这样的话，不仅仅是他自己，大家都会有苦头吃。于是杰罗塞就想办法帮助摩西解决问题。他告诉摩西，将这群人分成几组，每组1000人，然后再将每组分成10个小组，每组100人，再将100人分成两组，每组50人。最后，再将50人分成五组，每组10人。然后杰罗塞告诫摩西，要他让每一组选出一位首领，而且这个首领必须负责解决本组成员所遇到的任何问题。摩西接收了建议，并吩咐负责1000人的首领，只有他才能将那些无法解决的问题告诉自己。自从摩西听从了杰罗塞的建议后，他就有足够的时间来处理那些真正重要的问题，而这些问题大多数只有他自己才能够解决。简单一点说，杰罗塞交给摩西的，其实就是要善于利用别人的智慧，善于调动集体的智慧，用别人的力量帮助自己克服难题。

很多事情就是这样的，当我们无力去完成一件事时，不妨向身边可以信任的人求助，也许对

我们来说费力不讨好的事情，对他们来说却可能不费吹灰之力就能轻松“搞定”。与其自己苦苦追寻而不得，不如将视线一转，呼唤那些有能力解决问题的人，这样赢取胜利的过程自然会顺利不少。

一个小男孩在沙滩上玩耍。他身边有他的一些玩具——小汽车、货车、塑料水桶和一把亮闪闪的塑料铲子。他在松软的沙滩上修筑公路和隧道时，发现一块很大的岩石挡住了去路。

小男孩企图把它从泥沙中弄出去。他是个很小的孩子，那块岩石对他来说相当巨大。他手脚并用，使尽了全身的力气，岩石却纹丝不动。小男孩一次又一次地向岩石发起冲击，可是，每当他刚把岩石搬动一点点的时候，岩石便又随着他的稍事休息而重新返回原地。小男孩气得直叫，使出吃奶的力气猛推猛挤。但是，他得到的唯一回报便是岩石滚回来时砸伤了他的手指。最后，他筋疲力尽，坐在沙滩上伤心地哭了起来。

这整个过程，父亲在不远处看得一清二楚。当泪珠滚过孩子的脸庞时，父亲来到了他的跟前。父亲的话温和而坚定：“儿子，你为什么不用上所有的力量呢？”

男孩抽泣道：“爸爸，我已经用尽全力了，我已经用尽了我所有的力量！”

“不对，”父亲亲切地纠正道，“儿子，你并没有用尽你所有的力量。你没有请求我的帮助。”说完，父亲弯下腰抱起岩石，将岩石扔到了远处。

可见，不要羞于向强者求助，有时对自己来说是天大的难事，对强者而言不过只需要动动手指头。甚至在另外一些时候，即使是敌人，也可为己所用。

你可能不知道，在亚热带，有一个由三种动物组成的非常有意思的生物链：毒蛇、青蛙和蜈蚣。毒蛇的主要食物是青蛙，青蛙却以有毒的蜈蚣为美食，在青蛙面前是弱者的蜈蚣却能够使比自己体形大得多的毒蛇毙命，一般的毒蛇对它都无可奈何，三者间是两两水火不相容的。有趣的是冬季里，捕蛇者却在同一洞穴中发现三个冤家相安无事地同居一室，和平共处。

它们经过世代的自然选择，不仅形成了捕食弱者的本领，也学会了利用自己的克星保护自己的本领：如果毒蛇吃掉青蛙，自己就会被蜈蚣所杀；而蜈蚣杀死毒蛇，自己就会被青蛙吃掉；青蛙吃掉蜈蚣，自己就会成为毒蛇的盘中餐。这样一来，为了生存，青蛙不吃蜈蚣，以便让蜈蚣帮助自己抵御毒蛇；毒蛇不吃青蛙，以便让青蛙帮助自己抵御蜈蚣；蜈蚣不杀死毒蛇，以便让毒蛇帮助自己抵御青蛙。三者相克又相生，形成了一个美妙的平衡局面。

借人之力，利用他人为自己服务，以让自己能够高居人上，这是一个人很难能可贵的地方，尤其对自己所欠缺的东西，更需要多方巧借。善于借助别人的力量，善于利用别人的智慧，广泛地接收多家的意见，多和不同的人聊聊自己的构想，多倾听别人的想法，多用点脑子来观察周遭的事物，多静下心来思考周遭发生的一些现象，将让你受益匪浅。

正如奥地利著名作家斯蒂芬·茨威格说的：“一个人的力量是很难应付生活中无边的苦难的。所以，自己需要别人帮助，自己也要帮助别人。”所谓“孤掌难鸣，独木不成桥”，在这个世界上没有完美的人，巧妙地借助他人的力量为我所用，自然会有事半功倍的效果。

善待小人物

借人之力成已之事，是获取成功的捷径之一，但在这条捷径上，人们却总是习惯于将目光聚焦到那些有权势、有财富的名人和富豪们身上，认为只有这些人才可能是自己人生路上的贵人，才能给自己的成功添砖加瓦。于是，很多人都成了“势利眼”，瞧不起小人物，只会仰望大人物。

可事实上，“大小”并不绝对，二者可以转换。如唐代著名诗人李白所说：“天生我材必有用。”再平凡的人，身上也会有别人所没有的闪光点；再庸碌的人，也会有别人所不具有的才能。重视身边的每一个人，包括小人物，说不定哪一天他们也能像鸡鸣狗盗般，救自己一命。所以对待“小人物”，也不要一味趾高气扬，而要懂得变通，善于借助他们的力量。

要知道，小人物就像小螺丝钉，用得得当，就能推动大机器的运转。不要小看小人物，有的时候，小人物却有大用处。

清朝雍正皇帝在位时，按察使王士俊被派到河东做官，正要离开京城时，大学士张廷玉把一个很强壮的佣人推荐给他。到任后，此人办事很老练，又谨慎，时间一长，王士俊很看重他，把他当作心腹。

王士俊任期满了准备回京城。这个佣人忽然要求告辞离去。王士俊感觉很奇怪，问他为什么要这样做。那人回答：“我是皇上的侍卫××。皇上叫我跟着你，你几年来做官没有什么大差错。我先行一步回京城去禀报皇上，替你说几句好话。”

王士俊听后吓坏了，好多天一想到这件事就两腿直发抖。幸亏自己没有亏待过这人，要是对他有不善之举，可能命就保不住了。

我们不得不承认，小人物有小人物的优势，如便利、隐蔽、灵活、感恩等，因此，在人际交往中，要灵活变通，千万不要只逢迎那些所谓的达官贵人，而要懂得和小人物建立关系。

所以，平时无论是说话还是办事，一定要记住：把鲜花送给身边所有的人，不要小瞧了那些目前不如你的人。俗话说：“不走的路去三回，不用的人用三次。”说不定哪一天，某个小人物就会在某个关键时刻成为影响你前程和命运的“大人物”，就像鸡鸣狗盗之徒救孟尝君的性命一样。

每个人不论他目前的境况如何，但都有别人不能替代的地方。所以，待人接物切忌以权贵、贫富为分而有所差别，善待小人物也就是善待自己，重视小人物也是成功路上不可不知的“常识”。

以静制动，让诤友充当自己的镜子

你是否发现，朋友中总是有这样一些人：他们从不给你甜如蜜的奉承，也从不给你不切实际的打击，但又总是实话实说，直陈你的过失。他们，就是我们一生中不可或缺的朋友——诤友。

拥有诤友是生命的幸运和福气，因为他们能像镜子一样帮你认清自我。

他们对我们直言不讳、肝胆相照，既给予我们真诚的关心，又会直言指出我们的盲区和瑕疵，帮助我们获得快乐、成功。

在这个纷繁芜杂的世界里，只有乐于结交诤友的人，才能改正错误、避免失误，不断取得进步。唐太宗李世民在历史上是一位以善于纳谏而闻名的帝王，他在结交诤友方面有许多有趣的逸事。

传说有一次，唐太宗闲暇无事，与吏部尚书唐俭下棋。唐俭是个直性子的人，平时不善逢迎，又好逞强，与皇帝下棋却使出自己的浑身解数，架炮跳马，把唐太宗打了个落花流水。

唐太宗心中大怒，想起他平时种种的不敬，更是无法抑制自己，立即下令贬唐俭为潭州刺史，不甘休，又找了尉迟恭来，对他说：

"唐俭对我这样不敬，我要借他而诫百官。不过现在尚无具体的罪名可定，你去他家一次，听他是否对我的处理有怨言，若有，即可以此定他的死罪！"

尉迟恭听后，觉得太宗这种做法太过分，所以当第二天太宗召问他唐俭的情况时，尉迟恭只是不肯回答，反而说：

"陛下请你好好考虑考虑这件事，到底该怎样处理。"

唐太宗气极了，把手中的玉笏狠狠地朝地下一摔，转身就走。尉迟恭见了，也只好退下。唐太宗回去后，一来冷静后自觉无理，二来也是为了挽回面子，于是大开宴会，召三品官员入席，自己则主宴并宣布道：

"今天请大家来，是为了表彰尉迟恭的品行。由于尉迟恭的劝谏，唐俭得以免死，使他有再生之幸，我也由此免了枉杀的罪名，赐尉迟恭绸缎千匹。"

唐太宗能够拥有尉迟恭、魏徵这样的谏友是作为一位帝王最大的荣幸，他也确实依靠这些诤友的力量开创了中国历史上难得的盛世局面。

要知道，缺点错误是一个人成功的大敌，而诤友的作用，就在于指出缺点，就在于引起你的警觉。如果不能善待诤友的批评，那你的缺点错误就永远无法改正。

不要把诤友的善意批评，想象成对自己的人身攻击；切忌把诤友的意见，误会为给自己难堪。善意的批评是人生中不能缺少的，它是我们增长见识必须付出的代价。

请不要怀着敌意来看待批评，因为忠言逆耳，你要仔细聆听，了解诤友的批评是否具有建设性。它能让你变得足智多谋、沉稳成熟。若懂得冷静聆听批评，既能保持情面，又对加深友谊具有积极的效益。固然有些批评是尖酸刻薄的，你也要淡化处理，这样诤友才会越来越喜欢给你以忠言和卓见。

其实，在诤友的批评面前，反击、争辩或是无礼都无济于事，对这样的批评进行无关紧要的纠正，只会演化成严重的问题。要学会把诤友的批评当成宝，乐于接收建设性的批评并且遵照执行。

以下这些方法将指导你更好地对待批评：

（1）想一想到底是不是自己的错。先把利己主义抛到一边，如果朋友批评得有道理，就要客观地倾听他们的看法，并切实了解清楚，接下来应该想想如何解决问题。

（2）不要寻找替罪羊。不要试图争辩、迁怒他人或是矢口否认，以为事情能就此淡化。解释往往会被看成借口或否认。

（3）要合作，不要对抗。即使因为并不相干的事情受到了批评，也不一定非要选择对抗性的做法，不要给人留下“小家子气”的印象，多一些容人之量，和对方一起找到真正的问题才是解决之道。

PART 04 以退为进，韬光养晦

闭上生气的嘴，睁开争气的眼

俗话说：“不蒸（争）馒头争口气。”人们在这句话的鼓舞下，为了自己的尊严与面子，不惜牺牲自己所拥有的：有人为了别人的无心之言而怒火中烧，非要与之争出个长短不可；有人为了显示自己的强悍，非要与情敌拼个你死我活；还有人为了让人看得起，非要挑战不可能之事……

如此看来，所谓的“争气”不过是生气而已，与其原本的意思存在着一定的偏差，并非所有的“气”都值得生：哪些气应该生，哪些气应该咽下去，除了要仔细衡量外，还需考虑现实的情况，如果为了面子问题生气而丢掉此后的前程，自然是得不偿失的。适当的时候，放下自傲的心理，让自己弯曲一下，也不失为一种巧妙的战略。

南北朝时东魏的高洋就是一个懂得适时弯曲的人。高洋在尚未称帝时，东魏政权掌握在其兄长高澄的手里。高洋的妻子十分美艳，高澄很嫉妒，而且心里很是不平。高洋为了不被高澄猜忌，装出一副朴诚木讷的样子，还时常拖着鼻涕傻笑。高澄因此将他视为痴物，从此不再猜忌他。

高澄时常调戏高洋的妻子，高洋也假装不知。后来高澄被手下刺杀，高洋为丞相，都督中外诸军。朝中大臣素来轻视高洋，而这时高洋大会文武，谈笑风生，与昔日判若两人，顿时令四座皆惊，从此再不敢藐视。高洋篡位后，初政清明，简静宽和，任人以才，驭下以法，内外肃然。

当时西魏大丞相宇文泰听到高洋篡位，借兴义师的名义，进攻北齐。高洋亲自督兵出战，宇文泰见北齐军容严盛，不禁叹息道：“高欢有这样的儿子，虽死无憾了！”于是引军西还。

在今天的现实生活中，已不存在这种不忍让就会动辄丢性命的屈伸之道了，但适时弯曲是必需之策。弯曲时更容易看清彼此更多的东西，更有利于沟通和进步。

一个名叫拉升·彼德的男士在海军服役两年后，回到了美国首都华盛顿，之前服务的那家广播公司正等待他继续去做播音工作，但是换了个新上司。由于某种原因，这位新上司好像不大愿意接收他。

他憋着劲儿要在各个方面和他的上司比个高低，于是他冷静、谨慎地工作着。新上司对他主持的节目时间重新安排以后，他按捺不住了。他一直是和老搭档主持某个喜剧节目的，而新安排的时间差得不能再差了——将近午夜。

他怒火中烧，准备和上司干一场，但是为了饭碗他还是忍了下来。搭档和他接收了这个倒霉的时间安排，兢兢业业地工作着，三年后，这个节目成为华盛顿首屈一指的节目。

一天，新上司主动邀他参加电台的聚会，这次是躲不掉了。晚会上，他遇到了上司的未婚妻，她是个聪颖、活泼、务实的姑娘。像她这样的姑娘怎能喜欢一个没有什么可取之处的人呢？通过上司的未婚妻，他对上司的人格品行的看法有了转变。

随着时间的流逝，他的态度转变了——上司的态度也变了。后来，他们成了好朋友。他仍在全国广播公司工作，并在全国一档著名的电视节目中主持气象预报。

高洋与彼德都是有心机之人，他们明白：己不如人时，当面翻脸、发泄怒火只会自取灭亡，懂得适时弯曲、暗中发力才是求胜之道。

因此，当遭遇别人的欺辱时，是生气对自己有利，还是忍下这口气对自己更有利？是翻脸对自己有利还是适时弯曲对自己更有利？这是不言自明的。在弯曲时不忘积极进取，最后一鸣惊人，显示出强者的实力，自然会赢得别人的尊重。

就像西方著名政治思想家卡托所言："动怒的人张开他的嘴，却闭上眼睛。"人生在世，受气是难免的，生活中，如果有人"动了你的奶酪"，就不假思索地火冒三丈，是愚蠢之举；而真正的聪明者，则会在别人闭上眼睛的时候，看清自己的道路。

忍对方一时之气，为自己换来有利局势

忍让是一种眼光和度量，能克己忍让的人，是深刻而有力量的，是雄才大略的表现。现实的交际世界中，很多时候，忍对方一时之气，常常能为自己换来有利的局势。

楚汉相争中，刘邦由于势力较弱，经常吃败仗。公元前203年，刘邦兵败，被项羽围困在荥阳。

刘邦的大将韩信亲自率领一队军马北上作战，捷报频传，接着攻下魏、代、赵、燕各王国，最后又占领了齐国全境。

韩信派使者来见刘邦说："齐人狡诈反复，齐国又与强大的楚国为邻，如果不设王进行威慑，不足以镇压安抚齐地百姓，请大王允许我暂时代任齐王。"

刘邦一听，勃然大怒，破口大骂："我现在被围困在荥阳，日夜盼望你韩信带兵来增援，你不但不来，反要自立为王！我……"此时的刘邦只看到了自己所处的危险境况，全然没有了王者该有的风度，把自己的本性暴露无遗。

正说着，刘邦感到自己的脚被人狠狠踩了一下。他发现坐在他身旁的张良向他示意了一下，便止住了下面的一连串骂人的话语。

张良清楚地知道韩信是当世首屈一指的将才，眼下又拥有强大的兵力，

处在举足轻重的地位上。刘邦如果现在与韩信翻脸，会对他大大不利；反过来，如果能调动韩信的兵马，就能给楚军以沉重打击，使楚汉对峙的局面向着有利于自己的方向转变。

因此，张良靠近刘邦，悄声说：“大王，韩信手握重兵，投靠大王则大王胜，投靠项羽则项羽胜。我们对他的要求要慎重考虑。”

刘邦气还没消，不高兴地冲着张良说：“那你说怎么办？难道就被这小儿挟持不成？”

张良说：“现在我们正当危急时刻，弄翻了关系，他自立为王，我们也毫无办法。逼急了他，他一旦与项羽联手，大王的大事就麻烦了！不如趁势正式立他为王，调动他的军队攻击楚军。请迅速决断，迟则生变！”

刘邦毕竟是非常聪明的人，听了张良的话，马上恢复了理智，但他故意接着刚才气汹汹的口气骂道：“男子汉大丈夫，要做齐王就做真齐王，做什么代齐王！”

刘邦当即下令派张良为使节，带着印绶到齐地去，立韩信为齐王，并征调韩信的军队攻打楚军。局势很快发生了重大转折：汉军由劣势向优势转变，逐渐对楚形成了包围之势。

后来，刘邦终于在垓下全歼楚军，赢得了楚汉战争的最后胜利。应该说，刘邦在隐忍方面做得非常好。

反之，韩信要官做，急于成王的行为则背离了隐忍的大道，他最终被杀，在很大程度上跟他自己锋芒太露有关。

俗话说：“小不忍则乱大谋。”在人生的紧要关头，忍一时之气是为了换来有利局势。如果在危急时刻贸然做出举动，会激起反抗力量的攻击，让全盘计划最终落空。胸怀韬略者明白“韬晦”潜规则，以一时的忍耐实现自己的理想和宏伟目标。在这方面，古人的智慧会带给我们极大的启悟。

不轻易暴露“野心”，才更容易将其实现

在现实生活中，你也许会有某些“志向”或“企图”，即使是正当的，而一经在你身上得到表现的时候，总会有人感觉受到了威胁。他们可能会利用手中的权力和影响力，对你进行打击，使你过去的一切努力都化为泡影，因此，你如果真的怀有某种“野心”的话，千万要谨慎点，切莫轻易外露。表现得“糊涂”些，将自己的野心隐藏起来，否则，你可能会因此而自毁前程。

刘得志是一名刚毕业的大学生，他到一家大公司去应聘，结果被录用了。而后，他主动找到公司人事主管，说自己不怕苦累，只是希望能到挣钱多的岗位上工作，原因是，自己是农村来的大学生，几年大学下来，花光了家里的所有积蓄不算，还欠着外债。人事主管很同情他，把他分配到了营销部当推销员。因为这家公司生产的健身器材很畅销，推销员都是按销售业绩计算收入，因此尽管刘得志是个新手，可几个月下来，他得到的薪金却比其他部门的员工多，由此，他也就下定决心在营销部干下去。

刘得志毕竟是大学生，头脑灵活，爱思考，时间长了，他就发现了营销部里一些工作上的疏漏，管理也不规范。因此，他除了不断加强与客户的联系外，还把心思用到了营销部的管理上，并且经常向经理提出一些意见。对此，经理总是回答说：“你提出的意见很好，可我忙不过来呀，改进工作慢慢来吧。”经过几次和经理谈话，刘得志发现一个秘密，那就是营销部墙上的组织结构图表中有副经理一名，可他到营销部已近半年，却从未见过副经理，难怪部里有些工作无人管理呢？

并且，刘得志通过打听了解到，营销部经理的薪金有时高过公司副总经理，副经理的薪金也高过推销员的几倍，于是，他萌发了觊觎营销部副经理一职的想法。想了就干，就在一次营销部全体员工会议上，他坦陈了自己的想

法，经理照例当众表扬了他。可没想到，自那次会议后，刘得志的处境就越来越被动了。他初来乍到，并不知道那个副经理之职，已有许多人在暗中等待和争夺，迟迟没有定下来的原因就在于此。而刘得志的到来，开始并未引起人们的关注，因他只是个小雏，羽翼未丰，不足刮目。但时间一长，他频频关心此事，人们便感到他的威胁了，这次他又公然地要争这个职位，无疑是惹了马蜂窝，一时间，控告他的材料堆满了经理的办公桌，什么刘得志不讲内部规定踩了别人客户的点；他泄露了公司的价格底线；他抢了别人正在谈判中的生意……这些控告中的任何一项都是一个推销员所承受的极限。

人们为了维持社会或团体的某一现状，常常不允许个人欲望的恣情喷发和左冲右突，对有悖于这一现状的任何奇思异想都可能被视为“野心”。而事实上，在追逐个人成功的道路上，每个人都有一些不安于室的心灵躁动。这种躁动，在自己看来可能是雄心壮志，在别人看来则可能是野心勃勃。

聪明的人绝不会轻易暴露自己的心灵底牌，将自己的野心包裹起来，使自己看起来“糊涂”点，在“野心”尚未实现之前，绝不会让人看出自己的行踪和去向，否则，便可能会授人以柄，甚至遭到对手的打击。

成全对方好胜心，保全自己

人人都有自尊心，人人都有好胜心。若要联络感情，应处处重视对方的自尊心，适时糊涂，方圆为人，则应该学会抑制你自己的好胜心，成全对方的好胜心。

下面这个例子是关于名相萧何如何成全刘邦的好胜心而保全了自己的。

汉初良相萧何，泗水沛（今江苏沛县）人。曾任沛县主吏掾、泗水郡卒吏等职，持法不枉害人。秦末随刘邦起兵反秦，刘邦进入咸阳，萧何把相府及御史府的法律、户籍、地理图册等收集起来，使刘邦知晓天下山川险要、人口、财力、物力的分布情况。项羽称王后，萧何劝说刘邦接收分封，立足汉中，养百姓，纳贤才，收用巴蜀二郡的赋税，积蓄力量，然后与项羽争天下。为此深得刘邦信任，被任为丞相。他极力向刘邦举荐韩信，认为刘邦要取得天下非用韩信不可。后来韩信在楚汉战争中的才干证明萧何慧眼识人。楚汉战争

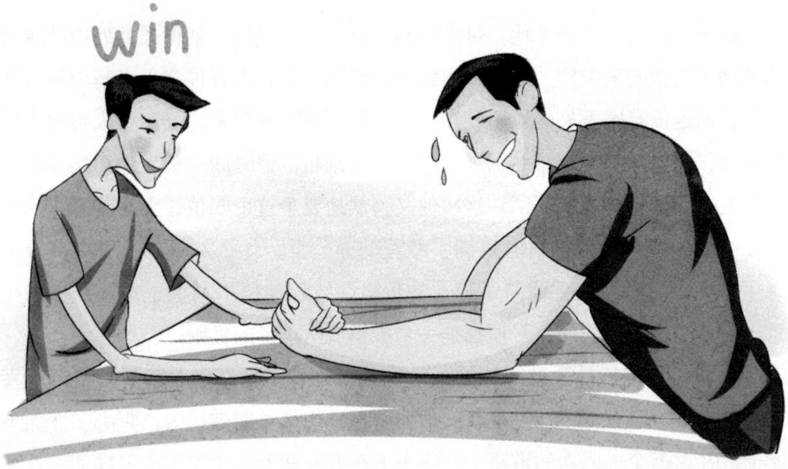

中，萧何留守关中，安定百姓，征收赋税，供给军粮，支援了前方的战斗，为刘邦最后战胜项羽提供了物质保证。西汉建立后，刘邦认为萧何功劳第一，封他为侯，又拜为相国。萧何计诛了韩信后，刘邦对他就更加恩宠，除对萧何加封外，刘邦还派了一名都尉率五百名士兵做相国的护卫。

当天，萧何在府中摆酒庆贺。有一个名叫召平的人，穿着白衣白鞋，进来对萧何说："相国，您的大祸就要临头了。皇上在外风餐露宿，而您长年留守在京城，您既没有什么汗马功劳，又没有什么特殊的勋绩，皇上却给您加封，又给您设置卫队，这是由于最近淮阴侯在京谋反，因而也怀疑您了。安排卫队保卫您，这可不是对您的宠爱，而是为了防范您。希望您辞掉封赏，再把全部私家财产都捐给军用，这样才能消除皇上对您的疑心。"

萧何听从了他的劝告，刘邦果然很高兴。同年秋天，英布谋反，刘邦亲自率军征讨。他身在前方，每次萧何派人输送军粮到前方时，刘邦都要问："萧相国在长安做什么？"使者回答，萧相国爱民如子，除办军需以外，无非是做些安抚、体恤百姓的事。刘邦听后总默不作声。使者回来后告诉萧何，萧何也没有识破刘邦的用心。

有一次，偶然和一个门客谈到这件事，这个门客忙说："这样看来您不久就要被满门抄斩了。您身为相国，功列第一，还能有比这更高的封赏吗？况且您一入关就深得百姓的爱戴，到现在已经十多年了，百姓都拥护您，您还在想尽办法为民办事，以此安抚百姓。现在皇上所以几次问您的起居动向，就是害怕您借关中的民望而有什么不轨行动啊！如今您何不贱价强买民间田宅，故意让百姓骂您、怨恨您，制造些坏名声，这样皇上一看您也不得民心了，才会对您放心。”

萧何说：“我怎么能去剥削百姓，做贪官污吏呢？”门客说：“您真是对别人明白，对自己糊涂啊！”萧何又何尝不知道这个道理，为了消除刘邦对他的疑忌，只得故意做些侵夺民间财物的坏事来自污名节。不多久，就有人将萧何的所作所为密报给刘邦。刘邦听了，像没有这回事一样，并不查问。当刘邦从前线撤军回来，百姓拦路上书，说相国强夺、贱买民间田宅，价值数千万。刘邦回长安以后，萧何去见他时，刘邦笑着把百姓的上书交给萧何，意味深长地说：“你身为相国，竟然也和百姓争利！你就是这样‘利民’啊？你自己向百姓谢罪去吧！”刘邦表面让萧何自己向百姓认错，补偿田价，可内心里却窃喜，对萧何的怀疑也逐渐消失。

刘邦身为开国皇帝，自是不希望臣子的威信高过自己。萧何采纳了门客的建议成功地保全了自己。

人们在人际交往中也是如此，每个人都有好胜心，我们何不适当地“糊涂”点，在彼此的交往中成全别人的好胜心，成人之美，皆大欢喜。

欲进两步，先退一步

《孙子兵法》中讲“以近代远，以逸待劳，以饱待饥，此治力者也”，也就是说，双方交战时，不一定要用进攻的方法才能将对方置于困难的局面，只要做好充分的准备工作，养精蓄锐，等疲劳的敌人来犯时，给予敌人迎头痛击，一样能达到制胜的目的。待机而动，以不变应万变，以静制动往往能在竞争中占据优势。

“以逸待劳”是现代商场上经常遇到的一计，你不需要直接采取进攻的行动，只要积极防御，以盈养亏，以亏促盈；待竞争对手出现漏洞时，再攻其不备，出其不意，就很容易在竞争中取胜。

市场变幻莫测，行业间摩擦此起彼伏，机会稍纵即逝。在这个每时每刻充满着竞争、风险的环境中，任何一个公司哪怕是稳坐“庄家”的“老大哥”

都不可能一直独占鳌头。可能今天你还是一支“绩优股”，明天或许将会变成一支不折不扣的“垃圾股”。

既然我们不可能在竞争中永葆胜利，就要学会攻守兼备，适时转移或者退步，当时不利己时，退回来休养生息，不和对手硬碰硬，等待时机，瞅准机会反过来推翻对手。在和对手进行斗智斗勇的过程中，要耐得住时间，耐得住各种各样的诱惑和小恩小惠，保持良好的自我状态，才能取得自己真正的需求。

英国友尼利福公司的经营之道就是“以退为进”“以静制动”，他们有一个基本的信条，即“不拘束于体面，而以相互利益为前提”。只要最终能赢得利益，即使暂时要妥协、退让或者不够体面也没有关系。因为，在一些特殊情况下，只有甘愿妥协退步，才能赢得时机发展自己。退一步，有可能会获得进两步的空间和机会，结果还是自身获益。所以，在这一信条的引领下，英国友尼利福公司在企业经营和生意谈判中常常采用退让策略。

非洲东海岸是一块非常适合栽培食用油原料落花生的地方，那里不仅土壤肥沃，温度和气候也恰到好处，落花生每年的产量都很高。友尼利福公司就是看好这一点，所以在那里设有大规模的友那蒂特非洲子公司。这里是友尼利福公司的一块宝地，也是其主要财源之一。然而，第二次世界大战结束后，随着非洲民族独立运动的兴起和发展。友尼利福这些肥沃的落花生栽培地一块块地被非洲国家没收，这使该公司面临极大的危机。

怎么办呢？跟非洲政府和人民抗争到底，还是妥协退让？面对这种形势，公司内部经过长时间的激烈讨论之后，经理柯尔对非洲子公司发出了六条指令：

第一，非洲各地所有公司系统的首席经理人员，迅速启用非洲人；

第二，取消黑人与白人的工资差异，实行同工同酬；

第三，在尼日利亚设立经营干部培训基地，培养非洲人干部；

第四，采取互相受益的政策；

第五，以逐步寻求生存之道；

第六，不可拘束体面问题，应以创造最大利益为要务。

不仅如此，柯尔在与加纳政府的交涉中，为了进一步获得对方的信任，还主动把自己的栽培地提供给加纳政府，从而获得加纳政府的好感。果然，没多久，加纳政府为了报答他，指定友尼利福公司为加纳政府食用油原料买卖的代理人，这就使柯尔在加纳独占专利权。同样，在同几内亚政府的交涉中，柯尔使用了同样的“伎俩”，表示愿意自行撤走公司，他的这种坦诚的态度又赢得了几内亚政府的信任，因而允许柯尔的公司留在几内亚。于是，柯尔在同其他几个国家的交涉中，也都坚持采用退让政策，结果，在“迂回战术”的连连使用下，柯尔的公司不仅没有真的退下来，反而光明正大地站稳了脚跟，公司就这样平安地渡过了难关。

做生意要像做人这样有进有退，有所为有所不为，必要的退让可以换来更大的利益，一味地咄咄逼人则有可能使你陷入死胡同。学会以逸待劳、以静制动，才能更好地后发制人，克敌制胜。但是，退让策略的运用，既要适时，又要得体，一定要充分掌握对方的心理活动，再“对症下药”地安排策略，这样才能万无一失地取得成功。

PART 05 创变通达，趋利避险

人舍你取，“垃圾”可能变“珍宝”

西方有句谚语说：“垃圾是放错位置的财富。”每件事物、每个人都会有其可取之处，正如李白所说：“天生我材必有用”，关键就在于人们是否能发现其可用之处。愚昧者，会将别人眼中的宝，视为一文不值的草；聪慧者，则能将别人眼中的垃圾变废为宝，这全是人舍我取的智慧。

“人弃我取，人取我予”是战国经济谋略家和理财家白圭首创的经商名言。

白圭提出了一套经商致富的原则，即“治生之术”，其基本原则是“乐观时变”，主张根据丰收、歉收的具体情况来实践“人弃我取，人取我予”的规则。当时的贸易是以货易货，而白圭的高明之处就是准确掌握市场行情，在别人觉得多而抛售时，他就大量地吃进；等别人缺少货物需要吃进时，他就大量抛出。这样低进高出，必能从中获利，积累财富。

正如中国著名的人民教育家陶行知所言：“在你的教鞭下有瓦特，在你的冷眼里有牛顿，在你的讥笑中有爱迪生。”“废”与“宝”于不同的人而言，各不相同。眼中看到的垃圾，只是还未发现其可用之处而已，换个角度、换种思路，或许其立刻就能变成为珍宝。

现在赫赫有名的李嘉诚，其实亦是深谙“人舍我取”之道的大商人。他通过“房地产低迷时买进，待后来高卖”之法，赚取了大笔利润。

1966年年底，低迷的香港房地产开始出现一线曙光，地价、楼价开始回升。银行经过一年多的“休养生息”，元气渐渐恢复，有能力重新资助房地产业。房地产商跃跃欲试，准备大干一场。

就在此时，香港各种谣言四起，人心惶惶，触发了自第二次世界大战后的第一次大移民潮。人们纷纷贱价抛售物业，司徒拔道的一幢独立花园洋房竟只卖60万港元。新落成的楼宇无人问津，整个房地产市场卖多买少，有价无市。房地产商、建筑商们焦头烂额、一筹莫展。

李嘉诚经过深思熟虑，毅然采取惊人之举：人弃我取，趁低吸纳。

李嘉诚逆同业之行而行，坚信乱极则治，否极泰来。大规模移民潮虽渐息，而移居海外的业主，仍急于把未脱手的住宅、商店、酒店、厂房贱价卖出去。李嘉诚认为这是拓展的最好时机，他把塑胶赢利和物业收入积攒下来，将买下的旧房翻新出租；又利用地产低潮，建筑费低廉的良机，在地盘上兴建物业。

不少朋友为李嘉诚的“冒险行动”捏了一把汗，同业的有些房地产商正等着看李嘉诚的笑话。

1970年，香港百业复兴，房地产市场转旺。有人说李嘉诚是赌场豪客，孤注一掷，侥幸取胜。只有李嘉诚自己清楚，他的惊人之举是否含有赌博成分。他是这场房地产大灾难中的大赢家，但绝非投机家。

取于人舍之时，可付出较小的成本；可避免与人争抢；可正中对方下怀，使对方心怀感激。然而，人舍我取也需要胆略和眼光。

行事、用人和经商一样，趁低吸纳，收益巨大，可惜的是，少有人敢这么做。然而正因为此，趁低吸纳之人才会“轻易”地成功。当然，能够做到趁低吸纳，需要非凡的洞察力和睿智的眼光，这要求我们在生活中多观察、多思考，多加磨炼。一旦发现机会，就要处之不疑，勇敢地将其变为现实，这既是一种勇气与魄力，也是一种创新的胆识与智慧。

激烈反驳不如冷静灵活应对

客观世界里充满了矛盾。我们只有掌握了科学的思维方法，才能在错综复杂的矛盾面前立于不败之地。有些人为了达到个人的目的不惜造谣生事、诬陷诽谤，只有具有灵活的思维和准确的分析判断能力，才能够避免被人蒙蔽，做出正确的应对。

晋文公在位的时候，曾遇到过一起发生在自己身边的陷害案。

一天，一个侍从在御膳房端了一盘烤肉，恭恭敬敬送到晋文公面前请其就餐。晋文公拿起餐刀正准备切肉，忽然发现肉上粘着不少头发。他立即放下手中的小刀，命人去找膳吏。

那个膳吏看到传召的侍从脸色不好，一路上不停地琢磨这次国君召见的原因。究竟是刚送去的烤肉火功不够，还是烧烤时用料不当、口味欠佳呢？

他哪知道一见晋文公就遭到一阵责骂。文公气势汹汹地说道：“你是存心想噎死我吗？为什么在烤肉上放这么多头发？”

膳吏一听，原来发生了一件自己没有料到的祸事。虽然他明知道这件事里面有鬼，但在君王的气头上是不能辩白的，否则如果把握不好，很容易招致横祸。因此，膳吏急忙跪拜叩头，口中却似是而非、旁敲侧击地说道：“请君王息怒，奴才真是该死。烤肉上缠着头发，我有三条罪责。我用最好的磨石把刀磨得比利剑还快，它切肉如泥，可就是切不断毛发，这是我的第一大罪过。我在用木棍去穿肉块的时候，竟然没有发现肉上有一根毛发，这是我的第二大罪过。我守着炭火通红、烈焰炙人的炉子把肉烤得油光可鉴、吱吱有声、香味扑鼻，然而就是烤不焦、烧不掉肉上的毛发，这是我的第三大罪过。不过我还想补充一句，您是一位明察秋毫的贤明君主，您能不能把堂下的臣仆观察一遍，看看其中是否有恨我的人呢？”

晋文公觉得膳吏所言话外有音，所以对案情产生了怀疑。他立即召集属下进行追问，不出膳吏所料，果然找出了那个想陷害膳吏的侍从。晋文公下令杀了那个人。

三国时期，吴国的国君孙亮的思维判断能力也非常令人折服。孙亮非常聪明，观察和分析事物都非常深入细致，常常能使疑难事物得出正确的结论，为一般人所不及。

一次，孙亮想要吃生梅子，吩咐黄门官去库房把浸着蜂蜜的蜜汁梅取来。这个黄门官心术不正而且心胸狭窄，是个喜欢记仇的小人。他和掌管库房的库吏素有嫌隙，平时两人见面经常发生口角。他怀恨在心，一直伺机报复。这次，可让他逮到机会了。他从库吏那里取了蜜汁梅后，悄悄找了几颗老鼠屎放了进去，然后才拿去给孙亮。

不出他所料，孙亮没吃几口就发现蜂蜜里面有老鼠屎，果然勃然大怒：“是谁这么大胆，竟敢欺到我的头上，简直反了！”

心怀鬼胎的黄门官忙跪下奏道：“库吏一向不忠于职责，常常游手好闲，四处闲逛，一定是他的渎职才使老鼠屎掉进了蜂蜜里，既败坏主公的雅兴又有损您的健康，实在是罪不容恕。请您治他的罪，好好儿教训教训他！”

孙亮马上将库吏召来审问鼠屎的情况，问他道：“刚才黄门官是不是从你那里取的蜜呢？”

库吏早就吓得脸色惨白，他磕头如捣蒜，结结巴巴地回答说：“是……是的，但是我给他……的时候，里面……里面肯定没有鼠屎。”

黄门官抢着说：“不对！库吏是在撒谎，鼠屎早就在蜜中了！”

两人争执不下，都说自己说的是真话。

侍中官出主意说：“既然黄门官和库吏争不出个结果，分不清到底是谁的罪责，不如把他们俩都关押起来，一起治罪。”

孙亮略一沉思，微笑着说：“其实，要弄清楚鼠屎是谁放的这件事很简单，只要把老鼠屎剖开就可以了。”

他叫人当着大家的面把鼠屎切开，大家仔细一看，只见鼠屎外面沾着一层蜂蜜，是湿润的，里面却是干燥的。

孙亮笑着解释说：“如果鼠屎早就掉在蜜中，浸得时间长了，一定早湿透了。现在它却是内干外湿，很明显是黄门官刚放进去的，这样栽赃，实在是太不像话了！”

这时的黄门官早吓昏了头，跪在地上如实交代了陷害库吏、欺君罔上的罪行。

我们对于形势复杂难以判断的事物只要全面分析、推理，开动脑筋想办法，不被表面现象所迷惑，不被事物的复杂性所吓倒，这样就能正确应对突然来临的事物。这一点，对行于人际关系中的我们显得尤为关键。

长袖时善舞，多钱时善贾

利用优越的条件施展手段而吃得开，有办法，这就叫作“长袖善舞，多钱善贾”。下面，我们一起来看一个具体的例子。

范雎是战国末期一位全能型的谋略家。他出生在魏国，原想在魏国求职，由于家境贫寒，没有钱打通关节，连魏王的影子也见不到，只好投在中大夫须贾的门下。

一次，范雎随须贾一道出使齐国。齐王见他能言善辩，才华过人，就派人送给他十斤金子和一些牛肉，范雎坚持谢绝而不敢接收。须贾听说此事，以为范雎把机密泄露给齐国了。回国后，不由分辩就把范雎抓来毒打。范雎肋骨被打断，牙齿被打落，血肉模糊，似乎已经死去。于是，须贾让手下人用芦席把他的尸体包着丢在厕所的坑里，轮流把小便撒在范雎身上。可是世界上的事情很奇妙，也可能尿刺激了范雎，他居然苏醒过来，并轻轻地对看守他的人说：“请你把我运出去，我一定重重地谢你。”看守同情范雎，向须贾等人谎称已经把尸体扔到山里去了。范雎就这样奇迹般地脱险了。

范雎躲进朋友家里，并且改名为张禄。不久，经过几番周折，被秦国使者带到秦国。当时，秦昭王在位，大权被亲贵控制。范雎了解到秦王同太后之间的矛盾，看准机会上书自白，果然被昭王诏见。秦王还很恭敬地再三向他求教。看到昭王诚恳的态度，范雎畅所欲言，尽陈己见。在谈到秦国的外交政策时，范雎着重分析连横策略已经过时，远攻齐国尤其大错特错，指出秦国的外交方针应该是远交近攻。他对秦王说：“王不如远交而近攻，得到一寸土地则王之寸也，得到一尺土地亦王之尺也。”昭王采纳了他的政策，拜范雎为相。

范雎做了秦的相国，还是叫张禄。魏国人不知道，还以为范雎老早就死了。魏国听说秦国远交近攻的方针，准备攻打韩、魏两国，急忙商议对策。第一步就是派人去对秦国的决策人张禄行贿，请求停止对魏国采取军事行动。这位使者正是当年迫害范雎的须贾。范雎听说须贾来了，庆幸自己有了报仇的机会。他换上破旧不堪的衣裳，到须贾下榻的地方。须贾看见范雎，吃了一惊，但眼前的范雎寒酸、潦倒，也就没有紧张的必要了。

范雎的穷酸样子一点破绽也没露出来，引起须贾的怜悯和同情，他还替须贾找来四匹马驾的高大车子，亲自为须贾执辔赶车，一直把车赶进相国公馆。当守门人告诉须贾，张禄就是范雎时，须贾吓得魂不附体，膝盖一软跪在地上，边叩头边求饶命。戏弄须贾一番后，范雎决定不杀他，打发他返回魏国。

范雎在秦国十余年，纵横捭阖，百千谋略随手拈来，一直受到尊重，是一位多产的谋略家。他正如一个舞蹈演员，靠着长长的衣袖，表演起来婀娜多姿，体态显得格外优美；更如同一个经商的人，本钱越多，其生意越好做，赚的钱也就越多。

“长袖善舞，多钱善贾”，这是非常普通而又非常正确的道理。在今天社会的各个舞台上，仍有其广泛的意义。

在政治舞台上活跃，就要具备丰富的学识和灵敏的政治头脑；在军事领域驰骋，就要上通天文，下识地理，外知敌情，内熟民心；要在企业界出人头地，就少不了顺风耳、千里眼，及时了解市场信息，正确展望市场趋势……更重要的是，拥有了这样的长袖，你千万不要遮遮掩掩，要尽情地舞动、挥扬，从而使你的“长袖”越来越长。

正面难入手时，就从侧面出击

作为一种战术，从侧面进攻是行之有效的攻击谋略，特别是在战场上，当自己的力量还不足以与对手抗衡的时候，运用此策略更为有效。历史上，哥特人和匈奴人曾用此法打败了强大的罗马帝国。今天，现代社会的生活中仍可灵活运用，它可以打乱对手的阵脚，增加自己胜利的机会，迫使你的对手屈服，最终战胜对手。

印度的帕特尔振兴尼尔玛化学公司在与对手竞争的时候，用从侧面打击对手的方法，最终取得了胜利。20世纪60年代，帕特尔开始了他的创业生涯。创业之初，帕特尔利用自己的专长，在自己的厨房里利用简陋的设备，生产出一种成本极其低廉的洗衣粉，并且把这种洗衣粉命名为尼尔玛。为了打开销路，帕特尔开始四处奔波，试图为他的洗衣粉在竞争激烈的市场上分得一杯羹。

但是根据印度传统的经营理论，城市富裕家庭主妇的钱袋是大多数产品销售的唯一来源。而在当时这一巨大的财源几乎被印度制造业的跨国公司——印达斯坦·勒维尔公司独占着。勒维尔公司在

全世界都设有分公司，实力极其雄厚，它的业务范围也相当广泛，而且它所生产的冲浪牌洗衣粉，在印度洗涤市场一直占据着统治地位。刚刚起步的帕特尔公司，可以说根本没有力量与勒维尔公司正面交锋。帕特尔看清了这一点，他决定寻找另一条出路。帕特尔针对勒维尔公司只注重城市富裕家庭主妇的钱袋，而忽略了广大中下层人民的需要这一弱点，开始做文章。他绕开与勒维尔正面交战的战场，把注意力放在了无力购买高价洗衣粉的广大中下层人民身上，他相信这是一个潜力巨大而又无人涉足的广阔市场，并制定了灵活的销售策略。

（1）坚持薄利多销。

（2）在产品上做文章。他不断推出新产品。20世纪80年代中期，帕特尔公司根据市场的需求，先后推出块状洗衣皂和香皂。当这两种产品投入市场的时候，购买者趋之若骛。为此，公司迅速增大了产量，显示出其广阔的发展前景。

随着时间的推移，产品牢牢地把握了市场地位，块状洗衣皂成为尼尔玛公司的主要经济来源之一，仅此一项销售额就达到了公司营业总额的1/4。另一方面，香皂生产也迅速扩大，并在这一领域对勒维尔公司造成了严重的威胁。

为了争取更多的客户，拓展业务，做大做强，尼尔玛公司打起了广告的策略。对于做广告，他们不像有的商家那样，先用大量广告刺激起消费者的购买欲望，紧接着就把产品送到，而是先将自己的产品运送到各个销售点，然后才登广告进行宣传。尼尔玛公司这样做也有它的优势，因为产品广告与充足的货源能够紧密地结合起来，这样可以进一步提高公司在消费者心目中的地位，给消费者一种信赖感。

在公司正确的战略指导下，到了1988年，公司生产的尼尔玛牌洗衣粉，销售达到50万吨。而这时，它的主要竞争对手——勒维尔公司已经被抛在了后面，他们生产的冲浪牌洗衣粉，只售出了20万吨。

自此之后，尼尔玛公司以产品的良好信誉、优良质量和低廉价格深入人心，终使尼尔玛公司在洗衣粉市场后来居上，独领风骚。

帕特尔的胜利为我们提供了处世的经验：当与对方不得不交手的时候，在正面无法取得胜利的时候，就要灵活多变，迂回到对手的后方和侧面采取积极的行动。

无条件时创造条件

马其顿国王亚历山大当年称霸之后，有人对他说，他的成功是善于把握有利的时机和条件，他大声回答："这一切无不是我创造出来的！"可见，没有条件不代表不能成功，关键是看你能否自己创造条件。

许多人认为创造条件难度太大，而且总是无从下手。其实，这是因为大家总喜欢用常规的思维去思考问题，如果我们懂得施计弄巧，很多情况就大不一样了。

众所周知，慈禧太后姓叶赫那拉。清咸丰皇帝当初遇上她，完全是一种偶然；而叶赫那拉氏得宠于咸丰皇帝，在一定条件下，又属于一种必然。这条件，完全是叶赫那拉氏凭借她那先天的丽质和超人的心计创造出来的。

1850年2月，清道光皇帝驾崩，咸丰皇帝即位。这时，由于清政府的腐败，导致民不聊生，进一步激化了社会的各种矛盾。南方农民起义不断发生，仅广西一省就有二三十支起义队伍，其中最有影响的是洪秀全领导的太平天国运动。他们讨伐清廷，打得清军焦头烂额，弄得刚刚即位的咸丰皇帝心神不宁。

后来，咸丰帝起用了汉族地主出身的曾国藩创建的一支湘军镇压太平军，取得了一些胜利，并占领了湖北的武汉等地。消息传到京城，咸丰帝十分高兴，心神欣慰，设宴与各位大臣庆贺。庆贺之余，咸丰帝率嫔妃去圆明园游玩。咸丰帝与嫔妃正在边玩边笑，忽然听到"桐荫深处"传来南方的曲调，委婉动听。咸丰帝就问身边的太监："是谁在唱？"

太监答道："是宫女兰儿。"

这兰儿便是叶赫那拉氏的小名。她是安徽道台、满族人惠徵的女儿。那拉氏从小生得机灵，又长得仙女一般，还有圆润的嗓音，会唱南方江浙一带的小调，因此18岁便被选入宫了。

那拉氏入宫后，由于皇帝妃嫔很多，而自己地位很低，根本见不到皇帝。然而她又不甘心让自己的黄金岁月白白过去，决心千方百计地接近皇帝。于是，她便经常打听皇帝的爱好，并不惜重金买通太监，以便得见龙颜。这一天，她在"桐荫深处"唱歌，就是太监因为拿了她一份厚礼而专门安排的。如果不是受贿太监引路，偌大一个圆明园，咸丰帝是根本听不到她的歌声的。

咸丰帝听到动人的歌声，似有听其喉知其貌的感觉，身不由已地朝“桐荫深处”走来。走至近前，果然见到一位丽质少女：她的身材长得恰到好处，真个是增之太高，减之太矮，亭亭玉立，无一不韵。那满头的万缕青丝，格外润泽；一双眸子，明如黑玉。

太监见皇帝两眼发直，心中暗笑，便请皇帝坐了下来，向那拉氏喊道：“皇帝驾到，兰儿还不快快过来见礼！”

那拉氏闻言，不敢怠慢，急急忙忙来到咸丰帝面前跪倒请安：“向万岁爷请安！”这六字出口，似雏黄莺之声，清脆悦耳，咸丰帝顿觉浑身酥软，忙让她站起来。接着，又让她唱了几曲，并且让她端茶。众人一见，知道皇帝不想走了，一个个便自觉地离去。随后，咸丰帝便在那拉氏的服侍下，来到别宫住了下来。

一宵恩爱，那拉氏便被封为贵人。从此，那拉氏仗着色艺过人，再加上善于察言观色，甜言蜜语，竭力奉承，过了几年，那拉氏为咸丰帝生了一个小皇子，这就是后来的同治皇帝。

咸丰皇帝虽然嫔妃众多，却没有一个能为他生出儿子来。这回那拉氏为他生了个儿子，咸丰皇帝哪有不高兴之理？这是命运的巧合，还是功到自然成的结果？母以子为贵，不久，那拉氏就被封为懿妃，随后，又被封为懿贵妃。

咸丰帝死后，同治皇帝即位，那拉氏垂帘听政。朝廷为那拉氏加徽号为“慈禧”，故称为慈禧太后；又因她住在西边的长寿宫，所以又称她为“西太后”。

试想，如果没有当初兰儿在圆明园的施计弄巧，就不会有“桐荫深处”碰见皇帝，也许兰儿永远还是那个兰儿，也许中国近代的历史又会成另一番模样。

必要时候，与狼共舞

在生物漫长的进化历程中，人类也与其他生物一样，接收这自然的选择。从远古人的合作狩猎，到现代人的共同灾后重建，无一不体现着合作的强大力量。

要知道，我们每个人的能力都是非常有限的，尤其在这个充满竞争的时代，独立生存有时往往会很艰难。因此，最能有效地运用合作法则的人生存得最久，这也是猎鹿博弈所要告诉我们的道理。

西方有句古谚说："狮子和老虎结了亲，满山的猴子都精神。"意思是说：与强者建立互利的伙伴关系会产生焕然一新的新景象。这句话在博弈中同样成立，但在博弈论中，强强联合更多的是出于策略的思考，即通过大家的共同推动，实现共赢的结局。

金龙鱼是嘉里粮油旗下的著名食用油品牌，最先将小包装食用油引入中国市场。多年来，金龙鱼一直致力于改变国人的食用油健康条件，并进一步研发了更健康、营养的二代调和油和AE色拉油。

苏泊尔是一家以炊具制造为主、多元发展的企业集团。多年来，苏泊尔在不断加大科技投入的同时，加大了资本运作的力度，先后在玉环、杭州、武汉和东莞等地建有四个生产基地。

苏泊尔是中国炊具第一品牌，金龙鱼是中国食用油第一品牌，两者都倡导新的健康烹调观念。如果两者结合在一起，岂不是能将"健康"做得更大?

就这样，两家企业策划了苏泊尔和金龙鱼两个行业领导品牌"好油好锅，引领健康食尚"的联合推广，在全国800家卖场掀起了一场红色风暴……

"好油好锅，引领健康食尚"活动在全国36个城市同步举行。活动期间（2003年12月25日-2004年1月25日），顾客凡是购买一瓶金龙鱼二代调和油或色拉油，即可领取红运双联刮卡一张，刮开即有机会赢得新年大奖，包括丰富多样的苏泊尔高档套锅（价值600元）、小巧动人的苏泊尔14厘米奶锅、一见倾心的苏泊尔"一口煎"。同时，凭红运双联刮卡购买108元以下苏泊尔炊具，可折抵现金5元；购买108元以上苏泊尔炊具，还可获赠900毫升金龙鱼第二代调和油一瓶。同时，苏泊尔和金龙鱼还联合开发了"新健康食谱"，编纂成册送给大家，并举办健康烹调讲座，告诉大家怎样选择健康的油和锅。

活动正值春节前后，人们买油买锅的欲望高涨。此次活动，不仅给消费者更多让利，让购物更开心，更重要的是，教给了消费者健康知识，帮助消费者明确选择标准。通过优质的产品和健康的理念，提升了国人的健康生活素质。所以这一活动一经推出，立刻获得了广大消费者的欢迎，不仅苏泊尔锅、金龙鱼油的销售大幅上涨，而且其健康品牌的形象也深入人心。

可以看出，这次合作，苏泊尔、金龙鱼在成本降低的同时，品牌和市场都得到了进一步的提升：金龙鱼扩大了自己的市场份额，品牌美誉度得到进一步加强；苏泊尔进一步强化了中国厨具第一品牌的市场地位。这正是强强联合带来的双赢局面。

不仅在经营领域，在生活的各个方面，与狼共舞式的强强联合，都要远远胜于在羊群里独领风骚。如果你想在生活事业上取得成功，实现于人于己都有利的共赢结局，就必须学会与狼共舞。

当然，与狼共舞并不是一件容易的事，需要你找准与他们的利益交汇点，若无利可图，谁也不会和你合作。合作的本质就是在公平的基础上达到互惠互利。

第三篇

掌控他人的心理策略

PART 01 快速透视对方内心的心理策略

服装，让你最直观地了解对方

大文豪郭沫若曾说过：“衣服是文化的表征，衣服是思想的形象。”意思是说人可以通过衣着打扮来向外界展示自己。

随着人类社会的发展与进步，现在从衣着打扮上判断一个人的难度在无形之中增大了，因为现在的人们提倡张扬个性、不再拘泥于某一种形式，所以不能按照传统的一套进行观察和判断。但也正是由于张扬个性，不拘泥于形式，人可以更加充分地表现自己的心理状况、审美观点等，从而把握其性格特征。

一般来说，喜欢穿简单朴素衣服的人，性格比较沉着、稳重，为人比较真诚和热情。这种人在工作、学习和生活当中，对任何一件事情都比较诚实、肯干，勤奋好学，而且还能够做到客观和理智。但是如果过分朴素就不太好了，这种情况表明人缺乏主体意识，软弱而容易屈服于别人。

喜欢穿单一色调服装的人，这种人是比较正直、刚强的，理性思维要优于感性思维。

喜欢穿淡色衣服的人，多为比较活泼、健谈，并且喜欢结交朋友。

喜欢穿深色衣服的人，性格十分稳重，显得城府很深，一般比较沉默，凡事深谋远虑，常会有一些意外之举，让人捉摸不定。

喜欢穿式样繁杂、五颜六色、花里胡哨衣服的人，多是虚荣心比较强、爱表现自己而又乐于炫耀的人，他们任性甚至还有些飞扬跋扈。

喜欢穿过于华丽衣服的人，多为具有很强的虚荣心和自我显示欲、金钱欲的人。

喜欢根据自己的嗜好选择服装而不跟着流行走的人，一般是独立性比较强，有果断决策力的人。

喜爱穿同一款式的人，性格大多比较直率和爽朗，他们有很强的自信，爱憎、是非、对错往往都十分明确。他们的优点是行事果断，显得十分干脆利落，言必信，行必果。同时他们也有缺点，那就是清高自傲，自我意识比较浓，常常自以为是。

喜欢穿短袖衬衫的人，他们的性格大多是放荡不羁的，但为人却十分随和、亲切。他们热衷于享受，凡事率性而为，不墨守成规，喜欢有所创新和突破。自主意识比较强，常常是以个人的善恶来评判一切。他们虽然看起来有点表里不一，但实际上他们的心思还是比较缜密的，而且什么时候都知道自己是做什么的，所以他们能够做到三思而后行，小心谨慎，不至于任性妄为，而做出错事来。

喜欢穿长袖衣服的人，大多数人比较传统和保守，为人处世都循规蹈矩，而不敢有所推陈出新。他们的冒险意识在某一方面来讲是比较缺乏的，但他们又喜爱争名逐利，自己的人生理想定得也很高。这样的人最大的优点就是适应能力比较强，这得益于循规蹈矩的为人处世原则，把他们任意放在哪一个地方，他们都能迅速地融入其中，所以通常会营造出较好的人际关系。他们很重视自己在他人心目中的形象，希望得到注意、尊重和赞赏，从而在衣着打扮、言谈举止等各个方面都总是严格地要求自己。

喜爱宽松自然的打扮，不讲究剪裁合身、款式入时的衣着的人，多是内向型的。他们常常以自我为中心，而不能走进其他人的生活圈子里。他们有时候很孤独，也想和别人交往，但在与人交往中，又总会出现许多的不如意，所以到最后还是以失败而告终。他们多是没有什么朋友，可一旦有，就会是非常要好的。他们的性格中害羞、胆怯的成分比较多，不容易接近别人，也不易被人接近。他们对团体活动一般来说是没有兴趣的。

眼睛是心灵的窗口

人们常说“眼睛是心灵的窗户”，在面部表情中眼睛是重要的认知线索，人的各种感情都会从眼睛的微妙变化中反映出来。

有时候，言语不一定代表一个人内心的真正想法，即容易出现口是心非。但眼睛不会说谎，它能显示出大脑的真实思维活动。心理学家经研究发现，一个人做了亏心事，或心虚时，在他人的目光注视下会自动地回避；而在求爱时，人们往往用目光来传递爱慕之情，特别是初恋的男女青年，对于眼神的使用频率一般都会超过有声语言。

我们在交往中，要善于通过观察人的眼睛来认识一个人，眼睛的动作及其传达出的信息主要有：

（1）与人交谈时，视线接触对方脸部的时间在正常情况下应占全部谈话时间的30%～60%，如超过这一范围，可认为对方对谈话者本人比对谈话内容更感兴趣。比如一对情侣在讲话时总是互相凝视对方的脸部。

若低于此范围，则表示对方对谈话内容和谈话者本人都不怎么感兴趣。瞪大眼睛看着对方则是表示对对方有很大兴趣。

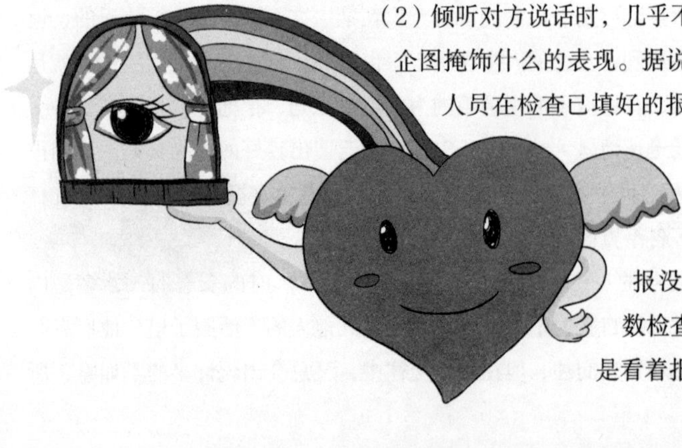

（2）倾听对方说话时，几乎不看对方，那是企图掩饰什么的表现。据说，海关的检查人员在检查已填好的报关表格时，他通常会再问一句：“还有什么东西要呈报没有？”这时多数检查人员的眼睛不是看着报关表格或其他什么东西，而是盯着来人的眼睛，如果对方不敢坦然正视检查人员的眼睛，那就表明在某些方面有不够老实的地方。

（3）眼睛闪烁不一定是反常的举动，通常被视为用来掩饰的手段或性格上的不诚实。一个做事虚伪或者当场撒谎的人，其眼睛常常闪烁不定。

（4）在1秒钟之内连续眨眼几次，这是神情活跃，对某事感兴趣的表现；有时也可理解为由于个性怯懦或羞涩，不敢正眼直视而做出不停眨眼的动作。在正常情况下，一般人每分钟眨眼5～8次，每次眨眼不超过1秒钟。时间超过1秒钟的眨眼表示厌烦、不感兴趣，或显示自己比对方优越，有藐视对方和不屑一顾的意思。

（5）当人处于兴奋时，往往是双目生辉、炯炯有神，此时瞳孔就会放大；而消极、戒备或愤怒时，愁眉紧锁、目光无神、神情呆滞，此时瞳孔就会缩小。实验表明，瞳孔所传达的信息是无法用意志来控制的。所以，有的人为了不使对方觉察到自己瞳孔的变化，往往喜欢戴上有色眼镜。

当然眼神传递的信息远不止这些，有许多只能意会而难以言传，就需要我们在实践中用心观察、积累经验、努力把握。

手势指引你走进对方内心

在体态中，手势是很突出的。演讲、教学、谈判、辩论乃至日常交谈，都离不开手势，所以，行为学家曾形象地比喻说："手势是人的第二张唇舌。"人们的种种心理通过千姿百态的手势体现出来，而且手势往往比言语更能传达说话者的心意。

确实，一双手上的信息的涵盖量是非常多的，会画画的人可能都有这样的体会，画人最难画的是手。如果不能通过手把它所包含的信息全部表现出来，那么整幅作品就可能全部失败。可见手的作用是很重要的。

1.爱幻想：双手托腮

以手托腮的动作，是一种替代的行为。用自己的手，代替母亲或是情人的手，来拥抱自己或安慰自己。

在精神抖擞毫无烦恼的人身上，是不经常看见这样的行为，只有在心中不满、心事重重的时候，才会托着腮沉浸于自己的思绪中，借此填补心中的空虚与烦恼。

如果你眼前的人，正用手托腮听你说话时，那就表示他觉得话题很无聊，你的谈话内容无法吸引他，或者他正在思考自己的事，希望你听他说话。而如果你的恋人出现这样的举动，也许他正厌倦于沉闷的聊天，希望你给他一个热情的拥抱呢！

倘若平日就习惯以手托腮的话，表示此人经常心不在焉，对现实生活感到不满、空虚，期待新鲜的事物，梦想着在某处找到幸福。想抓住幸福的话，不能只是用手托着腮幻想而什么都不做。守株待兔便是对这种类型的人最佳的描写。有这种个性的人在谈恋爱时，会强烈渴望被爱，总是祈求得到更多的爱，很难得到满足，处于欲求不满的状态。从另一个角度来看，这种人因为觉得日常生活了无创意，而惯于沉浸在自己编织的世界中，偏离了现实世界，脑中净是浪漫的情怀，与之交谈，往往会有一些意想不到的有趣话题出现。这种人就像一个爱撒娇的孩子一样，随时需要呵护，但太过于溺爱也不是好事。拿捏好尺度，适当地满足他的需求才是上策。而经常做出托腮动作的人，除了要自我检讨这种行为是否是因内心空虚产生的反射动作外，也应尽量充实自己，减轻内心的痛苦，试着通过心态的调整，改善表露在外的肢体动作。

2.称赞他人：竖大拇指

某丈夫斜着将大拇指指向妻子，侧身对其朋友说："你知道，女人嘛，都那样！"虽然话里没有什么特别的意思，但是这个不尊重人的手势却很有可能会引起夫妻之间的一场口角，用大拇指斜着指人的动作，是会引起别人不满的，最好是不用。

倘若是真诚地赞赏和称赞他人时，应该面带微笑，将拇指上扬，才能表现谦虚乃至尊重的态度。

3.个性十足：手势上扬

手势上扬，代表着号召、鼓舞或赞同、满意的意思，有时候也用以打招呼。朋友相见，远远地扬起手："Hi！""Hello！"演讲或说话时手势上扬，最能体现个人风格。这种人大多性格开朗、豪迈、不拘于形式。手势上扬，无形之中还给人一种振奋和积极向上的力量。

采用上扬的手势，有时还可表现一个人的幽默风格。陈毅元帅就是一个著名的典例，他幽默风趣、谈吐机敏，尤其在担任外交部部长后，时常语惊四座。

1965年9月29日，陈毅在人民大会堂举行大型记者招待会，阐述我国的内外政策，回答记者们的提问。简短的开场白后，他话锋一转，手势向上一扬，笑道："你们可要警惕，到中国来，要当心被'洗脑筋'啊！"顿时，哄堂大笑，一片活跃的气氛。

当一位记者问到我国核武器的发展情况时，陈毅回答说："中国已经爆炸了两颗原子弹，第三颗原子弹可能也要爆炸，何时爆炸，请你们看公报好了。"陈毅元帅有力地将手向上一扬，记者们也一阵大笑。

可见，手势上扬能够体现出个人性格，可以塑造出一种豪放、大度、有号召力的性格魅力。

4.挑战之意：双手叉腰

孩子与父母争吵、运动员对待自己的项目、拳击手在更衣室等待开战的锣声、两个吵红了眼的冤家……在上述情形中，经常看到的姿势是双手叉在腰间，这是表示抗议、进攻的一种常见动作。有些观察家把这种举动称之为"一切就绪"，但"挑战"才是最基本的实际含义。

这种姿势还被认为是成功者所特有的站势，它可使人想象到那些雄心勃勃、不达目的誓不罢休的人。这些人在向自己的奋斗目标进发时，都爱采用这种姿势。含有挑战、奋勇向前趋势的男士们也常常在女士面前采用这种姿势，来表现他们男性的好战，以及男子汉形象；但女人如果用这一姿势，给人的感觉则是不温柔，有河东狮吼的感觉。

在生活中，大家应该多些友爱和阳光，我们可以向困难挑战，可以向远大目标挑战，但不可以向同类挑战，不可以用双手叉腰增添剑拔弩张的气氛。

5.意见不同：十指交叉

有一些人在谈话时，常常会将双手在胸前无意识地交叉在一起，最常见的姿势是把交叉着十指的双手放在桌面上，面带微笑地看着对方。这种动作，常见于发言人，这个动做出现的时候，常常处于一种平和的氛围之中。

通常，这种姿势常常也被一些女性拿来使用。那么当一个女子摆出这种姿势的时候，如果能够了解其中所代表的意思，就可以适时而动，接近她。

女性十指交叉的方法不同所代表的不同含义：喜欢十指交叉的女性往往

可能是在谈恋爱的时候曾经受过伤害，其内心对别人有一种戒备心理，以避免自己再一次受到伤害，可以说是一种很明显的本能防卫。如果一个女子用双肘支撑着交叉双手，或者把下巴放在交叉的双手上面，那就表明她是一个特别有自信的女性，或者是说她对自己的某些诱惑力相当自信。而把十指相对，将手势摆成尖塔形的女性，则是非常理性的女子，如果她们摆出这种姿势的话，一般表示她只对男子说的话感兴趣而不是对男子本身感兴趣。

6.防卫心重：双臂交叉

将双臂交叉抱于胸前，是一种防御性的姿势，是防御来自眼前人的威胁感，保护自己不产生恐惧。这是一种心理上的防卫，也说明对眼前人的排斥感。

这个动作似乎正传达着“我不赞成你的意见”“嗯……你所说的我完全不懂”“我就是不欣赏你这个人”。当对方将双臂交叉抱于胸前与你谈话时，即使不断点头，其内心可能对你的意见并不表示赞同。

也有一些人在思考事情时，习惯将双臂交叉抱于胸前，一般而言，有这种习惯的人，基本上是属于防卫心强的类型。在自己与他人之间画下一道防线，不习惯对别人敞开心胸，永远和对方保持适当的距离，冷漠地观察对方。

习惯于双臂交叉的人是戒备心理强的人，大多数在幼儿时期没有得到父母充分的爱，例如：母亲没有亲自喂母乳、总是被寄放在托儿所、缺乏一些温暖的身体接触。在这种环境之下长大的人，特别容易体现出此种习惯。

著名的日本演员田村正和，在电视剧中常摆出双臂交叉抱于胸前的姿势，因此他给观众的感觉，绝不是亲切坦率的邻家大哥，而是高不可攀的绅士。他不是那种会把感情投入到对方所说的话题中，陪着流泪或开怀大笑的类型。他心中似乎永远都藏有心事，在自己与别人之间筑起一道看不见的屏障。以这种形象和他人在谈恋爱时，会强烈渴望被爱，总是祈求得到更多的爱，很难得到满足，处于欲求不满的状态。

个性直率的人通常肢体语言也较为自然、放得开。当父母对孩子说“到这儿来”，想给孩子一个拥抱时，一定会张开双臂，拥他入怀。试试看对将双臂交叉抱于胸前的孩子说“到这儿来”，孩子们绝不会认为你要拥抱他，而是担心自己是否惹你生气，准备挨骂了。

观察一下对方，是习惯将双臂交叉抱于胸前，还是自然地放于两旁呢？自然放于两旁的人，较为友善易于亲近，并且可以很快地和自己成为好朋友。不过，若你有不想告诉他人的秘密，又想找人商量时，请选择习惯将双臂抱于胸前的人。因为太过直率的人守不住秘密，而习惯于双臂抱胸的人会将你的秘密守口如瓶。但是，要和这种人成为亲密的朋友，可能要花上一段很长的时间。

7.显示威慑力：拍案而起

拍案而起，是形容一件事情重大而令人激动甚至愤怒的一个形容词。这个词现在屡屡见诸报端，一般都是形容一些领导对某些大事件、突发事件以及民愤极大又没有得到良好解决的事件的愤怒心情和行为，也体现了这些领导亲民、爱民的胆识、魄力和疾恶如仇的性格。

左宗棠曾三次拍案而起，义正词严，维护中华民族大义，在近代史上留下了重重的一笔。

左宗棠，清代“同治中兴”名臣，一生很有成就。熟悉或研究过左宗棠的人，无不对他的为人处世、为官之道而赞不绝口。他在事关中华民族利益的大是大非面前三次“拍案而起，挺身而出”的故事，尤为后人称道。

其中一次是，当他还是一个平民百姓时，林则徐在广州禁烟，得罪了洋人，洋人便用武力相要挟。清政府害怕了，就把责任往林则徐身上推，并撤销了他的职务，启用了投降分子琦善之流。同时还与英帝国主义签订了中国历史上不平等条约，又是割地又是赔款。此时的左宗棠虽然人微言轻，但依然拍案而起，说：“英夷率数十艇之众竟战胜我，我如卑辞求和，遂使西人具有轻中国之心，相率效尤而起，其将何以应之？须知夷性无厌，得一步又进一步。”他痛斥琦善“坚主和议，将恐国计遂坏伊手”，“一二庸臣一念比党阿顺之私，今天下事败至此”。他利用自己的朋友关系，四处联络，推动参劾投降派，让清政府重新启用林则徐。正是在舆论压力之下，朝廷不得不撤掉琦善，重新恢复林则徐的职位。

从上面左宗棠

拍案而起，怒斥敌人的故事中，我们应该受到启发和教育。当一个人的人格和尊严受到侵犯时，不应该临阵退缩，而应该拍案而起，给敌人以迎头痛击。自从改革开放、打开国门以后，国外一些犯罪团伙以投资为名，在境内干着有损我中华民族尊严的事。对这些不法分子，我们更应该拍案而起，绝不轻饶，以维护祖国的尊严和我们作为一个中国人的人格，只有这样才会使祖国和自己的形象更加高大。

8.力量的体现：紧握拳头

如果是在演讲或说话时，攥紧拳头向着听众说话，是在向他人表示："我是有力量的。"但如果是在有矛盾的人面前攥紧拳头，则表示："我不会怕你，要不要尝尝我拳头的滋味？"

林肯总统在一次著名的演讲中，就采用过这种手势。

"有只狮子深深地爱上了一个樵夫的女儿。这位美丽的少女让它去找自己的父亲求婚。狮子向樵夫说要娶他的女儿，樵夫说：'你的牙齿太长了。'狮子去看医生，把牙齿拔掉了。回过头来樵夫又说：'不行，你的爪子太长了。'狮子又去找医生，把爪子也拔掉了。樵夫看到狮子已经解除了'武装'，就用枪把它的脑袋打开了花。"

林肯最后说："如果别人让我怎么样我就怎么样，那我会不会也是这样的下场呢？"

林肯说完这句话，攥紧拳头，加重语气说道："我绝不会受任何人摆布！"

林肯在这儿攥紧拳头，表现出的是一种果断、坚决、自信和力量。平时我们听人演讲见人讲话时攥紧拳头，证明这个人很自信，很有感召力。但在日常生活中，我们与人发生不愉快时，请把你的拳头藏起来，不要攥起拳头在对方面前晃动，那样做的结果，势必会引起一场打斗，这是不可取的。

9.果断的印象：手势下劈

手势下劈，给人一种泰山压顶、不容置疑之感。使用这种手势的人，一般都高高在上，高傲自负，喜欢以自我为中心，他的观点，不会轻易容许人反驳。伴随着这个动作的意思是："就这么办""这事情就这样决定了""不行，我不同意！"等话语。

日常生活中，大家常遇到一些上司，在讲话时，为了强调自己的观点，把手势往下劈。每当这个时候，听者最好不要轻易提出相悖的观点，对方一般也是不会轻易采纳的。平常与同事或朋友三五成群地争论问题，有人为了证明自己的观点而否定别人的观点，也常用这种手势打断别人的话。善于识别这种手势语言，有助于我们为人处世采取适当的姿态。

10.增强说服力：数拨手指

通常情况下，数拨手指，是在说明某些数字和条件时，需要特殊强调，增加其说服力和清晰度而采取的一种手势。大家先来看下面这则例子：

“七七事变”后，在全国人民一致主张停止内战、共同抗日的形势下，陈毅下山到江西大余与当地国民党政府谈判。在当时的情形下，双方气氛十分紧张，陈毅却谈笑风生、机智幽默，表现了一种大智大勇、洒脱从容的气概。他郑重地要求国民党军队给北上抗日的南方游击队让开通道，可对方却不无炫耀和暗示地说，他们的部队人多。陈毅笑着反唇相讥道：“你们兵多不愿北上抗日，还要游击队陪着吗？”接着，陈毅侃侃而谈，借题发挥道：“我还有个问题不满意，以前在中央苏区的时候，你们悬赏买我的头，花红由三千涨到五万。长征以后，我的头竟由五万降到二百，这不是太瞧不起人了吗？”陈毅边说，边数拨手指，配合着他所说的数字，表现了伟人视死如归的革命乐观主义精神。

陈毅在具体说明和强调某些数字时，数拨手指，以增强其清晰度和说服力。我们平时在工作中，某领导布置工作，涉及一些数字和条款时，为了不让听者混淆，也常数拨手指；我们在汇报工作时，也常数拨着手指。这样，就显得更有条理一些，不给人一种笼统和混乱之感，从而也能使自己的说话形象更鲜明起来。

从坐姿洞悉对方心理动向

坐姿是心灵的暗示。从坐的方式、坐的姿态、坐的距离中，都可以窥出一个人真实的意思，了解一个人心理的动向。在日常生活中，正确地观察每个人的坐姿，各个特色，不一而足。每一种坐的方式，似乎是无意的，而就从这貌似随意中，可以解读每种姿势透露出的不同性格和心理状态。

从科学角度，坐姿是人心理的一种反应。

坐稳后两腿张开，姿态懒散者，通常说来都比较胖。这种人由于腿部的肉过多，行动也不是十分方便，说得比较多而做得相对要少。这类人属于豪言壮语型，头脑中想的事情经常是被夸张了的。

坐下时左肩上耸，膝部紧靠，致使双腿呈X字形的人，一般均比较谨慎。但他的决断力比较差，也缺少男子汉的气魄，即使是一个男性，他也是比较女性化的男性。如果你对他有过多希望的话，其结果多为失望。

坐下手臂曲起，两脚向外伸的人，其决断力十分缓慢。每天他都在不断地计划些事物，但却什么也实现不了。这种人的理想与行动特别不协调，喜欢做白日梦。如果与这种人共事，相信会出现不间断的纠纷。

坐下时两脚自然外伸，给人以一种十分沉着稳重印象的人，这些人大都身体健康，对疾病的抵抗力很强。

坐下时，一只手撑着下巴，另一只手搭在撑着下巴的那只手的手肘之上，且架着“二郎腿”的人，大都不拘小节，面对失败亦能泰然自若。不过，如果你被这种人迷惑住，他会想方设法地去逃避责任，甚至对你使出各种利己而卑鄙的手段。

双肩端起，一脚架放在另一只脚之上，做出庄重堂皇之态的人，虽然志向远大，但却缺乏具体计划，致使他的志向如空中楼阁一般，无法实现。

坐在车上两脚长伸在外，阻碍通道，同时将双手插在口袋里的人，大多是贫困潦倒之人。如果其相貌长得不好，通常伴有恐吓或威胁他人的行为。对这种人，最好采取敬而远之的态度。

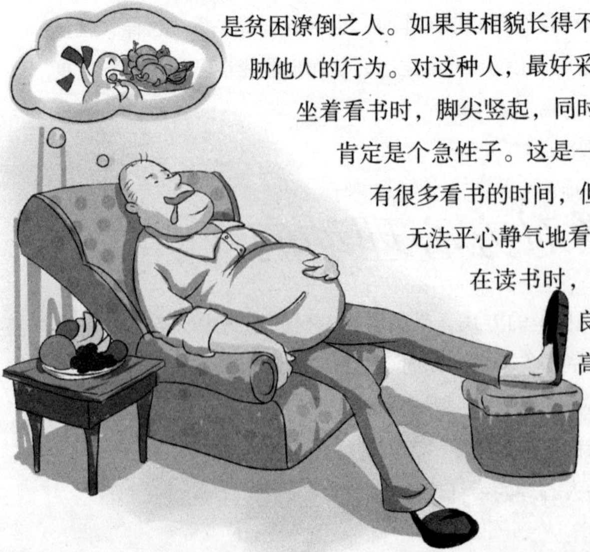

坐着看书时，脚尖竖起，同时眼睛不断向上翻的人，肯定是个急性子。这是一种天生的个性。即使他有很多看书的时间，但他还是显得非常繁忙，无法平心静气地看书。

在读书时，用手撑着下巴且姿势不良的人，其读书效率不高，同时此种姿态也是理解及记忆均有困难的人的象征。一个真正学习的人，是不会用这种不良姿态读书的。

同时，不同类型的坐姿还能体现人的性情及心理动向。

1.古板型的坐姿

坐着时两腿及两脚跟并拢靠在一起，双手交叉放于大腿两侧的人为人古板，从不愿接收他人的意见，有时候明知别人说的是对的，他们仍然不肯低下自己的脑袋。

他们明显缺乏耐心，哪怕只有几分钟的短会，他们也时常显得极度厌烦，甚至反感。

这种人凡事都想做得尽善尽美，干的却又是一些可望而不可即的事情。他们爱夸夸其谈，而缺少实干的精神，所以，他们总是失败。虽然这种人为人执拗，不过他们大多具有丰富的想象力。说不定他们只是经常走错门路，如果他们在艺术领域里发挥自己的潜能，或许会做得更好。

对于爱情和婚姻，他们也都比较挑剔，人们会认为这种人考虑慎重，但事实不然。应该说是他们的性格决定了这一切，他们找对象是用自己构想的模型如郑人买履般寻觅，这肯定是不现实的做法。而一旦谈成恋爱，则大多数都属于速战速决，因为他们的理念是中国传统型的“早结婚，早生子，早享福”。

2.悠闲型的坐姿

这种人半躺而坐，双手抱于脑后，一看就是一种怡然自得的样子。这种人性情温和，与任何人都相处得来，也善于控制自己的情绪，因此能得到大家的信赖。

他们的适应能力很强，对生活也充满朝气，干任何职业好像都能得心应手，加之他们的毅力也都非常坚强，往往都能达到某种程度的成功。这种人喜欢学习但不求甚解，可能他们要求的仅是“学习”而已。

他们的另一个特点是积极热情、挥金如土。如果让他们去买东西，很多时候他们是凭直觉的喜欢与否。对于钱财他们从来就是把它看作身外之物，“生不带来，死不带去”，以至于他们时常不得不承受因处理钱财的鲁莽和不谨慎带来的后果，尽管他们挣的钱不少。

他们的爱情生活总的来说是较快乐的，虽然时不时会被点缀上一些小小的烦恼。这种人的雄辩能力都很强，但他们并不是在任何场合都会表现自己，这完全取决于他们当时面对的对象。

3.自信型的坐姿

这种人通常将左腿交叠在右腿上，双手交叉放在腿根儿两侧。他们具有较强的自信心，特别坚信自己对某件事情的看法。如果他们与别人发生争论，可能他们并没有在意与别人争论的观点的内容。

他们天资聪明，总是能想尽一切办法并尽自己的最大努力去实现自己的梦想。虽然也有“胜不骄，败不馁”的品性，但当他们完全沉浸在幸福之中时，也会有些得意忘形。

这种人很有才气，而且协调能力很强。在他们的生活圈子里，他们总是充当着领导的角色，而他们周围的人对此也都心甘情愿。

不过这种人有一个不好的习性，喜欢见异思迁，常常是“这山看着那山高”。

4.腼腆羞怯型的坐姿

把两膝盖并在一起，小腿随着脚跟分开成一个“八”字样，两手掌相对，放于两膝盖中间的这种人特别害羞，多说一两句话就会脸红。他们害怕的就是让他们出入于社交场合。这类人感情非常细腻，但并不温柔，因此这种类型的人经常使人觉得很奇怪。

这种人可以做保守型的代表，他们的观点一般不会有太大的变化，他们对许多问题的看法或许在几十年前比较流行。在工作中他们习惯于用过去陈旧的经验做依据，这本身并不是错，但在21世纪到来的今天，因循守旧肯定是这个社会的被淘汰者。不过他们对朋友的感情是相当诚恳的，每当别人有求于他们的时候，只需打个电话他们就肯定会效劳。

他们的爱情观也常常受着传统思想的束缚，经常被家庭和社会的压力压得喘不过气来，而自己仍要遵循那传统的“东方美德”“三从四德”等旧观念。

5.谦逊温柔型的坐姿

温顺型的人坐着时喜欢将两腿和两脚跟紧紧地并拢，两手放于两膝盖上，端端正正。这种人一般性格内向，为人谦虚，对于自己的情感世界很封闭，哪怕与自己特别倾慕的爱人在一起，也听不到他们一句暧昧的语言，更看不到一丝亲热的举动。对于感情奔放的人来说，实在是欲拒难舍，欲舍难离。

这种坐姿的人常常喜欢替他人着想，他们的很多朋友对此总是感动不已。正因为如此，他们虽然性格内向，但他们的朋友却不少，因为大家尊重他们的为人，此所谓“你敬别人一尺，别人敬你一丈”。

在工作中，这种人虽然行动不多，但却踏实努力，他们能够埋头为实现自己的梦想而奋斗。犹如他们的坐姿一样，他们不会去花天酒地，他们很珍惜自己用辛勤劳动换来的成果，他们坚信的原则是“一分耕耘，一分收获”，也因此他们极端讨厌那种只知道夸夸其谈的人。在他们周围，想吃“白食”是不行的。

6.坚毅果断型的坐姿

这类人喜欢将大腿分开，两脚跟并拢，两手习惯于放在肚脐部位。

这种人有勇气，也有决断力。他们一旦考虑了某件事情，就会立即去采取行动。自然在爱情方面，他们一旦对某人产生好感，就会去积极主动地说明自己的意向。不过他们的独占欲望相当强，动不动就会干涉自己恋人的生活，所以时常遭到自己恋人的白眼。

他们属于好战类的人，敢于不断追求新生事物，也敢于承担社会责任。这类人当领导的权威来自于他们的气魄。其实很多人并不是真心地尊重他们，只是被他们那种无形的力量威慑而已。从另一个角度来说，他们不会成为处理人际关系的“老手”。但是如果生活给他们带来什么压力的话，他们一定能够泰然处之。

7.投机冷漠型的坐姿

这种人通常将右腿交叠在左腿上，两小腿靠拢，双手交叉放在腿上。

这种人看起来觉得非常温和可亲，状如菩萨，很容易让人亲近，但事实却恰恰相反，别人找他谈话或办事，一副爱答不理的举动让你不由得不反思：“我是否花了眼？”你没有花眼，你的感觉很正确，他们不仅个性冷漠，而且性格中还有一种“狐狸作风”，对亲人、对朋友，他们总要向人炫耀他那自以为是的各种心计，以致周围的人不得不把他们打入心理不健全的类型。

这种人做事总是三心二意，并且还经常向人宣传他们的“一心二用”理论。

8.放荡不羁的坐姿

放荡型的人坐着时常常将两腿分开距离较宽，两手没有固定的放处，这是一种开放的姿势。

这种人喜欢追求新意，偶尔成为引导都市消费潮流的“先驱”，他们对于普通人做的事不会满足，总是想做一些别人不能做的事，或者不如说他们喜欢标新立异更为确切。

这种人平常总是笑容可掬，最喜欢和他人接触，而他们的人缘也确实颇佳，因为他们不在乎他人对他们的批评，这是别人很难做到的。从这方面来说，他们很适合做一个社会活动家或类似的职业。

坐在椅子上的行为，也因人的不同而产生了各式各样的坐法。有的人是把全身猛然地坐下，有的人则慢慢坐下。也有些人小心翼翼地坐在椅子前部，还有些人将身体深深沉下似的坐着，等等行为，无不坦白地说出了各人的心理状态。那么，在身体语言术上，对以上行为做何解释呢？

当大家看见某人猛然坐下的行为，一定视为不拘小节的样子，其实，完全出乎你所料的情形很多。换句话说，在其所表现似乎极端随意的态度里，其实是在隐藏内心极大的不安。这是由于人具有不愿被对方识破自己真正心情的抑制心理，尤其在与他人的初次会面时，这一心理更加强烈。像此种人坐下后，往往便表现出有些不安、心不在焉的态度，因此更可立即看出其心情。当然，知心朋友之间，则不能一概而论，而视为与其态度一致的心情表现。

那么，坐下之后怎么样呢？舒适而深深地坐入椅内的人，可视为在向对方表现处于心理优势的行为。因为本来所谓坐的姿势，是人类活动上的不自然状态，坐着的人必然在潜意识中想着立即可以站起来的姿势。心理学上，称它为“觉醒水准”的高度状态，随着紧张程度的解除，该“觉醒水准”也会因而降低。因此腰部是逐渐向后拉动，变成身体靠在椅背、两脚伸出的姿势。此并非发生何事立即可以起立的姿势，这是认为跟对方不必过分紧张之人所采取的姿势。

可是，与此相对的，始终浅坐在椅子上的人，是无意识地表现着其比对方居于心理劣势，且欠缺精神上的安定感。因此，对于持这种姿势而坐的客人，如果同他谈论要事，或托办什么事，还为时过早，因为他还没有定下心来。

走姿，脚下流露的心灵语言

虽然走路这种动作与生俱来，看似平常，没有半点特点，但却最能反映出一个人的性格特征以及气质和修养。如循规蹈矩、思想保守的人的走路姿态与积极上进、勇于创新的人的走路姿态，绝对是大相径庭的。

确实，每个人都有自己独特的走路姿态，只要我们留心，一眼就能分辨出来。因此说，通过走路的习惯和步态姿势，就可以在一定程度上认识人的性格。

人们行走的姿态，即步态，是千姿百态、变化万千的，例如有节奏均匀的慢跑、大摇大摆的阔步、老态龙钟的蹒跚、偷偷摸摸的蹑行、故作姿态的扭摆、兴高采烈的蹦跳、摇摇摆摆的跛行、无精打采的漫步、急促小跑的碎步、闲庭自得时的信步、消磨时间的散步、夸张行进的正步、风驰电掣的疾奔、犹豫不决的徘徊、姿态优雅的滑行、心焦气躁的急走，等等。这些移动身体的步态，每个人在日常生活中都会用到其中某些部分。

每个人具有不同的走路姿势，能使他的熟人哪怕相隔较远也能认出来。至少有一些特征，是因为身体的结构而有所不同，但是步法、跨步的大小和姿势，似乎是随着情绪变化而改变的。如果一个人很快乐，他会走得比较快、脚步也轻快；反之，他的双肩会下垂，脚像灌了铅似的很难迈动。通常，走路快且双臂自在摆动的人，往往有坚定的目标而准备积极地加以追求；习惯双手半插在口袋中，即使天气暖和时也不例外的人，喜欢挑战而颇具神秘感。

一个自视傲慢的人走路时，他的下巴通常会抬起，手臂夸张地摆，腿是僵直的，步伐是沉重而迟缓，似是故意引起他人的注意。

一个人在郁闷时，往往拖着步子将两手插入口袋中，很少抬头注意到自己往何处走。

走起路来双手叉腰像个短跑者的人，他往往想在最快的时间内跑最短的距离，以达到自己的目标。他突然爆发的精力，常是在他计划下一步决定性的行动时看似沉静的一段时间内所产生的。

适当的步态可

以表现出一个人积极向上、朝气蓬勃的精神状态，呈现出一种健美的姿态，正如古人所说的“行如风”，会给人留下良好的印象。

男子走路贵稳健、迅捷；女子走路贵婀娜、轻盈，但以自然明快为好。

法国心理学家简·布鲁西博士研究发现，人的性格与行动有着很大的关系。从一个人走路的姿势、笑的样子、说话的方式等，甚至从一个完全出于无意的小动作，都可以推断出对方当时的心理状态。这也就是说，即便是走路，也会反映出一个人的特点：沉着冷静的人走路时，步伐稳健；健步如飞的人，充满朝气。

另外，男女行走时，步态要求也不一样。男子走路时，头要端正，两眼向前平视，挺胸收腹，两肩不要晃动，步伐要稳健、有力。女子走路，头也要端正，不过目光宜温和平静，两手前后摇动幅度不要太大，步伐以飘逸、轻盈为佳。另外，不管男女，走路时，行走路线都应尽可能保持平直。不要两手插入衣袋、裤袋，也不要躬腰弯背，东张西望，边走边对他人品头论足；不要东摇西摆，有气没力，抢先或拖后，双手叉腰和倒背手；不要拖泥带水，重如打锤，砸得地板咚咚直响。

上班的路上要动作利落、抓紧时间。当领导喊你去他办公室的时候，尽管你还有没做完的工作，也要马上过去。当上司走到你的座位前时，要马上站起来。

上班走路不要慢慢悠悠，不要跑步或穿着嗒嗒作响的钉鞋，不要影响其他人的工作，要动作迅速、步伐矫健，使人感到朝气蓬勃。

与人交际的过程中，我们可以通过对方习惯的走姿来判断他的兴趣及内心动向。

1.昂首挺胸的走姿

有些人走路时抬头挺胸，大踏步地向前，充分表现出自己的气魄和力量，当然难免给旁人一种骄傲的感觉。

这类人爱以自我为中心，淡于人际交往，不轻易投靠和求助别人，哪怕碰到自己根本就无法解决的事情时也是这样。他们思维敏捷，做事逻辑思维清晰，考虑问题比较全面。也许不是很复杂的一件事情，他们也时常为自己拟订一份计划。

他们习惯于修整仪容，衣履整洁，时刻使自己保持着美好的形象。无论是逛街还是访友，出门前他们总喜欢在镜子前端详一下自己，头发凌乱否？发型完整否？衣服平整否？皮鞋光亮否？

这类人的最大弱点是羞怯和没有坚强的毅力。时常看到他们有很多伟大的计划，却很难发现他们有成功的事业，加之个性羞涩，难以主动与人交往，时常不能充分发挥自己的能力，于是他们时常有一种“黄金埋土”的感觉。这种人还极富组织力和判断力，可惜他们时常说得多做得少。“说话的巨人，行动的矮子”是这种人真实的描写。

2.摇摆不定的走姿

这种人看似行为放荡，但对人热情诚恳，即使是女性也有一股侠义之气。处事坦荡无私，但对电视台“露脸”等情有独钟。他们乐意帮人解决各种问题和困难，而且不需要别人的感激。需提醒他们的是：切勿锋芒太露，或有轻浮之举。

3.步伐整齐的走姿

走路如同上军操，步伐齐整，双手有规则地摆动，在人们看来非常不自然，但他们却感觉那样协调。这种人意志力很强，对自己的信念十分专注，他们选定的目标一般不会因外在环境和事物的变化而受到影响。

4.行动急促的走姿

大部分人遇到紧急情况都会不顾一切地疾行，如果任何时候都显得来也匆匆，去也匆匆，好像屁股后面着了火似的就另当别论了。他们办事比较急躁，虽然明快而又有效率，但缺少必要的细致，有时会草率行事，缺少足够耐性；他们遇事从不推诿搪塞，勇敢正直，精力充沛，喜欢迎接各种挑战。

5.微倾式的走姿

这类人性格内向，而且有一颗关爱之心；害羞腼腆，见到异性常会红脸；具有较好修养，为人谦虚，从不花言巧语；注重感情，一旦成为至交则情深似海、痴心不改。但这种人常常对生活感到厌烦，这是由于他们受害多，又不愿向人倾诉，独自生闷气造成的。

有的人走路时习惯于身体向前倾斜，甚至看上去像弯着腰，倒并不是因为他们走得较快需用身体来平衡，与之相反他们大多数步伐还非常平稳。

这类人的性格大多较为温柔和内向，但他们为人谦虚，一般都有良好的素质和修养。

他们从不欺骗他人，非常珍惜友谊和感情，只是平常不苟言笑，与人相处也是一副“借他米还他糠”的冷漠样，很难与人相处。但一旦成为至交则至死不渝，尤其在恋爱或婚姻出现分歧、决裂时，他们总是抱着“宁肯人负我，我绝不负人”的观念。

6.内八字式的走姿

内八字式走路的人，表现得滑稽可笑。他们永远是副憨实厚道的样子。但这种人在厚道的外表下，并不显得沉静。他们平常留意生活中的细节，事事喜欢按部就班地进行，如果有突发事件发生就会大乱阵脚，而显得手足无措。

这种人的形象注定了他们不会创新，他们情愿跟着潮流走。当别人把一定的权力交给他们，而使其成为众人注目的焦点时，他们就会浑身不自在而烦躁不堪。因为他们只追求平淡的生活。

7.其他的走姿者

（1）手足协调的人。

这种人对待自己十分严厉，不允许出现半点的差错和放松，希望自己的一举一动都可以成为他人的榜样；具有相当坚强的意志力和高度的组织能力，但容易走向武断独裁，让周围人产生畏惧；对生命及信念专注固执，不易为别人和外部环境所动，为实现目的会不惜一切代价。

（2）手足不协调的人。

这种人走路姿势是双足行进与双手摆动极不协调，而且步伐忽长忽短，让人看了极为不自在。这种人生性多疑，对什么事都是小心翼翼，瞻前顾后；责任感不强，做事往往有头无尾，甚至溜之大吉。

（3）双足内敛或外撇的人。

可以想象，这种人走起路来用力而且急促，但是上半身却基本维持不动。他们不喜欢交际，认为那是无聊之人才做的事情，不愿意为此浪费时间和精力；此类人头脑灵活聪明，做起事来总是不动声色，给人意外的惊喜，也有保守和虚伪的倾向，所以知心朋友并不是很多。

（4）步调混乱的人。

因为心不在焉，所以这样的人走路步调混乱，没有固定习惯而言，或是双手放进裤袋，双臂夹紧；或是双臂摆动，挺胸阔步；他们豁达大方、不拘小节，可以成为自己的朋友。

（5）落地有声的人。

这种人双足落地的时候发出清晰的响声，行进迅速，昂首挺胸，一副精神焕发的样子。他们志向远大，积极进取，精心设计和打造自己的未来和生活，期望一天比一天过得更好；是个理性成分超过感性成分的人，做事有条不紊，规规矩矩，同时注重感情，热烈似火，可以选为情人或伴侣。

（6）文质彬彬的人。

这种人走起路来不疾不缓，双手轻松摆动，富有教养。但是这种人胆小怕事，没有远大的理想，而且不思进取，喜欢平静和一成不变，所以总是原地踏步和维持现状；遇事冷静沉着，不轻易动怒。以这种姿态走路的女人多属于贤妻良母型。

（7）横冲直撞的人。

这种人走路迅疾，不管是在拥挤的人群当中，还是在人迹罕至之地，一律横冲直撞，长驱直入，而且从来不顾及他人的感受。他们性情急躁，办事风风火火；坦诚率真，喜欢结交五湖四海的朋友，讲义气，不会轻易做出对不起朋友的事。

（8）犹疑缓慢的人。

这种人走路时仿佛身处沼泽地，行进艰难。这种人大多性格较软弱，遇事容易知难而退，不喜欢张扬和出风头；遇事总是三思后而行，绝不轻易冒险迈出第一步，结果往往错失良机；憨直可爱，胸无城府，重视感情，交友谨慎小心。

（9）慢悠悠走路的人。

这类人平时总是慢慢悠悠走路，说明此人无所事事，游手好闲，不务正业。他们大多性格迟缓，对自己放任自流，凡事得过且过，顺其自然，没有过高的追求，缺乏进取心。

（10）故弄玄虚的人。

这种人走路左晃右摆，一副弱不禁风的样子。好故弄玄虚，明明一无所有却要摆出一副卓尔不凡的架势，遇到难题不是推卸转移就是不了了之；不允许别人有半点对不起他们；奸诈虚伪，善于阿谀奉承，往往导致事业、爱情和生活上的失败。

PART 02 打开对方心扉的心理策略

巧说第一句话，陌生人也能一见如故

假如在一个严冬的夜晚，与一位现在很陌生、但希望将来能成为朋友的人见面，你想说些什么作为初次见面的开场白呢？

大多数人都认为从谈天气切入最好，如“今晚好冷啊”。可是，单纯地使用它，虽然能彼此引出一些话来，但这些话往往对你们彼此无关紧要，于是，再深一步地交谈也就出现困难了。不过，如果你这样说：“哦，今晚好冷！像我这种在南方长大的人，尽管在这里住了几年，但对这种天气还是难以适应。”相信，对方若也是在南方长大的，就会引起共鸣，接着你的话头说出一些有关的事；对方若是在北方长大的，他也会因为你在寒暄中提到了自己的故乡在南方，而对你的一些情况发生兴趣，有了要进一步了解你的欲望，从而可把你们的交往引向深入。

要知道，人都是独立的个体，都具有思维能力，与陌生人打交道时，你与对方都会存有一定的戒心，这也是初次交往的一种障碍。而初次交往的成败，关键就要看你们如何冲破这道障碍。如果你用第一句话吸引对方，或是讲对方比较了解的事，那么，第一次谈话就不仅仅是形式上的客套了。如果运用得巧妙，双方会因此打成一片，变得容易接近。

实际交往过程中，有的人采用一种很自然的、叙述型的谈话开头，也能给人一种亲切感，同时还能让人想继续向他询问一些细节。

在一个街道的计划生育办公室，一名记者正在了解此地青年男女早婚早育的情况。那位主管此事的女干部没有像他想象的那样给他列举一堆的数字，而是很自然地为他讲了个故事。

“今年的元月26日那天，这个街区某校的一名15岁的高中少女，初次见到本区的一个体户青年，这个青年也不过20岁出头，刚刚到法定的结婚年龄。元月29日，也就是距他们相识不过3天的时间。他们就双双到当地婚姻登记机构要求登记结婚，那少女发誓说她已工作，父母远在边疆，因此无须取得父母的同意。婚姻登记机构当然不相信，一定要她出示户口本以验证她的实际年龄，但他们却不知从哪里找来一治安人员，硬是替他们做了证，领取了结婚证书。就这样新郎为新娘租了一家旅馆，两人在那里住了3个月有余，少女的母亲发现已为时过晚，因为少女已经怀孕，而新郎却在此后突然不知去向，并到现在为止，一直再没出现过。”

听完故事后，记者非常喜欢这段自然的开头，因为那名女干部说出具体的时间，令人预感将要有一段回忆或暗示一件有趣的事情要发生，令人产生渴望要了解细节的欲望。既为其采访提供了很好的素材，同时也从侧面揭示出早婚早育的后果。

总结来说，说第一句话的原则就是亲热、贴心、消除陌生感。常见方式主要有3种：

1.问候式

“您好”是向对方问候致意的常用语。如能因对象、时间的不同而使用不同的问候语，效果则更好。对德高望重的长者，宜说“您老人家好”，以示敬意；对年龄跟自己相仿者，称“老×（姓），您好”，显得亲切；对方是医生、教师，说“李医师，您好”“王老师，您好”，有尊重意味。节日期间，说“节日好”“新年好”，给人以祝贺之感；早晨说“您早”“早上好”则比“您好”更得体。

2.攀认式

赤壁之战中，鲁肃见诸葛亮的第一句话是：“我，子瑜友也。”子瑜，就是诸葛亮的哥哥诸葛瑾，他是鲁肃的挚友。短短的一句话就定下了鲁肃跟诸葛亮之间的交情。其实，任何两个人，只要彼此留意，就不难发现双方有着这样或那样的“亲”“友”关系。

例如，“你是××大学毕业生，我曾在××进修过两年。说起来，我们还是校友呢！”“您来自苏州，我出生在无锡，两地近在咫尺，今天能遇同乡，令人欣慰！”

3.敬慕式

对初次见面者表示敬重、仰慕，这是热情有礼的表现。用这种方式必须注意：要掌握分寸，恰到好处，不能胡乱吹捧，不说“久闻大名，如雷贯耳”之类的过头话。表示敬慕的内容也应该因时因地而异。

例如，“您的大作《教你能说会道》我读过多遍，受益匪浅。想不到今天竟能在这里一睹作者风采！”“桂林山水甲天下。我很高兴能在这美丽的地方见到您这位著名的山水画家。”

不过，说好了第一句话，仅仅是良好的开端。要想谈得有味，谈得投机，你还得在谈话的过程中寻找新的共同感兴趣的话题，这样才能吸引对方，使谈话顺利地进行下去。

“我们”常挂嘴边，消除对方陌生感

曾经有一位心理学家，做了一个有名的实验，就是选编了三个小团体，并且分派三人饰演专制型、放任型、民主型的三位领导人，然后对这三个团体进行意识调查。结果，领导人饰演民主型的这个团体，表现了最强烈的同伴意识。而其中最有趣的，就是这个团体中的成员，大都使用“我们”一词来说话。

经常听演讲的人，大概都有这样的经验，就是演讲者说“我这么想……”，不如说“我们是否应该这样”更能使你觉得和对方的距离接近。因为“我们”这个字眼，也就是要表现“你也参与其中”的意思，所以会令对方心中产生一种参与意识，按照心理学的说法，这种情形是“卷入效果”。

小孩子在玩耍时，经常会说“这是我的东西”或“我要这样做”，是小孩子的自我和自己显示欲所造成的。但有时在成人世界中，也会出现如此说法，而这种人不仅无法令对方有好印象，可能在人际关系方面也会受阻，甚至在自己所属的团体中，形成被孤立的场面。

人心是很微妙的，同样是与人交谈，但有的说话方式会令对方产生反感，而有的说话方式却会令对方不由自主地产生好感。卡耐基因此告诉人们，若想把自己表现得更好，形成圆满的人际关系，就应善加利用这种“卷入效果”。

用细微动作可以拉近与陌生人的距离

与陌生人相处时，必须在缩短距离上下功夫，力求在短时间内了解得多些，缩短彼此的距离，力求在感情上融洽起来。孔子说：“道不同，不相为谋。”志同道合，才能谈得拢。

我们在百货公司买衬衫或领带时，女店员总是会说：“我替你量一下尺寸吧！”

这是因为对方要替你量尺寸时，她的身体势必会接近过来，有时还接近到只有情侣之间才可能的极近距离，使得被接近者的心中涌起一种兴奋感。

每个人对自己身体周围，都会有一种势力范围的感觉，而这种靠近身体的势力范围内，通常只能允许亲近之人接近。如果一个人允许别人进入他的身体四周，就会有种已经承认和对方有亲近关系的错觉，这一原理对任何人来说都是相同的。

本来一对陌生的男女，只要能把手放在对方的肩膀上，心理的距离就会一下子缩短，有时瞬间就成为情侣的关系。推销员就常用这种方法，他们经常一边谈话，一边很自然地移动位置，跟顾客离得很近。

因此，只要你想及早造成亲密关系，就应制造出自然接近对方身体的机会。

有一场篮球比赛，一位教练要训斥一名犯了错的球员。他首先把球员叫到跟前，紧盯着他的眼，要这位年轻小伙子注意一些问题，训完之后，教练轻轻拍了拍球员的肩膀和屁股，把他送回到球场上。

教练这番举动，从心理学的观点来看，确实是深谙人心的高招。

第一，将球员叫到跟前。把对方摆在近距离前，两人之间的个人空间缩小，相对地增加对方的紧张感与压力。

第二，紧盯着对方的双眼。有研究表明，对孩子讲故事时紧盯着他的眼，过后孩子能把故事牢牢记住。教练盯着球员的眼睛，要他注意，用意不外乎是使对方集中精神倾听训斥。否则球员眼神闪烁、心不在焉，很可能会把教练的训斥全当成耳边风，毫不管用。

第三，轻拍球员身体，将其送回球场。实验显示，安排完全不相识的人碰面，见面时握了手和未曾握手，给人的感受大大不相同。握手的人给对方留下随和、诚恳、实在、值得信赖等良好印象，而且约有半数表示希望再见到这个人。另一方面，对于只是见面而没有肢体接触的人，则给人冷漠、专横、不诚实的负面评价。

正确接触对方身体的某些部位，是传达自己感情最贴切的沟通方式。如果教练只是责骂犯错的球员，会给对方留下“教练冷酷无情”的不快情绪。但是一经肢体接触之后，情形便可能大大改观，球员也许变得很能体谅教练的心情：“教练虽然严厉，但终究是出于对我的一番好意！”

此外，与陌生人交谈，应态度谦和，有诚意，力求在缩短距离上下功夫，力求在短时间里了解得多一些。这样，感情就会渐渐融洽起来。我国有许多一见如故的美谈，许多朋友，都是由“生”变“故”和由远变近的，愿大家都多结善缘，广交朋友。善交朋友的人，会觉得四海之内皆朋友，面对任何人，都没有陌生感。

1.适时切入

看准情势，不放过应当说话的机会，适时插入交谈，适时的“自我表现”，能让对方充分了解自己。

交谈是双边活动，光了解对方，不让对方了解自己，同样难以深谈。陌生人如能从你切入式的谈话中获取教益，双方会更亲近。适时切入，能把你的知识主动有效地献给对方，实际上符合互补原则，奠定了情投意合的基础。

2.借用媒介

寻找自己与陌生人之间的媒介物，以此找出共同语言，缩短双方距离。如见一位陌生人手里拿着一件什么东西，可问：“这是什么……看来你在这方面一定是个行家，正巧我有个问题想向你请教。”对别人的一切显出浓厚兴趣，通过媒介物引发他们表露自我，交谈也能顺利进行。

3.留有余地

留些空缺让对方接口，使对方感到双方的心是相通的，交谈是和谐的，进而缩短距离。因此，和陌生人的交谈，千万不要把话讲完，把自己的观点讲死，而应是虚怀若谷，欢迎探讨。

不同的人、不同的心情，会有不同的需要。要想打动陌生人，就得不失时机地针对不同的需要，运用能立即奏效的心理战术。通过对方的眼神、姿势等来推测其当时的心思，再有效地运用，如拍肩、握手、拥抱等非语言沟通方式来传情达意，如果你懂得运用这些技巧，便能很快地拉近与陌生人的心理距离。

熟记名字，更容易抓住他的心

人们在日常应酬中，如果一个并不熟悉的人能叫出自己的姓名，就会产生一种亲切感和知己感；相反，如果见了几次面，对方还是叫不出你的名字，便会产生一种疏远感、陌生感，增加双方的心理隔阂。一位心理学家曾说：“在人们的心目中，唯有自己的姓名是最美好、最动听的东西。”许多事实也已经证实，在公关活动中，广记人名，有助于公关活动的展开，并助其成功。

美国的前总统罗斯福在一次宴会上，看见席间坐着许多不认识的人，他找到一个熟悉的记者，从记者那里一一打听清楚了那些人的姓名和基本情况，然后主动和他们接近，叫出他们的名字。当那些人知道这位平易近人、了解自己的人竟是著名政治家罗斯福时，大为感动。以后，这些人都成了罗斯福竞选总统的支持者。

记住对方的名字，最好时而高呼出声，这不仅是起码的一种礼貌，更是交际场上值得推行的一个妙招。你想一想，对于轻易记住你的名字的人，我们怎不顿觉亲切，仿佛双方是老友相逢，这时，他来求我们什么事情，我们怎好不竭尽全力予以优先惠顾呢？

在交际场上，如果第一次见面时你留给一位姑娘一个良好的印象，可是第二次见面时，你却嗯嗯啊啊地叫不出她的名字来，这位姑娘心里会不舒服，认为自己如此不具分量。那么，即使原来想好好谈谈，或谈生意，或谈人情，这一下全变得兴味索然了。叫不出对方的名字，谈下去就没戏了，因此你或许断了一方财路，或许使一段姻缘夭折。

在对方面前，你一张口就高呼出他的名字，会让对方为之一振，对你顿生景仰之意。就是原本不利的情势，也往往会因为你的这一高呼而顿时“化险为夷”。

一位著名作家说：“记住人家的名字，而且很轻易地叫出来，等于给别人一个巧妙而有效的赞美。因为我很早就发现，人们把自己的姓名看得惊人的重要。”

对自己的名字是如此重视。不少人不惜任何代价让自己的名字永垂不朽。且看两百年前，一些有钱人把钱送给作家们，请他们给自己著书立传，使自己的名字留传后世。不言而喻，一个人对他自己的名字比对世界上所有的名字加起来还要感兴趣。

卡内基也是认识了这一点才成为钢铁大王的。小时候，他曾经抓到一窝小兔子，但是没有东西喂它们。他就想出了一个绝妙的主意。他对周围的孩子们说："你们谁能给兔子弄点吃的来，我就以你们的名字给小兔子命名。"这个方法太灵验了，卡内基一直忘不了。当卡内基为了卧车生意和乔治·普尔门竞争的时候，他又想起了这个故事。

当时，卡内基的中央交通公司正跟普尔门的公司争夺联合太平洋铁路公司的卧车生意。双方互不相让，大杀其价，使得卧车生意毫无利润可言。后来，卡内基和普尔门都到纽约去拜访联合太平洋铁路公司的董事会。有一天晚上，他们在一家饭店碰头了。卡内基说："晚安，普尔门先生，我们别争了，再争下去岂不是出自己的洋相吗？"

"这话怎么讲？"普尔门问。

于是卡内基把自己早已考虑好的决定告诉他——把他们两家公司合并起来。他把合作，而不是竞争的好处说得天花乱坠。普尔门注意地倾听着，但是他没有完全接收。最后他问："这个新公司叫什么呢？"

卡内基毫不犹豫地说："当然叫普尔门皇宫卧车公司。"

普尔门的面孔一亮，马上说："请到我的房间来，我们讨论一下。"

这次讨论翻开了一页新的工业史。

如果你不重视别人的名字，又有谁来重视你的名字呢？如果有一天你把人们的名字全忘掉了，那么，你也很快就会被人们遗忘。

记住别人的名字。对他人来说，这是所有语言中最甜蜜、最重要的声音。

如果你想让人羡慕，请不要忘记这条准则："请记住别人的名字，名字对他来说，是全部词汇中最好的词。"

熟记他人的名字吧，这会给你带来好运！

幽默，让对方更加向你靠近

幽默使生活充满了情趣，哪里有幽默，哪里就有活跃的氛围。

在人际交往中，幽默是心灵与心灵之间快乐的天使，拥有幽默就拥有爱和友谊。

一个秃头者，当别人称他“理发不花钱，洗头不费水”时，他当场变了脸，使原本比较轻松的环境变得紧张起来。一位演讲的教授，也是一个秃头，他在自我介绍时说：“一位朋友称我聪明透顶，我含笑地回答：‘你小看我了，我早就聪明绝顶了。’”然后他指了指自己的头说：“我今天演讲的题目是外表美是心灵美的反映。”教授就这样开始了自己的演讲，整个会场充满了活跃的气氛。

同样是秃头，同样容易受到别人的揶揄和嘲谑，为什么不同的人得到的却是别人不同的认可，其间的缘故就是没有幽默感。

由此可见，幽默不仅反映出一个人随和的个性，还显示了一个人的聪明、智慧以及随机应变的能力。但需要注意的是，幽默既不是毫无意义的插科打诨，也不是没有分寸的卖关子、要嘴皮。幽默要在入情入理之中，引人发笑，给人启迪。

生活中应用幽默，可缓解矛盾，调节情绪，促使心理处于相对平衡状态。著名的喜剧大师卓别林曾说：“通过幽默，我们在貌似正常的现象中看不出不正常的现象，在貌似重要的事物中看不出不重要的事物。”

幽默并非天生就有，而是需要自己用心培养。那么，怎样培养幽默感呢？

1.首先要领会幽默的真正含义

幽默不是油腔滑调，也非嘲笑或讽刺。正如有位名人所言：“浮躁难以幽默，装腔作势难以幽默，钻牛角尖难以幽默，捉襟见肘难以幽默，迟钝笨拙难以幽默，只有从容、平等待人、超脱、游刃有余、聪明透彻，才能幽默。”

2.扩大知识面

幽默是一种智慧的表现，它必须建立在丰富的知识基础上。一个人只有具有审时度势的能力、广博的知识，才能做到谈资丰富，妙言成趣，从而做出恰当的比喻。因此，要培养幽默感，必须广泛涉猎，充实自我，不断从浩如烟海的书籍中收集幽默的浪花，从名人趣事的精华中撷取幽默的宝石。

3.陶冶情操

幽默是一种宽容精神的体现，要使自己学会幽默，就要学会宽容大度，克服斤斤计较，同时还要乐观。乐观与幽默是亲密的朋友，生活中如果多一点趣味和轻松，多一点笑容和游戏，多一份乐观与幽默，那么就没有克服不了的困难，也不会出现整天愁眉苦脸、忧心忡忡的痛苦者。

4.培养敏锐的洞察力

提高观察事物的能力，培养机智、敏捷的能力，是提高幽默的一个重要方面。只有迅速地捕捉事物的本质，以诙谐的语言做出恰当的比喻，才能使人们产生轻松的感觉。

当然，在幽默的同时还应注意，重大的原则总是不能马虎，不同问题要不同对待，在处理问题时要极具灵活性，做到幽默而不俗套，使幽默为人们的精神生活提供真正的养料。

别出心裁称赞他人，增进彼此好感

与人交流的过程中，尤其是有些陌生的人，适时称赞对方没被其他人赞美过的地方，不仅能让对方感到高兴，激发他的交谈积极性，而且更容易打开对方心扉，拉近彼此的好感，甚至使他变为你的挚友。

法国总统戴高乐1960年访问美国时，在一次尼克松为他举行的宴会上，尼克松夫人费了很大的劲布置了一个美观的鲜花展台：在一张马蹄形的桌子中央，鲜艳夺目的热带鲜花衬托着一个精致的喷泉。精明的戴高乐将军一眼就看出这是女主人为了欢迎他而精心设计制作的，不禁脱口称赞道："女主人为举行一次正式宴会要花很多时间来进行这么漂亮、雅致的计划和布置。"尼克松夫人听了，十分高兴。事后，她说："大多数来访的大人物要么不加注意，要么不屑为此向女主人道

谢，而他总是想到和讲到别人。”在以后的岁月中，不论两国之间发生什么事，尼克松夫人始终对戴高乐将军保持着非常好的印象。

别人都没注意到的地方，戴高乐却注意到了，并直截了当地将他的欣赏表达出来，这怎能不让尼克松夫人高兴呢？因此，我们在对陌生人加以赞美时，如果能悉心挖掘那种鲜为人赞的地方，对方会非常开心，陌生人很快就会变成挚友。这一点，你完全可以向一位聪明的女人讨教，她就是因为拍了《真善美》而红遍天下的影星茱莉·安德鲁丝，她除了演技好、容貌美、歌声令人陶醉之外，还有一张伶俐的嘴。

有一天，茱莉·安德鲁丝去聆听鼎鼎大名的指挥家托斯卡尼尼的音乐会，在音乐会结束之后，她和一些政要名流一起来到后台，向大指挥家恭贺演出的成功。

大家都夸奖指挥家：“指挥得实在是棒极了！”

“抓住了名曲的神韵！”

“超水准的演出！”

大指挥家一一答谢，由于疲累，而且这种话实在是听得太多了，所以脸上显出有些敷衍的表情。忽然，他听到一个高雅温柔的声音对他说：“你真帅！”

抬头一看，是茱莉·安德鲁丝。

大指挥家眼睛亮了起来，精神抖擞地向这位美丽的女士道谢。

事后，托斯卡尼尼高兴地到处对人说：“她没说我指挥得好，她说我很帅哩！”恐怕大指挥家还是头一回听到有人赞美他帅呢！

就这样，大指挥家把茱莉当成了挚友，时时去为她捧场。虽然只是一次见面，大指挥家就时常抱怨与她“相见太晚”。

人人都有自己的长处，也都有短处。人们一般都希望别人多谈自己的长处，不希望别人多谈自己的短处，这是人之常情。跟初谈者交谈时，如果以特有的方式赞扬对方的长处作为开场白，就更能使对方感到高兴，对你产生好感，交谈的积极性也就得到了激发。

所以，赞美要具体化，正如伏尔泰所说：“言而无物，其言必拙。”赞美用语越具体，越说明你对他的了解，这不失为一种特殊的赞美方式。

适当“自我暴露”能加深亲密度

小敏是同宿舍中最擅长交际的一个，并且人也长得漂亮。但同宿舍甚至同班的其他女孩都找到了自己的男朋友，唯独漂亮、擅长交际的小敏仍是独自一人。

为什么呢？她身边的同学都表示，她太神秘，别人很难了解她。和她有过接触的男同学也说，刚开始和她交往时，感觉她是个活泼开朗的女孩，但时间一长，就发现她很自私。

原来，小敏一直对自己的私生活讳莫如深，也从不和别人谈论自己，每当别人问起时，她就把话题岔开，怪不得同学们都觉得她神秘呢！

生活中有一些人是相当封闭的，当对方向他们说出心事时，他们却总是对自己的事情闭口不谈。但这种人不一定都是内向的人，有的人话虽然不少，但是从不触及自己的私生活，不谈自己内心的感受。

有些人社交能力很强，他们可以饶有兴趣地与你谈论国际时事、体育新闻、家长里短，可是从来不会表明自己的态度。而一旦你将话题引入略带私密性的问题时，他们就会插科打诨，转移话题。可见，一个健谈的人，也可能对自身的敏感问题有相当强的抵触心理。相反，有一些人虽不善言辞，却总希望能向对方袒露心声，反而能很快和别人拉近距离。

人之相识，贵在相知；人之相知，贵在知心。要想与别人成为知心朋友，就必须表露自己的真实感情和真实想法，向别人讲心里话，坦率地表白自己、陈述自己、推销自己，这就是自我暴露。

当自己处于明处，对方处于暗处，你一定不会感到舒服。自己表露情感，对方却讳莫如深，不和你交心，你一定不会对他产生亲切感和信赖感。当一个人向你表白内心深处的感受，你可以感到对方信任你，想和你达到情感的沟通，这就会一下子拉近你们的距离。

在生活中，有的人知心朋友比较多，虽然他看起来不是很擅长社交。如果你仔细观察，会发现这样的人一般都有一个特点，就是为人真诚，渴望情感沟通。他们说的话也许不多，但都是真诚的。他们有困难的时候，总会有人来帮助，而且很慷慨。而有的人，虽然很擅长社交，甚至在交际场合中如鱼得水，但是他们却少有知心朋友。因为他们习惯于说场面话，做表面功夫，交朋友又多又快，感情却都不是很深。因为他们虽然说很多话，却很少暴露自己的真实感情。

实际上，人和人在情感上总会有相通之处。如果你愿意向对方适度袒露，总会发现相互的共同之处，从而和对方建立某种感情的联系。向可以信任的人吐露秘密，有时会一下子赢得对方的心，赢得一生的友谊。

小鱼是某大学的研究生，刚入学不久，她就把同班同学给震了。一天早上上课，课间，坐在前排的她转过身和一位同学借笔记，还回来时笔记里竟然夹了一张男生的照片，于是小鱼打开了话匣子，跟后面的同学聊了起来，说那是她在火车上认识的新男友，正热恋。她从她和男友在哪儿租了房子、昨天买了什么菜、谁做的晚饭，说到她如何如何幸福，甚至说到二人世界里亲密的小细节……

这样的事情有很多，而且她经常不分时间场合随便就跟别人讲自己的一些私事。到后来，同学们一见到她就躲开了，大家都受不了她了。

由上面的这个例子我们可以看出，在人际交往的过程中，自我暴露要有一个度，过度的自我暴露反而会惹人厌。

在人际交往中，自我暴露应注意以下几个问题：

（1）自我暴露应遵循对等原则，即当一个人的自我暴露与对方相当时，才能使对方产生好感。比对方暴露得多，则给对方以很大的威胁和压力，对方

会采取避而远之的防卫态度；比对方暴露得少，又显得缺乏交流的诚意，交不到知心朋友。

（2）自我暴露应循序渐进。自我暴露必须缓慢到相当温和的程度，缓慢到足以使双方都不感到惊讶的速度。如果过早地涉及太多的个人亲密关系，反而会引起对方的忧虑和不信任感，认为你不稳重、不敢托付，从而拉大了双方之间的心理距离。

真正的亲密关系是建立得很慢的，它的建立要靠信任和与别人相处的不断体验。因而，你的“自我暴露”必须以逐步深入为基本原则，这样，你才会讨人喜欢，才能交到知心朋友。

运用认同术是达成共识的有效方法

在交际中寻找共同点的说话术，俗称“套交情”，也叫“认同术”。这种认同是交际中与陌生人、朋友、尊长、上司等沟通情感的有效方式。它是要在交际双方的经历、志趣、追求、爱好等方面寻找共同点，诱发共同语言，为交际创造一个良好的氛围，进而赢得对方的支持与合作。

例如，对待朋友，应该尽量抓准每一个机会增进交往，和朋友达成共识。你可以及时地给予对方雪中送炭式的帮助，从而拉近你和朋友的距离，使朋友对你更加忠诚。当朋友获得成功时，及时地、由衷地祝福朋友，分享朋友的喜悦，会使朋友更加快乐，并会感激你对他的祝贺。当朋友有困难时，应帮助他渡过难关，真正地体现有福同享、有难同当的精神。

如果朋友对你的某些行为流露出不满甚至批评时，应该弄清朋友不满是什么原因造成的。有时可能是朋友误会了你的意思，而有时或许是由于你的粗心没能照顾到对方的情绪，使对方产生不满，无论何种原因，你都应该谅解朋友，坦诚地向对方解释自己的行为，甚至赔礼道歉，以化解对方的不满，求得对方的原谅。

与朋友交往时应多强调精神因素，淡化物质上的交往。交朋友时以对方的道德品质、脾气和性格是否与自己相投作为择友标准，不要以贫富贵贱作为择友标准。与朋友交谈或来往时应强调精神上的交流，如聊一聊最近的生活感触，互相给予鼓励和支持等，不要一味地谈钱、谈物质，这样会给对方很不好的印象。当对方遇到物质方面的困难时，应慷慨给予对方物质帮助，不要吝啬，这样会使朋友觉得你是一个真正的朋友，所交的朋友一般是在年龄相仿的人之间。但如果与跟自己年龄相差很大的人交朋友，也会有意想不到的效果。老年人遇事经验丰富，年轻人遇事热情有冲劲，两者的交往可以取长补短，所以社会上也不乏“忘年之交”。

人与人交往的最好结果是心与心的相通、志与志的相合、心理与心理的相容和分寸适度的距离感。无论哪方面，都应该力求达到一种“求同存异”的效果。

在现实生活中，由于每个人所处的环境不同，因此在经历、教育程度、道德修养和性格等方面也各不相同，这些方面的差距不应成为友谊的障碍。友谊的长久维持应该是正确对待这类差距的结果。应该承认自己和朋友在对待事物方面的差距，承认这种差距，适应这种差距，双方可以有争论、有辩解，从争论中寻找两人的契合点，求同存异。在涉及精神信仰的因素中应尊重对方，在涉及认识水平的问题上应通过暗示、影响等方面使对方认识到你们之间的差距。总之，有时保持这种差距，比强迫对方或自己改变以缩短差距要可行得多。

当然，朋友之间在兴趣爱好上有距离是司空见惯的事，如何才能使朋友之间的爱好协调起来呢？一般来说，朋友之间的兴趣爱好是相近的，但有时又是截然不同的。在这种情况下，应该尊重彼此的兴趣爱好，互相取长补短，如此不仅可以拓宽自己的知识面，还能使友谊更上一层楼。在交朋友时，应注意多结交一些与自己兴趣爱好相差甚远的朋友，这样可以使自己见闻更广阔，思想更活跃。

我们常说：“距离产生美。”朋友之情再深，也没必要天天黏在一起，因为相距越近，越容易挑剔对方的缺点和不足，忽视对方的优点和长处，长期下去，会导致矛盾摩擦甚至断交。如果朋友之间保持一定的距离，可以使朋友彼此忽视缺点，而发现的是对方的优点和长处，并对对方有所牵挂，这样友谊就易于维持下去。

总之，不管怎么样，对他人要善于运用认同术，着力达到“求同存异”的境界是最主要的。这样才能维持长久的交情，经营完善自己的关系网络。

PART 03 获取对方信任的心理策略

层层释疑，让对方放下心理包袱

无论是求人办事，还是想进一步发展彼此的交情，赢得他人信任是成功交际必不可少的基本条件。因为人的思想是复杂的，有时会对某些事情感觉不是很有把握，或对某一事物不理解、想不通，于是疑虑重重，这些往往是不可避免的。

想从根本上解决这一问题，就要求我们要善于以情定疑，把道理说透。一旦消除了这些疑虑，自然就能够赢得对方的信任。不过，消除别人的疑虑并不是一件很容易的事情，而需要一点一点地、层层递进，穷追不舍，把道理讲明白、讲透彻，这就是层层释疑的方法。

1921年，美国百万富翁哈默听说苏联实行新经济政策，鼓励吸收外资，就打算去苏联做粮食生意，当时苏联正缺粮食，恰巧美国粮食大丰收。此外，苏联有的是美国需要的毛皮、白金、绿宝石，如果双方交换，是一笔不错的交易。哈默打定了主意，来到了苏联。

哈默到达莫斯科的第二天早晨，就被召到了列宁的办公室，列宁和他进行了亲切的交谈。粮食问题谈完以后，列宁对哈默说，希望他在苏联投资，经营企业。西方对苏联实行新经济政策抱有很深的偏见，搞了许多怀有恶意的宣传。哈默听了，心存疑虑，默默不语。

聪明的列宁当然看透了哈默的心事，于是耐心地对哈默讲了实行新经济政策的目的，并且告诉哈默："新经济政策要求重新发展我们的经济潜能。我们希望建立一种给外国人以工商业承租权的制度来加速我们的经济发展。"

经过一番交谈，哈默弄清了苏维埃政权的性质和苏联吸引外资企业的平等互利原则，于是很想大干一番。但是不一会儿，他又动摇起来，想打退堂鼓。为什么？因为哈默又听说苏维埃政府机构，人浮于事，手续繁多，尤其是机关人员办事儿拖拉的作风，令人吃不消。

当列宁听完哈默的担心时，立即又安慰他道："官僚主义，这是我们最大的祸害之一。我打算指定一两个人组成特别委员会，全权处理这件事，他们会向你提供你所需要的帮助。"

除此之外，哈默又担心在苏联投资办企业，苏联只顾发展自己的经济潜能，而不注意保证外商的利益，以致外商在苏联办企业得不到什么实惠。

当列宁从哈默的谈吐中听出这种忧虑，马上又把话说得一清二楚："我们明白，我们必须确定一些条件，保证承租的人有利可图。商人不都是慈善家，除非觉得可以赚钱，不然只有傻瓜才会在苏联投资。"

列宁对哈默的一连串的疑虑，逐一进行释疑，一样一样地都给他说清楚，并且斩钉截铁，干脆利落，毫不含糊，把政策交代得明明白白，使得哈默的心好像一块石头落了地。没过多久，哈默就成了第一个在苏联租办 企业的美国人。

假如当初列宁不是很巧妙地解开哈默的疑问，那么哈默很有可能就不会在苏联投资了，那样无论对哪一方都将会是一种损失。

因此，在交际中当对方心存疑虑时，你若是想赢得对方的信任，最好采用层层释疑的方法，巧妙解开对方的疑团，让对方放下心理包袱，那么彼此间的交往就会变得顺畅多了。

赢得信任，设身处地为对方着想

会打棒球的人都知道，当我们要接球时，应顺着球势慢慢后退，这样做的话，球劲儿便会减弱。与此相似，当我们在与他人交往的时候，若能运用接棒球的那一套方法，使对方充分说出他的意见，认真倾听，并随时保持询问对方意见的风度，会很容易赢得对方信任，避免许多不必要的冲突。

杰克·凯维是加利福尼亚州一家电气公司的一位科长，他一向知人善任，并且每当推行一个计划时，总是不遗余力地率先做榜样，将最困难的工作承揽在自己的身上，等到一切都上了轨道之后，他才将工作交给下属，而自己退身幕后。虽然，他这种处理事情的方法是很好的，但他太喜欢为人表率，所以常常让人觉得他似乎太骄傲了。

最近不知怎么搞的，一向神采奕奕的凯维却显得无精打采。原来最近的经济极不景气，资金方面周转不灵，再加上预算又被削减，使得科里的业务差点停顿。凯维看这种情形若继续下去，后果一定不可收拾。于是他实施了一套新方案，并且鼓励员工："好好干吧！成功之后一定不会亏待你们的。"但没想到眼看就要达到目标，结果还是功亏一篑，也难怪他会意志消沉了。平日对凯维就极为照顾的经理看了这些情形后，便对他说："你最近看起来总是无精打采的，失败的挫折感我当然能够了解，但是我觉得你之所以会失败，是因为你只是一味地注意该如何实现目标，却忽略了人际关系这个软体的工程，如果你能多方考虑，并多为他人着想，这种问题一定能够迎刃而解。"经理停顿了一下，又接着说："大丈夫要能屈能伸，才是一个好的管理人员。我觉得你就是进取心太急切了，又总喜欢为员工做表率，而完全不考虑他们的立场，认为他们一定能如你所愿地完成工作，结果倒给了员工极大的心理压力。大概也就是因为这个缘故，大家都说你虽能干，但你的部属却很难为。每个人当然都知道工作的重要性，所以你实在大可不必再给他们施加压力。你好好休息几天，让精神恢复过来，至于工作方面，我会帮助你的。"

看了杰克·凯维的这一段亲身经历后，你一定也有相同的感触，那就是，要想在这个社会上生存，并不是只靠热情与诚意便可取得成功的。或许你原本对自己的能力极有信心，但往往会因过分能干或热心，反而给别人带来跟不上的感觉，而自己也会有挫折感，这一切都是因为你不曾站在他人的立场，为他人着想之故。只要你能奉“设身处地为对方着想”为圭臬，便可减少许多原可避免的困扰。

一些人只为了与知心的朋友共聚一堂，作一次彻夜长谈，可以不远千里跋涉。但是，很不幸的是有许多人却认为自己没有谈话的对象，没有诉苦的对象，也没有可以依赖的朋友，而在这孤独的想法的背后，往往是有事实根据的。相反，这世界上也有许多并不孤独的人，但是他们喜欢替别人乱出主意，或一开口便牢骚满腹，甚至喜欢改变别人，好管闲事。其实这两种人都并非人们所需要的人，一般人所需要的是可以理解他、了解他、安慰他、喜欢他的人。

“我理解你”这短短四个字，就是你能向他人说出的最体贴、最温柔的一句话。换句话说，就是对方最乐于听到的一句话。

“我理解你”当你对别人说出这句话时，表示你能体会他的心情及他说话的意思，而对他来说，你便具有强大的魔力，而且非常值得信任。

泄露自己的秘密是赢得信任的绝佳技巧

要赢得对方的信任，进而说服对方的方法是很多的，但其中很重要的一方面就是说话必须要有效果，要懂得说话的技巧和方法。

爱默生认为，不管一个人的地位如何低，都可以向他学习某些东西，因此每一个人跟他说话时，他都会侧耳聆听。只要是愿意说出个人体验的人，就算他所得到的人生教训微不足道，卡耐基仍然能够听得津津有味，始终不曾感到乏味。

有一次，有人请卡耐基训练班的教师在小纸条上写下他们认为初学演说者所碰到的最大问题。经过统计之后发现，“引导初学者选择适当的题目演说”这是卡耐基训练班上课初期最常碰到的问题。

什么才是适当的题目呢？假使你曾经具有这种生活经历和体验，经由经验和省思而使之成为你的思想，你便可以确定这个题目适合于你。怎样去寻找题目呢？深入自己的记忆里，从自己的背景中去搜寻生命中那些有意义并给你留下鲜明印象的事情。

多年前，卡耐基根据能够吸引听众注意的题目做了一番调查，发现最为听众欣赏的题目都与某些特定的个人背景有关，例如：

早年成长的历程：与家庭、童年回忆、学校生活有关的题目，一定会吸引他人的注意。因为别人在成长的环境里如何面对并克服阻碍的经过，最能引起听众的兴趣。

你的嗜好和娱乐：这方面的题目依各人所好而定，因此也是能引人注意的题材。说一件纯因自己喜欢才去做的事，是不可能会出差错的。你对某一特别嗜好发自内心的热忱，能使你把这个题目清楚地交代给听众。

幼年时代与奋斗的经过：像有关家庭生活、童年时的回忆、学生时代的话题，以及奋斗的经过，几乎都能赢得听众的注意，因为几乎所有的人，都很关心其他的人在各自不同的环境中，如何碰到障碍，以及如何克服它。

年轻时代的力争上游：这种领域的话题，亦颇富于人情味以及趣味的。为了争口气，在社会上扬眉吐气，这种力争上游的经过，必能牢牢地抓住听众的心，你如何争取到现在的工作？你如何创办目前的事业？是什么动机促成你今日的成就？这些都是受到欢迎的好题材。

特殊的知识领域：在某一领域工作多年，你一定可以成为这方面的专家。即使根据多年的经验或研究来讨论有关自己工作或职业方面的事情，也可以获得听众的注意与尊敬。

不同寻常的经历：你碰到过伟人吗？战争中曾经受过炮火的洗礼吗？经历过精神方面的危机吗？诸如这些经验，都能够成为很好的谈话题材。

因此，你可以用下面的方法赢得听众的信任。

1.说自己经历或考虑过的事情

若干年前，卡耐基训练班的教师们在芝加哥的希尔顿饭店开会。会中，一位学员这样开头：“自由、平等、博爱，这些是人类字典中最伟大的思想。没有自由，生命便无法存活。试想，如果人的行动自由处处受到限制，那会是怎样的一种生活？”

一说到这儿，他的老师便明智地请他停止，并问他何以相信自己所言。老师问他是否有什么证明或亲身经历可以支持他刚才所说的内容。于是他告诉了我们一个真实感人的故事。

他曾是一名法国的地下斗士。他告诉我们他与家人在纳粹统治下所遭受的屈辱。他以鲜明、生动的词语描述了自己和家人是如何逃过秘密警察并最后来到美国的。他是这样结束自己的讲话的："今天，我走过密歇根街来到这家饭店，我能随意地自由来去。我经过一位警察的身边，他也并不注意我。我走进饭店，也无须出示身份证。等会议结束后，我可以按照自己的选择前往芝加哥任何地方。因此请相信，自由值得我们每个人为之奋斗。"

全场观众起立为他热烈地鼓掌。

2.讲述生命对自己的启示

诉说生命启示的演说者，绝不会吸引不到听众。卡耐基从经验中得知，很不容易让演说者接收这个观点——他们避免使用个人经验，以为这样太琐碎、太有局限性。他们宁愿上天下地去扯些一般性的概念及哲学原理。可悲的是，很少有人去关注这些。人们都会关注生命，关注自我，因此当你去诉说生命对你的启示时，他人自然会成为你的忠实听众。

3.真切显露你的诚意

这里有个问题，即你以为合适的题目，是否适合当众讨论。假设有人站起来直言反对你的观点，你是否会信心十足、热烈激昂地为自己辩护？如果你会，你的题目就对了。

用好态度打消对方疑心，让他知道你可信

在消除对方疑虑取得信任的过程中，好态度是一个不容忽视的重要因素。下面，我们一起来看看卡耐基在这方面的亲身经历。

有一次，卡耐基受一家公司委托，请求某位学者帮忙。起初工作进展得好像很顺利，但是不久之后，公司的负责人给他打来了一个令人不解的电话，说不知道为什么，学者的态度突然变了，弄不好会拒绝工作。卡耐基对他采取了各种方法，仍无济于事。即使是允诺改善工作报酬、放宽日期也未能打动他的心。

卡耐基想总得见他一面，听听情况。于是，当天晚上，他陪公司负责人

拜访了那位学者。在学者家里，卡耐基听到学者说的话之后感到非常意外，他提到担心公司方面是否能履行有关合同，和公司配合得不够默契，等等。

卡耐基知道在这种情况下说服也是不起作用的，因此在回家的途中，他向与他同路的公司负责人建议说："我不知道究竟是什么原因造成了这样的结果，也许是一些不重要的小事引起了他对公司的不信任，现在说服他是没有用的。为了打破僵局，你应该尽快向对方表示出公司的诚意和热情。"

第二天早上天刚亮，公司负责人就兴高采烈地给卡耐基打电话说："先生，他又愿意接收工作了。"原来，那天夜里他们分手以后，他又回到学者家附近，在那里拦了一辆出租车，等待着次日要搭第一趟火车去旅行的学者，并把他送到了火车站。他又说："我一直祈祷着学者能乘坐我准备好的出租车，因为他坐不坐这辆车是事情能否成功的关键。"听他这么一说，卡耐基认为那位学者的不信任感也该冰消瓦解了。

这件事只不过是卡耐基的一点点经历，相信很多读者也可能被对方这样拒绝过。不难看出，卡耐基之所以会感到那位学者拒绝工作的原因可能来自对公司的不信任感，也可能是从他的言行中发现了具有不信任感的人所具有的特征。

如果对人不信任，通常就会产生强烈的疑心。因此，一般人不认为是什么大问题的事情他却会觉得非常严重。例如，反复叮咛对方要守约、保守秘密、互相尊重人格等这些做人最基本的原则，或是将互相信任的人之间用来开玩笑的事情，视为了不得的大问题。

同时，若是担心自己不知何时被不信任的对方所"出卖"，也是会表现出拒绝对方接近的态度。例如，说话带刺，或是你说一句，他却反驳两三句。不过，这些表现尚属初期的症状，一个怀有根深蒂固的不信任感的人，或认为反驳对方也无济于事的人，往往会采取没有反应、装作没听见或爱理不理的拒绝方式。尽管他与你对面而坐，往往表示出与所谓敞开胸襟的态度完全相反的别扭态度。有时虽然自己不开口，却想窥测你心中的细微变化。因此，眼神中会充满冷漠的寒光或将视线移向别处。

还需要注意的是，如果发现对方持有不信任感，对他使用了不适应他心理的交流方法，反而会加厚对方的心理屏障。因此，首先要搞清楚对方产生不信任感的原因，然后再根据它将会怎样发展下去这种心理结构，进行进一步的交流往来。

学会推销自己，让他知道你重要

交际中，想要赢得他人的信任，首先需要让对方对你有所了解，那么，自我推销就显得非常重要。尤其在初次见面时，如果能让人对你留下深刻的印象，那将是非常重要的。

为了做好自我推销，你首先要做好自我介绍。

当你们见面，目光相对，互露微笑之后，接下去就是“我叫……”的自我介绍，这种介绍的要点就是要讲清楚自己的名字和身份。如果对方因没有搞清你的名字而叫错你，彼此一定会觉得很尴尬，很容易造成不愉快的场面。因此，自我介绍时，除了要讲清楚自己的名字和身份外，最好附带一句能给别人留下深刻印象的解释，比如说：“我姓张，弓长张。”这样不但不会使对方发生误解，还可以加深对方的印象。

非常重要的一点是必须记牢对方的名字，最好的办法就是找机会说出对方的名字，帮助记忆，在讲话中时常提到对方的名字，这样对方会觉得你很重视他，而感到愉快，促进感情交流。

接下来，你就可以向别人推销你的优点了，当然在自我推销时，你必须抓住时机。在中国历史上关于推销自己的故事就很多，毛遂自荐便是最著名的一个例子。

当时，赵国被秦国打得节节败退，公子平原君计划向楚国求救，打算从门下食客当中挑出20名文武兼备的人物与他随行，结果精选出19位，还差一位无法选出，平原君伤透了脑筋，这时有个叫毛遂的人自我推荐，要求加入。

平原君大为惊讶，就对毛遂说："凡人在世，如同锥子在袋子里面，若是锐利的话，尖端很快就会戳穿袋子，露在外面，而人会出人头地。可是，你在我门下三年，一向默默无闻，你没有崭露锋芒。"

毛遂回答说："我之所以默默无闻，就是因为我一直没有机会，如果把我放在袋子里面，不仅尖端，甚至连柄都会露在外面。"

平原君听完后，就决定让他加入行列，凑足了20人，前往楚国求救。到了楚国后，毛遂大露锋芒，协助平原君成功地完成了任务。其余19人都望尘莫及，自愧不如。

无论与什么人打交道，请记住，只有你真正向别人推销出你的才能时，别人才会信任你，你们的交往才会顺利进行，你的事情自然也会更好办。

恪守信用能赢得对方长久信赖

信用是长时间积累的信任和诚信度，它是我们与人竞争和与人共处时最重要的素质和资本。一个有交际能力的人应该是一个恪守信用的人，以诚信去处理人际关系才会赢得别人的信任与尊重，赢得更多的朋友，有时甚至可以决定你的生存质量和命运走向。

一个顾客走进一家汽车维修店，自称是某运输公司的汽车司机。“在我的账单上多写点零件，我回公司报销后，有你一份好处。”他对店主说。

但店主拒绝了这样的要求。

顾客纠缠说：“我的生意不算小，会常来的，你肯定能赚很多钱！”

店主告诉他，这事他无论如何也不会做。

顾客气急败坏地嚷道：“谁都会这么干的，我看你是太傻了。”

店主火了，他要那个顾客马上离开，到别处谈这种生意去。

这时顾客露出微笑并满怀敬佩地握住店主的手：“我就是那家运输公司的老板，我一直在寻找一个固定的、信得过的维修店，你还让我到哪里去谈这笔生意呢？”

面对诱惑，店主没有心动，不为其所惑，坚守诚信，因此他赢得了顾客的信任。诚信是为人之本，立业之基，是打开你人际关系的“万能钥匙”。

如今，社会复杂，世事难料，人心叵测，每一个人都戴着厚厚的眼镜看

世界，裹着厚厚的棉被与人交往，彼此之间小心翼翼，思前顾后，人与人之间总有一层隔膜或一道难以逾越的鸿沟，最终只能导致彼此之间逐渐疏远和冷漠。我们需要的是信任、信赖和相互扶持，这就需要我们敞开心扉，用真诚和诚实对待别人，用诚信之心面对周围的人和事物，因为只有诚信才能征服别人，赢得尊重。

尼泊尔的喜马拉雅山南麓是风靡世界的旅游胜地，但是，谁能想象到这样一块胜地早年却是无人问津、无人涉足的地方，而它的美貌乍现于天下却源于一位少年的诚信。

起初，有很多日本人到这里来观光旅游，他们想亲眼目睹喜马拉雅山的壮观和伟岸。由于不熟悉当地环境和方言，有一天，几位日本摄影师不得不请当地一位少年代买啤酒，结果，这位少年为之跑了3个多小时买回了啤酒。第二天，那个少年又自告奋勇地再替他们买啤酒。这次摄影师们给了他很多钱，但直到第三天下午那个少年还没回来。于是，摄影师们议论纷纷，都认为那个少年把钱骗走了。但令人意想不到的是，第三天夜里，那个少年却敲开了摄影师的门。原来，他只购得4瓶啤酒，为了购买另外的6瓶，他又翻了一座山，蹚过一条河才购得，然而，小男孩返回时却因绊倒摔坏了3瓶。他哭着拿着碎玻璃片，向摄影师交回零钱，在场的人无不动容。这个故事使许多外国人深受感动。后来，到这儿的游客就越来越多了……

不要以为进入市场经济了，就可以抛弃一切陈规老套，认为那套东西对当代人早已过时了，不适用了，我们应该要小聪明的时候就要要了……如果你这么想，那你就大错特错了。其实，很多老祖宗留下的东西都是“宝贝”，弃之不用，你只会在无数摸爬滚打中“栽跟头”，在无数挫折困难中验证它的真理性。

譬如诚信，“无信者不足以立于天下”，也许一个背信弃义的人在人际交往中可能取得暂时的利益，能暂时得意，也不会有羞辱之感，但是时间会碾碎他，时间会抛弃他，时间会让他曾经“购买”的“股票”全部贬值，而且贬得一文不值。

在这个世界上有些东西是具有永久的“储藏”价值的，诚信便是，“储存”诚信能让你赢得别人的信赖和信任，更能征服别人，让你的腰板更直，是助你的学业或者事业取得成功的重要砝码。

PART 04 操纵他人行为的心理策略

"乐道人之善"，悦纳他人的第一步

在日常的人际交往中，不知你是否遇到过这样的情况：一名新来的同事也没招你惹你，但你就是看他不顺眼，一旦他有什么过错，你就会毫不留情地指责他；而你的朋友最近因为儿子的事情烦恼不堪，找你请你爸爸帮忙让他儿子进某所重点中学，鉴于多年的友谊，你很快就答应了，并在很短的时间就帮他办成了……类似的事例很多。为什么你对同事和朋友有截然相反的态度呢？

社会是由各种各样的人组成的，这些人会有不同的思想性格、兴趣爱好与生活习惯。有的人热情开朗，有的人沉静稳重，有的人性子急躁，有的人心胸狭窄……面对这么多不同性格的人，我们应该怎样使他们乐于按照你的意愿行事呢？

要想改变他人的行为，首先应该悦纳他人。悦纳他人，就要满怀热忱地和他们相处，容忍并且诚心地尊重别人与自己不同的性格、兴趣和生活方式，还要主动地了解他们的性格特征，熟悉他们的生活习惯，在这个基础上创造和谐融洽的人际环境。

有人同事关系紧张常常是因为不喜欢同事的个性而产生一些恩怨纠纷，在工作上不能很好地合作，甚至互相为难。反之，对于跟自己合得来的人，则不惜牺牲原则，给予种种方便。如果采取的是这种方法，当然会招致不良的后果。正确的态度应该是抛弃个人的成见，即使对某位同事有不好的看法，不喜欢与他私下相处，也应该在工作上保持合作，绝不故意为难。最好还要在工作上多关心他，帮助他解决困难，同心协力做好工作。另外，对私下交情好的同事和朋友，也不能放弃原则，姑息迁就他们的缺点与错误。这既是对朋友负责，也是对自己负责。倘若我们能够这样做，日久天长，就必定可以得到别人的信任，并确立自己的威信，建立良好的人际关系，使他人乐于听从自己的意见。

悦纳他人还应该做到“乐道人之善”。“金无足赤，人无完人。”对待同事、朋友，要多看他们的长处，多学他们的优点，不能看自己是“一朵花”，看别人就是“满身疤”。我们经常会见到这样一种人：他对自己所做的工作一点一滴都记在心头、挂在嘴上，挑别人的毛病也绝无遗漏，而对自己的毛病、别人的长处，则一概缄口不语。这种人往往为人们所不齿，被称为“不团结因子”。乐道人之善，一方面要注意不能因为自己比别人做的工作多一点或能力强一点，就沾沾自喜，瞧不起别人；另一方面还要善于发现别人的优点、长处，对他人的工作成绩多加褒扬。这样，不仅显示出了自己虚怀若谷的风度，有益于团结，而且对自己的成长与进步也会大有好处。当然，对别人应该实事求是、恰如其分，如果不顾事实或夸大事实，效果就可能适得其反。

从思路开始，让别人追随你的思想

很多时候，无论是演讲、宣传，还是竞选、谈判，我们总希望别人能跟着自己的思路走。可是，每个人都有独立的思维，想要改变他人的想法，让对方按照你的思路来思考问题，是何等的不容易！

不过，要解决这个难题，靠强制性命令来实现是不太可能的，而是需要一些有效的心理技巧来一步步地影响他们。下面有几种方法值得参考。

1. “6+1”法则

在沟通心理学上有一个重要的“6+1”法则，用来说明这样一种现象：一个人在被连续问到6个做肯定回答的问题之后，那么第7个问题他也会习惯性地做肯定回答；而如果前面6个问题都做否定回答，第7个问题也会习惯性地做否定回答，这是人脑的思维习惯。利用这个法则，你如果需要引导对方的思路，希望对方顺从你的想法，你可以预先设计好6个非常简单、容易让对方点头说“是”的问题，先问这6个问题作为铺垫，最后再问一个最重要和关键的问题，这样对方往往会自然地点头说“是”。

2.问封闭式问题

封闭式问题是与开放式问题相对的一类问题，这类问题的答案往往是“是”或“不是”，“有”或“没有”，等等，答案只是有限的几个选择。封闭式问题与开放式问题有不一样的作用，封闭式问题可以用来得到你预先设想的答案，例如，你问对方：“你有没有结婚？”对方的回答可能是“有”或“没有”，这两个答案都是你事先可以预见的，你可以事先就想好如果他回答“有”，你如何继续提问；如果他回答的是“没有”，你又该怎么继续提问。预先设计好的一系列的封闭式问题，可以非常有效地引导对方的思路。

3.提示引导

提示引导是一种语言模式，用来影响对方的潜意识，使对方不知不觉地转移思路。这种语言模式的基本思路是：先用语言描述对方的身心状态，然后用语言引导对方的思考或是生理状态。例如，你可以说“当你开始听我介绍这个房子的时候，你就会觉得住在这个房间里会很舒服”“当你考虑买这辆车的时候，你就会想到带着你的太太和孩子开这辆车兜风是多么开心的事情”，等等，这些都是提示引导的语言模式，其中“当……你就会……”是标准的句式，“当”后面是描述对方的身心状态，“你就会”后面是你引导对方进入的状态或思路。

4.目的架构

目的架构式谈话就是在一开始就与对方明确这次谈话双方共同的目的，这会很快地将对方的思路引向真正有价值、有利于解决问题的地方。例如，两辆车发生追尾事故，车子都有了破损，两辆车的司机都很气愤，往往一下车就吵架。如果其中一位能使用目的架构，问对方：“这位先生，你觉得我们现在最重要的是解决问题呢，还是要吵架呢？”这个问题指出了两名司机重要的不是要吵架，而是要解决问题，然后继续各自的行程。那么双方的争吵可能会立即终止，因为目的架构将对方的思路完全从争吵的状态引到了解决问题上面来。

知道了这些技巧，我们就没必要再纸上谈兵了。你不妨在今后的实际生活中应用一下这些巧妙的方法，让对方顺从你的思路，从而达到你的目的。

互惠，让他知道这样做对自己也有利

一位心理学教授做过这样一个小小的实验。

他在一群素不相识的人中随机抽样，给挑选出来的人寄去了圣诞卡片。虽然他也估计会有一些回音，但却没有想到大部分收到卡片的人，都给他回了一张。而实际上他们都不认识他啊！

给他回赠卡片的人，根本就没有想到过打听一下这个陌生的教授到底是谁，他们收到卡片，自动就回赠了一张。也许他们想，可能自己忘了这个教授是谁了，或者这个教授有什么原因才给自己寄卡片。不管怎样，自己不能欠人家的情，给人家回寄一张，总是没有错的。

这个实验虽小，却证明了互惠在心理学中的作用。它是人类社会永恒的法则，是各种交易和交往得以存在的基础，我们应该尽量以相同的方式回报他人为我们所做的一切。

如果一个人帮了我们一次忙，我们也应该帮他一次；如果一个人送了我们一件生日礼物，我们也应该记住他的生日，届时也给他买一件礼品；如果一对夫妇邀请我们参加了一个聚会，我们也一定要记得邀请他们到我们的一个聚会上来。

由于互惠的影响，我们感到自己有义务在将来回报我们收到的恩惠、礼物、邀请等。人与人之间的互动，就如坐跷跷板一样，不能永远固定某一端高、另一端低，就是要高低交替。一个永远不肯吃亏、不肯让步、不与别人互惠的人，即使真正赢了，讨到了不少好处，从长远来看，他也一定是输家，因为没有人愿意和他交往下去了。

中国古代讲究礼尚往来，也是互惠的表现。这似乎成了人类行为不成文的规则。

一个人向朋友请教一件事，两人聚会吃饭，那么账单就理所当然应由请教人的这个人付，因为他是有求于人的一方。如果他不懂这个道理，反而让对方付，就很不得体。

在不是很熟悉的朋友之间，你求别人办事，如果没有及时地回报，下一次又求人家，就显得不太自然。因为人家会怀疑你是否有回报的意识，是否感激他对你的付出。及时地回报，可以表明自己是知恩图报的人，有利于相互之间继续交往。

而且如果不及时回报，会给你带来一些麻烦。你一直欠着这个情，如果对方突然有一件事反过来求你，而你又觉得不太好办的话，就很难拒绝了。俗话说："受人一饭，听人使唤。"可以说，为了保持一定的自由，你最好不要欠人情债。

当然，在关系很亲密的朋友之间，就不一定要马上回报，那样可能反而显得生疏。但也不等于不回报，只是时间可能拖得长一些，或有了机会再回报。

朋友间维护友谊遵循着互惠定律，爱情之间也是如此。爱情也是讲求互惠互利的，双方需要保持一个利益的平衡。如果平衡被严重打破，就可能导致关系破裂。

正如上面所述，人与人之间的互动就像坐跷跷板一样，要高低交替。一个永远不肯吃亏、不肯让步的人，即使真正得到好处，也是暂时的，他迟早要被别人讨厌和疏远。

从对方立场考虑问题，让他自然改变

有人说："当你处理自己的事，有谨慎的反应，暂且停下一会儿，把你对别人的一点关怀，做一个小小的比较，你将会明了人与人的关系。"换句话说，若要使他人乐于按照你的意愿去行事，就应该从他人的立场出发考虑问题。

美国著名人际关系大师戴尔·卡耐基描述了这样一段他自己的经历。

我常常在家附近的一座公园内散步，作为消遣。因此我渐渐对花木起了爱护之心，每当有火烧树林的消息传来，我的心里便会感到十分难过。

树林起火大多是孩子们在林间生火做饭造成的。有时火烧得相当大，非得借助消防队才可扑灭。虽然这座公园内立着一块警告牌，上面明确写着纵火者所将受到的处罚，但是因地处偏僻，警察又疏于管理，以至于公园内火灾频繁。

记得有一次，我匆匆地跑去告诉警察，公园内有火星在扩散，请他立即通知消防队前来扑灭。可是他却摆出一副漠不关心的态度——他说那不是他负责的管区，不关他的事。

自从那次后，我便常常骑着马，由自己来担任维护公共财产的职责。最初，我一看到孩子们在树下生火野餐时，就会立即跑过去，用严厉的口吻恐吓他们：在树下生火将会被拘捕禁闭，要他们马上将火熄灭。其实，我不该这样做的，因为我这样做只是宣泄了内心里的情感，而却丝毫没有考虑孩子们的感受。他们虽然照着我的话做了，但心里却很不是滋味，所以，我一离开，他们又把火点了起来。

几年后，我开始觉察到该向别人多学学怎样以他人的观点去批判、观看一件事物，于是我不再去命令别人。在公园里再遇到玩火的孩子，我就对他们说："嗨！小伙子们，你们玩得还高兴吗？你们要拿什么做野餐呢？我小的时候，也和你们一样，喜欢在野外生火做饭，现在回想起来还是挺有意思的。但是你们可别忘了，在公园内生火是很危险的，我知道你们不会惹麻烦，因为你们都是好孩子，而其他的孩子们，看到你们在生火，必然也会跟着玩起火来，回家的时候如果不把火熄灭，树叶、树枝将会被火星引燃，从而导致火灾发生。要知道，若我们不好好爱护花草树木，这公园内会没有树木了。你们大概不知道，在公园内玩火是会坐牢的。我不打算干涉你们，只希望你们别把火靠近干树叶，并且在回家时，别忘了将火熄灭。假如你们下回还想玩时，我建议你们去那边沙滩上玩，在那里就不会有什么危险，谢谢你们的合作，祝你们玩得愉快。"

这样说，效果真的很惊人，孩子们都很乐意跟我合作。他们不但没有埋怨及反感，也不会感到被人强迫服从命令，而认为他们保全了面子与自尊。不但我觉得满意，他们也觉得高兴，那是因为我考虑到了他们的立场。

我们假如期望别人去完成一件事，不妨以对方的观点来想一想，默问自己："他这样做的用意何在呢？"虽然那是很耗时也很麻烦的，但那样做的话将会减少很多摩擦和不愉快，因而获得更多的友谊。能处处为人设想，并以对方的观点，去对待事情，这将会影响到你往后的社会交往及事业成就。

因此，若想让别人乐意顺着你的意思去改变自己，你就必须做到从他人立场出发去考虑问题，处理事件。

用"我错了"，让他人心悦诚服接收批评

法国著名作家拉罗什富科曾说过："没有什么人比那些不能容忍别人错误的人更经常犯错误的。"确实，我们在生活中，总会发现周围的人犯这样或那样的错误。于是，如何做到批评但又不伤害他人，成了与人交往中很重要的一门学问。

也许你会说，"批评还不容易，直接告诉他'你错了'或'你某些地方做得不对'，很简单嘛。"然而，我们都知道，人是有自尊的动物，很少有人

不会主动去维护自己的意见和看法。因此，几乎没有谁在听见“你错了”三个字时内心仍能非常平静。大家往往会为来自他人的批评指责闷闷不乐，冲动的人甚至可能当即暴跳如雷、反唇相讥。

千万不要小看“你错了”这样直截了当的三个字，在人际交往中，破坏力最强的莫过于这三个字了。它不会带来任何好的效果，只会造成一场不快、一场争吵，甚至会使朋友变成对手，使情人变成怨偶。在我们肆无忌惮地用它指责别人错误的同时，几乎意识不到，这样做是会给别人的心中留下疤痕的。

从人性角度来说，做错事的人只会责怪别人，而不会责怪自己——我们都是如此。这不是度量的问题，而是人性的问题，只有极少数人能够克服人性的弱点而使度量大到能接收批评的程度。

那么，想批评别人的时候，我们采用什么方式好呢？被誉为“20世纪最伟大的心灵师长”戴尔·卡耐基曾指出，想对他人表达“你错了”的批评意图，不妨先承认“我错了”，这对疏通关系和解决问题更有好处。

有一位著名的作家用主动认错的方式赢得了读者的尊重。

在长达20年社会纪实体裁小说写作之后，他尝试着变换风格，推出了一部侦破类新作，这让许多读者无法接收。

一名愤怒的读者甚至写信给他，言辞非常激烈，指责他根本不该转型。其中很多语句有失偏颇，看得出这位读者对小说艺术的理解并不深入。但这位作家并没有恼羞成怒，而是非常认真地写了一封回信，在信中，他只字不提这位读者的不礼貌和认识上的浅薄，只是很诚恳地承认自己并不适合悬疑推理题材的写作，他很感谢读者的意见，希望以后能够经常互相交流看法。

这个故事让我们深刻体味到“你错了”会为你树立新的敌人，而“我错了”却可能帮你赢得新的朋友。可以想象，那名激动的读者看到回信后，一定会心生惭愧——为自己的粗鲁无礼，为作家的谦逊大度。在一个胸襟宽广、能够认识自己的错误、敢于向别人承认错误的人面前，任何问题都将迎刃而解，任何矛盾都将烟消云散。

现实往往就是如此，当我们说对方错了时，他的反应常让我们头疼，而当我们承认自己也许错了时，就绝不会有这样的麻烦。这样做，不但会避免所有的争执，而且可以使对方跟你一样宽宏大度，承认他也可能弄错。

指出对方错误时，他也许并不明白你的用意——是为了贬低他、抬高你自己，还是为了他好？因此，你应该尽量让他明白批评他是你的好意。讲话时态度一定要谦和诚恳，用语不能激烈，否则对方就会以为你在教训他；也不必过于委婉，否则他会认为你惺惺作态。

此外，指正别人还要选择适当的场合和时机。原则上讲，要在对方情绪比较稳定时指出他的不足之处。人在情绪不正常时，可能什么也听不进去。最好避开第三者，以一对一的方式进行，以免让他产生当众出丑的感觉。在大庭广众下指出别人的错误，除了会为自己多树立一个敌人外，别无任何作用。

改变他，先迎合他的自尊心

心理学家认为，尊重是每一个人的心理需要。不管先天条件如何，财富的多少，地位的高低，任何人都需要得到别人的尊重。因而，要想使他人乐于改变，最重要的就是迎合他人的自尊心。

美国心理学家曾做过一个实验，证明了尊重对人产生的巨大影响。

为了调查研究各种工作条件对生产效率的影响，美国西方电器公司霍桑工厂一个大车间的六名女工被选为实验的被试。实验持续了一年多，这些女工的工作是装配电话机。

第一个时期，让她们在一个一般的车间里工作两星期，测出她们的正常生产效率。

第二个时期，把她们安排到一个特殊的测量室工作五星期，这里除了可以测量每个女工的生产情况外，其他条件都与一般车间相同，即工作条件没有变化。

接着进入第三个时期，改变了女工们工资的计算方法。以前女工的薪水依赖于整个车间工人的生产量，现在只依赖于她们六个人的生产量。

第四个时期，在工作中安排女工上午、下午各一次5分钟的工间休息。

第五个时期，把工间休息延长为10分钟。

第六个时期，建立了六个5分钟休息时间制度。

第七个时期，公司为女工提供一顿简单的午餐。

在随后的三个时期每天让女工提前半小时下班。

第十一个时期，建立了每周工作五天的制度。

最后一个时期，原来的一切工作条件全恢复了，重新回到第一个时期。

心理学家是想通过这一实验来寻找一种提高工人们生产效率的生产方式。的确，工作效率会受到工作条件的影响，然而，出乎意料的是，不管条件怎么改变，如增加或减少工间休息，延长或缩短工作日，每一个实验时期的生产效率都比前一个时期要高，女工们的工作越来越努力，效率越来越高，根本就没关注过生产条件的变化。

想必你一定在好奇，这是为什么呢？

之所以会这样，一个重要的原因就是女工们感到自己是特殊人物，受到了尊重，引起了人们极大的关注，因而感到愉快，便遵照老板想要她们做的那样去做。正是因为受到了重视和尊重，所以，她们工作越来越努力，每一次的改变都刺激着她们去提高生产效率。

尊重的需要是人的一种高级需要。人与人有差异，人与人在财富、地位、学识、能力、肤色、性别等许多方面各有不同，但在人格上是平等的。维护自己的自尊是人类心中最强烈的愿望，因此，满足尊重的需要对人来说十分重要。很多时候，人们为了获得尊重，会通过追求流行、讲究时髦、用高档商品、买名牌服装等手段来体现自己的价值。

拿破仑当年创建了法国荣誉军团勋章，为士兵发放了15000枚十字勋章，给18位将军授予了“法国元帅”的称号，并将自己的军队称为“宏伟之师”。人们批评他在给身经百战的军人颁发“玩具”，拿破仑答道：“人类就是被这种玩具统治着的。”

拿破仑使用了授予他人头衔和权威的技巧，即是尊重他人，迎合他人的自尊心，这种方法在你身上也能发挥作用。

多用“所以”少用“但是”，对方易接受你的谈判

为了使讲话的内容充分展开，首先要给对方留下这样的印象，即谈判的对手和自己谈论的是同一个内容。双方在发言中多少有点矛盾时，也应这样对人家说：“我们之间只是表达方式和所处的地位不同，其实说的都是一回事。”把话引导到双方共同的目标上来，共同努力寻找到达这一目的的最短路线。

相反，彼此耿耿于怀，各朝各的方向发表议论，双方在心情上都会有一种蒙受了损失的感觉，于是相互抱怨自己损失的那一部分让对方赚去了。我们并不希望这样，因此必须给对方留下双方是为了共同的利益而坐在一起的印象，本着“我赚，你也赚”的精神进行商谈。

故此，对话中应该尽量避免使用转折连词，这种词使用过多，无论你怎么解释也会形成一种相互对立的氛围。即使对方反驳自己，也不能用“但是”来接收。不管人家说些什么，一定要用“所以”“正因为如此”等顺接连词来对付。

人际关系的发展不见得那么规范，那么完善。有些表达写进文章里显得文理不通，但在口头对话中往往没有什么异样的感觉。比如，有两个女高中生在谈话，你站在客观的立场上听起来有些驴唇不对马嘴，可她们在那么一种特定的气氛里却能一直聊下去。两者之间的谈话不必100%吻合，其中有30%对不上，关系也能够融洽起来。所以，在理论上应当使用转折连词的地方，即使你用了顺接连词，谈话仍然可以继续，内容也没有意外地发生变化。比如，对方在指出缺点时问道：“这种场合，你们应当如何处理？”这时可以回答：“没什么，正在考虑对策。”也可以回答：“所以，正在考虑对策。”两者的意思都讲得通，但以后者为好，因为它给人留下的印象是我们双方都在朝着同一个目标努力。

不想心甘情愿地接收对方的意见时也用“所以”开头把自己的意见坚持讲下去的人，应该说是智者。如果讲话过程中，无论受到怎样的攻击也不改变自己的论点，用转折连词来迎接对方的挑战，那么，谈判就在不知不觉之中误入了歧途。

要知道，谈判的最高境界就是让谈判双方走向双赢，谈判就像分蛋糕，自己分得一定利益，同时要让对方知道他也能分得一块，这样蛋糕才能越做越大，谈判方向上你才能一直占据主导地位。

布下“最后通牒”的陷阱，让他不得不屈服

在谈判中，有些谈判者支出架子准备进行艰难的拉锯战，而且他们也完全抛开了谈判的截止期。此时，你的最佳防守兼进攻策略就是出其不意，发出最后通牒并提出时间限制。这一策略的主要内容是：

在谈判桌上给对方一个突然袭击，改变态度，使对手在毫无准备且无法预料的形势下不知所措。

对方本来认为时间挺宽裕，但突然听到一个要终止谈判的最后期限，而这个谈判成功与否又与自己关系重大，不可能不感到手足无措。由于他们很可能在资料、条件、精力、思想、时间上都没有充分准备，在经济利益和时间限制的双重驱动下，会不得不屈服，在协议上签字。

美国汽车王亚科卡在接管濒临倒闭的克莱斯勒公司后，觉得第一步必须先压低工人工资。他首先降低了高级职员的工资10%，自己也从年薪36万美元减为10万美元。随后他对工会领导人讲：“17元每小时的活儿有的是，20元每小时的活儿一件也没有。”

这种强制威吓且毫无策略的话语当然不会奏效，工会当即拒绝了他的要求。双方僵持了一年，始终没有进展。后来亚科卡心生一计，一日他突然对工会代表们说：“你们这种间断性罢工，使公司无法正常运转。我已跟劳工输出中心通过电话，如果明天上午8点你们还未开工的话，将会有一批人顶替你们。”

工会谈判代表一下傻眼了，他们本想通过再次谈判，从而在工薪问题上取得新的进展，因此他们也只在这方面做了资料和思想上的准备。没曾料到，亚科卡竟会来这么一招！被解聘，意味着他们将失业，这可不是闹着玩的。工会经过短暂的讨论之后，基本上完全接收了亚科卡的要求。

亚科卡经过一年旷日持久的拖延战都未打赢工会，而出其不意的一招竟然奏效了，而且解决得干净利落。

所谓“最后通牒”，常常是在谈判双方争执不下、陷入僵持阶段，对方不愿屈服以接收交易条件时所采用的一种策略。实践证明，如果一方根据谈判内容限定了时间，发出了最后通牒，另一方就必须考虑是否准备放弃机会，牺牲前面已投入的巨大谈判成本。

美国底特律汽车制造公司与德国谈判汽车生意时，就是运用了最后通牒策略而达到了谈判目标。当时，由于双方意见不一致，谈判近一个多月没有结果，同时，别国的订货单又源源不断。这时，美国底特律汽车制造公司总经理下了最后通牒，他说：“如果你还迟迟不下定决心的话，5天之后就没有这批货了。”眼看所需之物抢购殆尽，德方不由得焦急起来，立刻就接收了谈判条件，于是，一场持久的谈判才告结束。美国这家公司使用的就是最后通牒法，迫使对方最终屈服。

可见，在某些关键时刻，最后通牒法还是大有裨益的。但是，该方法并非屡试不爽，一旦被对方识破机关，最后通牒的威力可能会反作用到自己身上来。这里有一个范例。

美国通用电气公司与工会的谈判中采用“提出时间限制”的谈判术长达20年。这家大公司在谈判开始的时候，使用这一方法屡屡奏效。但到1969年，电气工人的挫败感终于爆发。他们料到谈判的最后结果肯定又是故技重演，提出时间限制相要挟，在做了应变准备之后，他们放弃了妥协，促成了一场超越

经济利益的罢工。

发“通牒”一定要注意一些语言上的技巧，要把话说到点子上。

第一，出其不意，提出最后期限，对谈判者提出要求时必须语气坚定，不容通融。

运用此道，在谈判中首先要语气舒缓，不露声色，在提出最后通牒时要语气坚定，不可使用模棱两可的话语，使对方存有希望，以致不愿签约。因为谈判者一旦对未来存有希望，想象将来可能会给自己带来更大的利益时，最后就不肯签约。故而，坚定有力、不容通融的语气会替他们下定最后的决心。

第二，提出时间限制时，所提时间一定要明确、具体。

在关键时刻，不可说“明天上午”或“后天下午”之类的话，而应是“明天上午8点钟”或“后天晚上9点钟”等更具体的时间。这样的话会使对方有一种时间逼近的感觉，使之没有心存侥幸的余地。

第三，发出最后通牒言辞要委婉。

必须尽可能委婉地发出最后通牒。最后通牒本身就具有很强的攻击性，如果谈判者言辞激烈，极度伤害了对方的感情，对方很可能由于一时冲动铤而走险，一下子退出谈判，这对双方均不利。

发挥“独立性”魅力，让别人永远依赖你

我们先来看一个著名的故事。

美国石油大亨老洛克菲勒是这样教育孩子的：有一天，他把孩子抱上一张桌子，鼓励他跳下来，孩子以为有爸爸的保护，就放心地往下跳。谁知往下跳的时候，爸爸却走开了，小洛克菲勒摔得很重，坐在地上大哭起来。这时，老洛克菲勒语重心长地对儿子说：“孩子，不要哭了，以后要记住，凡事要靠自己，不要指望别人，有时连爸爸也是靠不住的！从现在就开始学会独立地生活吧！”

洛克菲勒家族中的孩子，从小就不准乱花钱，每一个孩子可支配的少量零花钱也要记账。在学校读书时，一律在学校住宿，大学毕业后，都是自己

去找工作。直到他们在社会中锻炼到能经得起风浪以后，上一辈人才把家产逐步交给他们。

正是因为洛克菲勒家族注重培养孩子的独立生活能力，才使孩子养成独立、自强的习惯。所以洛克菲勒家族历经几个世纪而依然繁盛如初。

要知道，依赖别人会产生不少危害。诸如，想办一件事不敢独立去做，总是想跟他人一块去做；遇事没有主见，总是等待别人做出决定；不相信自己，不敢讲出自己的见解，怕得不到人们的认可；对领导唯命是从，让干啥就干啥，只求生活平稳、少烦恼，等等。

可反过来想，如果减少对别人的依赖，而让别人依赖你，这是一种制胜的智慧。当人们习惯于依赖你的时候，他们依靠你去获得他们想要的幸福和财富，便会对你毕恭毕敬，彬彬有礼。他们对你的依赖性越大，你的自由空间也就会越大。

至于如何培养自己的独立性，并表现得既不夸张，也不张扬，同样是一种技术。

平时，你要树立独立的人格，培养自主的行为习惯。要用坚强的意志来约束自己，无论做什么事都有意识地不依赖父母或其他人，同时自己要客观看待自己，不断开动脑筋，把要做的事的得失利弊考虑清楚，心里就有了处理事情的主心骨，也就能妥善、独立地处理事情了。

要注意树立人生的使命感和责任感。一些没有使命感和责任感的人，生活懒散，消极被动，常常跌入依赖的泥潭。而具有使命感和责任感的人，都有一种实现抱负的雄心壮志。他们严格要求自己，做事认真，不敷衍了事、马虎草率，具有一种主人翁的精神。这种精神是与依赖心理相悖逆的。所以，你要学会选择这种精神，从而树立自我的主体意识。

当然，你也可单独地或与不熟悉的人办一些事或做短期外出旅游，这样做是为了锻炼独立处事能力。自己单独地办一件事，完全不依赖别人，无论办成或办不成，对你都是一种人格的锻炼。与不熟悉的人外出旅游，是由于不熟悉，出于自尊心和虚荣心，你不会依赖他人，事事都得自己筹划，这无形之中就抑制了你的依赖心理，促使你选择自力更生，有利于你独立的人生品格培养。

培养了自己的独立性，无论在生活中、学习中，还是在工作中、创业中，你都可以用你的独立表现出你的能力，从而让他人需要你、依赖你。

PART 05 让他人欣然接受“拒绝”的心理策略

拖延、淡化，不伤其自尊地将其拒绝

一般人都不太好意思拒绝别人，但在很多情况下，我们为了避免多余的困扰，对一些不合理或不合自己心意的事有必要拒绝，但怎样既不伤害对方自尊心又能达到拒绝的目的呢？当对方提出请求后，不必当场拒绝，你可以说：“让我再考虑一下，明天答复你。”这样，既使你赢得了考虑如何答复的时间，也会使对方认为你是很认真对待这个请求的。

某单位一名职工找到上级要求调换工种。领导心里明白调不了，但他没有马上回答说“不可能”，而是说：“这个问题涉及好几个人，我个人决定不了。我把你的要求带上去，让厂部讨论一下，过几天答复你，好吗？”

这样回答可让对方明白调工种不是件简单的事，这其中存在着两种可能，也使对方思想有所准备，比当场回绝效果要好得多。

一家汽车公司的销售主管在跟一个大买主谈生意时，这位买主突然要求看该汽车公司的成本分析数字，但这些数据是公司的绝密资料，是不能给外人看的。可如果不给这位大买主看，势必会影响两家和气，甚至会失掉这位大买主。这位销售主管并没有说“不，这不可能”之类的话，但他的话中婉转地说出了“不”。“这个……好吧，下次有机会我给你带来吧。”知趣的买主听过后便不会再来纠缠他了。

某位作家接到老朋友打来的电话，邀请他到某大学演讲，作家如此答复："我非常高兴你能想到我，我将查看一下我的日程安排，我会回电话给你的。"

这样，即使作家表示不能到场的话，他也就有了充裕时间去化解某些可能的内疚感，并使对方轻松、自在地接收。

陈涛夫妻俩下岗后，自谋职业，利用政府的优惠贷款开了一家日用品商店，两人起早贪黑把这个商店办得红红火火，收入颇丰，生活自然有了起色。

陈涛的舅舅是个游手好闲的赌棍，经常把钱扔在麻将桌上，这段时间，手气不好又输了，他不服气，还想捞回本钱，又苦于没钱了，就把眼睛瞄准了外甥的店铺。一日，这位舅舅来到了店里对陈涛说："我最近想买辆摩托车，手头尚缺五千块钱，想在你这借点周转，过段时间就还。"——他也知道用模糊语言。

陈涛了解舅舅的嗜好，借给他钱，无疑是肉包子打狗。何况店里用钱也紧，就敷衍着说："好！再过一段时间，等我有钱把银行到期的贷款支付了，就给你，银行的钱可是拖不起的。"

舅舅听外甥这么说，没有办法，知趣地走了。

陈涛不说不借，也不说马上就借，而是说过一段时间，等支付银行贷款后再借。这话含多层意思：一是目前没有，现在不能借；二是我也不富有；三是"过段时间"不是确指，到时借不借再说。舅舅听后已经很明白了，但他并不心生怨恨，因为陈涛并没有说不借给他，只是过一段时间再说而已，给了他希望。

因此，处理事情时，巧妙地一带而过比正面拒绝有效，且不伤和气。

先承后转，让对方在宽慰中接受拒绝

日常中，我们经常会遇到这样的情况，对方提出的要求并不是不合理，但因条件的限制无法予以满足。在这种情况下，拒绝的言辞可采用“先承后转”的形式，使其精神上得到一些宽慰，以减少因遭拒绝而产生的不愉快。

李刚和王静是大学同学，李刚这几年做生意虽说挣了些钱，但也有不少的外债。两人毕业后一直没有来往，一天，王静突然向李刚提出借钱的请求，李刚很犯难，借吧，怕担风险，不借吧，同学一场，又不好张口。思忖再三，最后李刚说：“你在困难时找到我，是信任我、瞧得起我，但不巧的是我刚刚买了房子，手头一时没有积蓄，你先等几天，等我过几天账结回来，一定借给你。”

有的时候对方可能会因急于事成而相求，但是你确实又没有时间，没有办法帮助他的时候，一定要考虑到对方的实际情况和他当时的心情，一定要避免使对方恼羞成怒，以免造成误会。

拒绝还可以从感情上先表示同情，然后再表明无能为力。

黄女士在民航售票处担任售票工作，由于经济的发展，乘坐飞机的旅客与日俱增，黄女士时常要拒绝很多旅客的订票要求，黄女士每每总是带着非常同情的心情对旅客说：“我知道你们非常需要坐飞机，从感情上说我也十分愿意为你们效劳，使你们如愿以偿，但票已订完了，实在无能为力。欢迎你们下次再来乘坐我们的飞机。”黄女士的一番话，叫旅客再也提不出意见来。

先扬后抑这种方法也可以说成是一种“先承后转”的方法，这也是一种力求避免正面表述，而采用间接拒绝他人的方法。先用肯定的口气去赞赏别人的一些想法和要求，然后再来表达你需要拒绝的原因，这样你就不会直接地去伤害对方的感情和积极性了，而且还能够使对方更容易接收你，同时也为自己留下一条退路。

一般情况来说，你还可以采用下面一些话来表达你的意见：

“这真的是一个好主意，只可惜由于……我们不能马上采用它，等情况好了再说吧！”

“这个主意太好了，但是如果只从眼下的这些条件来看，我们必须要放弃它，我想我们以后肯定是能够用到它的。”

“我知道你是一个体谅朋友的人，你如果对我不十分信任，认为我没有能力做好这件事，那么你是不会找我的，但是我实在忙不过来了，下次如果有什么事情我一定会尽我的全力来支持你。”

……

通过暗示，巧妙说“不”

很多时候，我们不得不拒绝别人，但是怎样将这个难说的“不”说出口呢？暗示，是一种不错的选择。

美国出版家赫斯托在旧金山办第一张报纸时，著名漫画大师纳斯特为该报创作了一幅漫画，内容是唤起公众来迫使电车公司在电车前面装上保险栏杆，防止意外伤人。然而，纳斯特的这幅漫画完全是失败之作。发表这幅漫画，有损报纸质量，但不刊这幅画，怎么向纳斯特开口呢？

当天晚上，赫斯托邀请纳斯特共进晚餐，先对这幅漫画大加赞赏，然后一边喝酒，一边唠叨不休地自言自语：“唉，这里的电车已经伤了好多孩子，多可怜的孩子，这些电车，这些司机简直不像话……这些司机真像魔鬼，瞪着大眼睛，专门搜索着在街上玩的孩子，一见到孩子们就不顾一切地冲上去……”听到这里，纳斯特从座椅上弹跳起来，大声喊道：“我的上帝，赫斯托先生，这才是一幅出色的漫画！我原来寄给你的那幅漫画，请扔入纸篓。”

赫斯托就是通过自言自语的方式，暗示纳斯特的漫画不能发表，让纳斯特欣然地接收了意见。

另外，通过身体动作也可以把自己拒绝的意图传递给对方。当一个人想拒绝对方继续交谈时，可以做转动脖子、用手帕拭眼睛、按太阳穴以及按眉毛下部等漫不经心的小动作。这些动作意味着一种信号：我较为疲劳、身体不适，希望早一点停止谈话。显然，这是一种暗示拒绝的方法。此外，微笑的中断、较长时间的沉默、目光旁视等也可表示对谈话不感兴趣、内心为难等心理。

例如，一天，为了配合下午的访问行程，小王想把甲公司的访问在中午以前结束，然后依计划，下午第一个目标要到乙公司拜访。但是，甲公司的科

长提出了邀请：

“你看，到中午了，一起吃中午饭吧？”

小王与甲公司这位科长平常交情不错，又是非常重要的客户，不能轻易地拒绝。但是，和这位爱聊天的科长一起吃中午饭，最快也要磨蹭到下午一点才能走。小王怎样才能不伤和气地拒绝呢？

答案就是在对方表示“要不要一起吃饭”之前，小王就不经意地用身体语言表示出匆忙的样子，如说话语速加快或自然地看看表等。但记住：这种时候千万不要提早露出坐立不安的神情，急得让人怀疑你合作的诚心。

巧妙地学会用暗示的方法拒绝别人，让对方明白你在说“不”，不仅能把事情办妥，而且不伤和气。

艺术地下逐客令，让其自动退门而归

有朋来访，促膝长谈，交流思想，增进友情是生活中的一大乐事，也是人生道路上的一大益事。宋朝著名词人张孝祥在跟友人夜谈后，忍不住发出了“谁知对床语，胜读十年书”的感叹。然而，现实中也会有与此截然相反的情形。下班后吃过饭，你希望静下心来读点书或做点事，那些不请自来的“好聊”分子又要扰得你心烦意乱了。他唠唠叨叨，没完没了，一再重复你毫无兴趣的话题，还越说越来劲。你勉强敷衍，焦急万分，极想对其下逐客令但又怕伤了感情，故而难以启齿。

但是，若你“舍命陪君子”，就将一事无成，因为你最宝贵的时间，正在白白地被别人占有着。鲁迅先生说：“无端地空耗别人的时间，无异于谋财害命。”任何一个珍惜时间的人都不甘任人“谋财害命”。

那要怎样对付这种说起来没完没了的常客呢？最好的对付办法是：运用高超的语言技巧，把逐客令说得美妙动听，做到两全其美；既不挫伤好话者的自尊心，又使其变得知趣。要将逐客令下得有人情味，可以参考以下方法：

1.以婉代直

用婉言柔语来提醒、暗示滔滔不绝的客人：主人并没有多余的时间跟他闲聊胡扯。与冷酷无情的逐客令相比，这种方法容易被对方接收。

例一：“今天晚上我有空，咱们可以好好畅谈一番。不过，从明天开始我就要全力以赴写职评小结，争取这次能评上工程师了。”这句话的含意是：请您从明天起就别再打扰我了。

例二：“最近我妻子身体不好，吃过晚饭后就想睡觉。咱们是不是说话时轻一点？”这句话用商量的口气，却传递着十分明确的信息：你的高谈阔论有碍女主人的休息，还是请你少来光临为妙吧。

2.以写代说

有些“嘴贫”（方言，指爱乱侃）的人对婉转的逐客令可能会意识不到。对这种人，可以用张贴字样的方法代替语言，让人一看就明白。有一位著名的科学家，在自家客厅里的墙上贴上了“闲谈不得超过三分钟”的字样，以提醒来客：主人正在争分夺秒搞科研，请闲聊者自重。看到这张字样，纯属“闲谈”的人，谁还会好意思喋喋不休地说下去呢？

根据具体实际情况，我们可以贴一些诸如“我家孩子即将参加高考，请勿大声喧哗”“主人正在自学英语，

请客人多加关照”等字样，制造出一种惜时如金的氛围，使爱闲聊者理解和注意。一般，字样是写给所有来客看的，并非针对某一位，所以不会令某位来客有多少难堪。

3.以热代冷

用热情的语言、周到的招待代替冷若冰霜的表情，使好闲聊者在“非常热情”的主人面前感到今后不好意思多登门。爱闲聊者一到，你就笑脸相迎，沏好香茗一杯，捧出瓜子、糖果、水果，很有可能把他吓得下次不敢贸然再来。你要用接待贵宾的高规格，他一般也不敢老是以“贵客”自居。

过分热情的实质无异于冷待，这就是生活辩证法。但以热代冷，既不失礼貌，又能达到逐客的目的，效果之佳，不言自明。

4.以攻代守

用主动出击的姿态堵住好闲聊者登门来访之路。先了解对方一般每天几点到你家，然后你不妨在他来访前的一刻钟先“杀”上他家门去。于是，你由主人变成了客人，他则由客人变成了主人。你从而掌握交谈时间的主动权，想何时回家，都由你自己安排了。你杀上门去的次数一多，他就会让你给黏在自己家里，原先每晚必上你家的习惯很快会改变。一段时间后，他很可能不再“重蹈旧辙”。以攻代守，先发制人，是一种特殊形式的逐客令。

5.以疏代堵

闲聊者用如此无聊的嚼舌消磨时间，原因是他们既无大志又无高雅的兴趣爱好。如果改用疏导之法，使他有计划要完成，有感兴趣的事可做，他就无暇光顾你家了。显然，以疏代堵能从根本上解除闲聊者上门干扰之苦。

那么，我们该怎样进行疏导呢？如果他是青年，你可以激励他：“人生一世，多学点东西总是好的，有真才实学更能过上好生活，我们可以多学习学习，充实充实自己。”如果他是中老年，可以根据他的具体条件，诱导他培养某种兴趣爱好，或种花，或读书，或练书法，或跳迪斯科。“老张，您的毛笔字可真有功底，如果再上一层楼，完全可以在全县书法大奖赛中获奖！”这话一定会令他欣喜万分，跃跃欲试。一旦有了兴趣爱好，你请他来做客也不一定能请到呢！

巧踢“回旋球”，利用对方的话来拒绝他

拒绝不一定非要表明自己的意思，许多时候，利用对方的话来拒绝他，是更聪明的选择。只要合理地从对方的话语里引出一个合乎逻辑的相同问题，巧踢“回旋球”，让对方“哑巴吃黄连——有苦说不出”。

小李从旅游局一个朋友那里借了一架照相机，他一边走一边摆弄着，这时刚好小赵迎面走来了。他也知道小赵有个毛病：见了熟人有好玩的东西，非得借去玩几天不可。这次看见了他手中的照相机又非借不可了。尽管小李百般说明情况，小赵依然不肯放过。

小李灵机一动，故作姿态地说：“好吧，我可以借给你，不过我要你不要借给别人，你做得到吗？”

小赵一听，正合自己的意思。他连忙说：“当然，当然。我一定做到的。”

“绝不失信。”小李还追加一句说。

“绝不失信，失信还能叫作人？”

小李斩钉截铁地说："我也不能失信，因为我也答应过别人，这个照相机绝不外借。"

听到这儿，小赵也目瞪口呆了，这件事也只有这样算了。

在现实生活中，关于拒绝他人，我们还要注意以下问题：

第一，在日常生活中，我们就应该真诚地对待朋友和同学，积极地帮助他们。每个人都应该明白一个简单的道理"平时帮人，拒人才不难"，这种方法主要应用于那些的确违背我们意愿的事情。

第二，如果是由于自己能力或客观原因，我们应该坦诚相对，说明自己的实际情况，同时，要积极帮对方想办法。

第三，对于某些情况，直接说"不"的效果更好，特别是对于那些违法乱纪的事情，应持坚决的态度来拒绝。对于那些可能引起误解的事情，也应该明确自己的态度，否则会"当断不断，反受其乱"。此外，由于拒绝不明可能会影响对方，也影响事情发展方向，也应该直截了当地拒绝它。

第四，即使我们掌握了一些比较好的方法，在一般的拒绝中，我们也应该语气委婉，最好还能面带微笑，这样既达到自己拒绝他人的目的，又消除由于拒绝给对方带来的不快。

第四篇

最有用的经典心理学定律

PART 01 思维定式：看透自己和他人

光环效应：我们心中都有一顶“光环”

◆定律阐释：光环效应，又称“晕轮效应”，由美国心理学家凯利提出。它指人们看问题时，像日晕一样，由一个中心点逐步向外扩散成越来越大的圆圈，是一种在这一晕轮或光环的影响下而产生的以点带面、以偏概全的社会心理效应。

1.从“爱屋及乌”到“情人眼里出西施”

苏联学者博达列夫曾做了一个有趣的实验：在课堂上，他向两批学生出示同一张照片，告诉第一批学生这是一名罪犯，因杀人而入狱；告知另一批学生这是一个物理学家，曾得过诺贝尔物理学奖。然后，他要求学生根据其形象描述此人可能具有的性格。结果，第一批学生的评价都是贬义的，而第二批几乎全是赞美的。

中国有句古话叫“爱屋及乌”，意思是爱一个人，连他家屋顶上的乌鸦都会喜爱。依我国自古流传的迷信习俗，乌鸦是“不祥之鸟”，它落到谁家的屋上，谁家就要遭遇不幸。那么，为什么还会有“爱屋及乌”的现象呢?

其实，这就是晕轮效应的典型表现。无论在人际交往，还是认识事物时，人们经常从对方所具有的某个特性泛化到其他有关的一系列特性上，从局部信息形成一个完整的印象，即根据少量的信息对别人或其他事物做出全面的结论。它实际上是个人主观推断泛化和扩张的结果。在晕轮效应状态下，一个人或事物的某个优点或缺点一旦变为光环被扩大，其他缺点或优点也就隐退到光环的背后，被别人视而不见了。前面我们提到的博达列夫实验，证明了同样的道理。

再有，“情人眼里出西施”，说的是为爱慕之情所迷，觉得所爱女子像西施一样，无处不美。黄庭坚曾有诗云：“草茅多奇士，蓬荜有秀色。西施逐人眼，称心最相得。”便是由这句古话而来的。情人在相恋的时候，总是忽略对方的缺点，认为对方的一切都是好的，做的事都是对的，就连别人认为是缺点的地方，在双方看来也是无所谓的。这也是晕轮效应的表现。

心理学家认为，这种效应是由于知觉者的情感引起的对他人的一种主观倾向。由于我们在知觉他人时有一种情感效应，我们对他人的评价就容易出现偏差，这一偏差表现为当某人或某物被我们赋予了一个肯定的、令我们喜欢的特征之后，那么这个人就可能被我们赋予许多其他的好的特征。

反之，如果某人或某物存在某些不良的特征，那么，我们就会认为他所有的一切都是坏的。后者被称为“坏光环效应”，也被形象地叫作“扫帚星效应”。正所谓“一好百好，一恶百恶”，在生活中，“晕轮效应”与“扫帚星效应”经常发生，这些都是人类一种奇妙的心理反应。

2.理性对待心中的“光环”

客观地讲，晕轮效应是一把双刃剑，在实际应用中，我们要辩证地对待这个“光环”。

既然我们知道晕轮效应是一种以偏概全的评价倾向，是个人主观推断泛化和扩张的结果，那么在实际生活中，我们在评价自己的时候，就要实事求是，考虑全面。当别人称赞你的时候，要保持头脑冷静，知道自己尚有不足之处；当别人贬低你的时候，也不要自暴自弃，要知道自己还有可取之处，客观地看待自己，避免出现以偏概全而导致的错误。

同时，我们可以利用晕轮效应为自己创造有利条件。下面，我们先来看一下麦哲伦如何利用晕轮效应成功获得西班牙国王卡洛尔罗斯的帮助。

在哥伦布航海成功后，为表明自己与投机者或骗子不同，麦哲伦在觐见国王时特地邀请了当时著名的地理学家路易·帕雷伊洛同往。帕雷伊洛将地球仪摆在国王面前，历数了麦哲伦航海的必要性及种种好处。结果，卡洛尔罗斯国王被说服了，麦哲伦成功地得到资助，进行了环绕地球的航行。然而，在麦哲伦等人结束航海后，人们发现他对世界地理的认识及他所计算的经纬度有诸多偏差。

可见，卡洛尔罗斯国王之所以资助麦哲伦，并不是因为麦哲伦本人或帕雷伊洛的劝说，是因为他认为帕雷伊洛作为专家，其建议一定值得信赖。所以，适当地运用晕轮效应，也有助于促进我们的发展。

此外，在认识或接触其他人和事物的时候，晕轮效应的负面影响会给人的心理带来很大的障碍。

普希金是俄国著名诗人，当他遇到被公认为“莫斯科第一美人”的娜坦丽时，为她的美丽而心动，疯狂地爱上了她。在普希金眼里，一个漂亮的女人也必然有非凡的智慧和高贵的品格，然而事实并非如此。他们结婚后，普希金每次把自己的诗读给娜坦丽听时，她总是不耐烦地捂着耳朵说：“不听！不听！”相反，她总是要普希金陪她游玩，参加晚会、舞会。普希金为她抛弃了诗歌创作，弄得债台高筑，甚至还为了她与别人决斗，以至于牺牲了性命。

通过普希金的故事，我们要明白，在现实生活中，千万不能让“一美遮百丑”蒙蔽了我们的双眼和理智。对一个人或事物，不要急于下判断，不要以偏概全，要对其进行全面的了解，避免晕轮效应的误导。

正如著名的俄国小说家陀思妥耶夫斯基所言：“倘若你想征服全世界，你就得先征服自己。”因此，请辩证地对待心中的“光环”，理性地走出精彩的人生。

不值得定律：心态决定选择

◆定律阐释：不值得定律，指不值得做的事情，就不值得做好。它反映了人的一种心理——一个人如果做一份自认为不值得做的事情，往往会保持心不在焉、敷衍了事的态度，不仅成功率低，即使成功，也不会觉得有多大的成就感；如果在做自认为值得做的事情，哪怕是用西瓜换芝麻，也会感到快乐，并认为每一个进展都很有意义。

1.“值得”与“不值得”，因你而不同

伦纳德·伯恩斯坦年轻时和美国著名的作曲家、音乐理论家柯普兰学习作曲，附带学习指挥技巧。当他在作曲方面一发不可收的时候，他的指挥才能被当时的纽约爱乐乐团指挥发现，并被力荐担任纽约爱乐乐团常任指挥。结果，他一举成名，在近30年的指挥生涯中，成了爱乐乐团的名片。然而，他并不认为自己非常成功，却始终受着“我喜欢创作，可我却在做指挥”矛盾的折磨。

从伯恩斯坦的事例可以看出，在人们的眼中，他是出色的、成功的；但在他自己的眼里，他并不是成功的。他一生都活在苦恼和矛盾之中，最后还是带着深深的遗憾告别了人世。

这就给予我们一个深刻的启示：“值得”与“不值得”的距离有多远，就在于我们的内心如何衡量。正如心理学中不值得定律所阐述的，一个人如果做一件自认为不值得做的事情，即使成功，也不觉得有多大的成就感；如果在做自认为值得做的事情，则会认为每一个进展都很有意义。

如今，不少年轻人得到一份工作后，都渴望证明自己的优秀，却认为简单小事不值得做，从而失去了很多展示自己价值的机会和走向成功的契机。

美国通用电气公司前总裁杰克·韦尔奇说：一旦你产生了一个简单而坚定的想法，只要你不停地重复它，终会将之变为现实。年轻人大多心高气傲，认为自己从一开始工作就应该得到重用，就应该得到丰厚的报酬，往往会对手头上的琐碎工作不满，动不动就兴起“拂袖而去”的念头。一位先知说过：“无知和好高骛远是年轻人最容易犯的错误，也是导致频繁失败的主要原因。”其实，小事也好，大事也好，都是我们内心价值观的一种判断，我们不妨听听比尔·盖茨的劝告：“年轻人，从小事做起吧，不要在日复一日的幻想中浪费年华。”

李嘉诚当初为了开创自己的事业，离开舅舅的钟表公司独自闯荡。然而，他并没有像很多年轻人那样浮躁，而是从很多年轻人都不屑做的小事做起，在打工中循序渐进，一点一点地开创事业的新局面，终于成为一代富豪。

那么，究竟哪些事值得做呢？通常，这要取决于三个因素：

第一，价值观。一般来说，只有符合我们价值观的事，我们才会满怀热情去做。

第二，现实的处境。同样一份工作，在不同的处境下去做，我们的感受也是不同的。例如，在一家大公司，如果你最初做的是打杂跑腿的工作，你很可能认为是不值得的。可是，一旦你被提升为领班或部门经理，你就不会这样认为了。

第三，个性和气质。例如，成就欲较强的人往往喜欢做具有挑战性、创新性的事情，依附性较强的人往往喜欢做风险小甚至无风险的事情，等等。

明白了这个道理，做事或做选择时，我们就要理性地对待内心的“值得”与“不值得”。

2.理性选择，积极面对

不值得定律让我们明白：智者，应理性地对待心里的那把尺子，在众多选择中，要认清哪些事情是最重要的，然后竭尽全力，把这些值得做的事情做好；反之，那些没有意义、不值得做的事情，干脆就不要做。

编剧家贝尔西蒙的每部剧作都堪称经典，很多人都认为他有着过人的才能或智慧。其实，每写一个剧本之前，他都会先问自己：若能将这个剧本中每一个角色都表现得淋漓尽致，又保持故事的完整性，那这个剧本究竟会有多好呢？说白了，答案只有三种：

一是“很好”，值得花费两年的心血去深入构思创作；

二是“还行吧”，但是像鸡肋，没太大意思，不值得耗费太多的精力；

最后则是“垃圾、俗套”，根本不值得一写。

正是因为这种习惯，做事前认真考虑是否值得做，贝尔西蒙避免了为不值得做的事浪费时间，从而将有限的精力全部投入值得做的事业中，最终取得成功。

还有，美国探险家约翰·戈达德的传奇经历，也只是来自一幅他认为值得实践的世界地图。

约翰8岁生日那天，慈爱的爷爷送给了他一生中最宝贵的财富：一幅被翻得卷了边的世界地图。正是因为这张图，他的灵魂找到了归宿。

15岁时，约翰·戈达德写了一本励志的自勉书《一生的志愿》。他宏大的愿望令人叹为观止：要去尼罗河、亚马孙河与刚果河探险；驾驭骆驼、野马、大象与鸵鸟；读完柏拉图、亚里士多德与莎士比亚的所有著作；写一本书；谱一首乐曲；为非洲的孩子们筹集100万美元的捐款；拥有一项发明专利……

在这本包含了127项目标的书中，大部分人看得热血沸腾，可真要说到实践，人们往往会望而却步。约翰·戈达德不同，他一生的宏愿也随着少年的誓言而笃定不变。随着这本书的出版，他开始了把梦想变成现实的漫长旅途。尼罗河、乞力马扎罗山……这些梦想中的地方，他一一走过。40年后，他完成了《一生的志愿》中的106个愿望。这本《一生的志愿》成了他“一生的成就”。

在生活中，我们要明确自己的人生目标和价值观，找到我们在社会中的坐标，找到心中的那把标尺，遇到那些芝麻绿豆的小事就没必要大动干戈，以免浪费生命；当遇到了真正值得做的事，就应该像贝尔西蒙和约翰·戈达德那样，坚持下去，尽全力去实现它，只有这样，才能取得伟大的成功。

权威效应：我们为何更相信权威人士

◆定律阐释：权威效应，指如果一个人地位高，有威信，受人尊敬，他所说的话、所做的事就容易引起别人的重视，并相信其正确性。也就是说，人们对权威的信任要远远超过对常人的信任。

1.从“机长综合征”说开去

南朝的刘勰写出《文心雕龙》后无人重视，他请当时的文学家沈约审阅，沈约不予理睬。后来他装扮成卖书人，将作品送给沈约。沈约阅后评价极高，于是《文心雕龙》成了中国文学评论的经典名著。我们在赞赏刘勰聪慧的同时，也不得不折服于心理学中强大的权威效应。

航空工业界里，有一个现象叫“机长综合征”，说的是在很多事故中，机长所犯的错误都十分明显，但副机长没有针对这个错误采取任何行动，最终导致飞机坠毁。下面这个故事就是“机长综合征”的一个典例。

一次，空军将领乌托尔·恩特要执行飞行任务，但他的副驾驶员在飞机起飞前生病了，于是总部临时给他派了一名副驾驶员做替补。和这位传奇的将军同飞，这名替补觉得非常荣幸。在起飞过程中，恩特哼起歌来，并把头一点一点地随着歌曲的节奏打拍子。副驾驶员以为恩特是要他把飞机升起来，虽然当时飞机还远远没有达到可以起飞的速度，他还是把操纵杆推了上去。结果飞机的腹部撞到了地上，螺旋桨的一个叶片飞入了恩特的背部，导致他终身截瘫。

事后有人问副驾驶员：“既然你知道飞机还不能起飞，为什么要把操纵杆推起来呢？”他的回答是：“我以为将军要我这么做。”

从心理学角度，这个故事反映了社会中普遍存在的一种心理现象——权威效应。也就是说，尽管我们每个人都对身边的人或者对社会有一定的影响力，但影响力的大小有所不同。一般来说，权威人士容易对其他人产生更大的影响。

例如，某天你眼部不适，到医院就诊，如果其他条件相同，有一位眼科专家和一位刚从医学院毕业的年轻大夫供你选择，你会选择哪个呢？相信你一定会选择专家。还有，一篇医学论文是在权威杂志上发表，还是刊登在普通杂志上，这种反映医学成就的信息，其影响肯定是不同的。

权威对我们的影响力要超出常人。崇尚权威，迷信权威人士，成了社会大众的一个普遍特征。社会中大多数处于中下层地位的人，学识有限，对超出自身生活经验的问题不甚了解，不辨真伪，因而盲目相信所谓权威的意见。他们甚至不在乎“说什么”，而在乎说者本身的权威地位。古往今来的君主枭雄、各界领袖，乃至市井中有号召力之人，他们的号召力正是来源于对大众心理的这种控制。

在现实生活中，无论是做人还是做事，我们都要擦亮双眼，理智思考，不要让权威成为遮盖事实真相的心理面纱。

2.相信自己，走出“权威效应”的负面旋涡

不可否认，权威效应有它积极的一面，在日常生活中，积极、上进的权威效应是值得提倡的。例如，树立权威人士做群众的好榜样，有助于形成良好的社会风尚；请权威人士担任形象大使，负责环保、节能、关爱生命、如何急救等有意义的公益宣传，会在大众心中留下更深刻的印象，从而起到更好的促进作用。

然而，权威效应也有其消极、颓废一面，就应该杜绝和制止。例如，很多消费者迷信权威人士的广告推荐，结果买到的却是具有质量问题的商品，不仅损失了金钱，甚至还影响到自己的健康。

作为普通人，我们应该明白，其实权威也是人，他们或多或少都会受到时代和自身条件的局限。如果我们不能认识到这一点，而是对权威言听计从，我们就永远无法进步。

那么，我们应该如何破除权威效应的消极影响呢？

洛德·卢瑟福是英国著名核物理学家，因对元素裂变的研究而获得1908年诺贝尔物理学奖。他曾断言：“由分裂原子而产生能量，是一种无意义的事情。任何企图从原子裂变中获取能源的人，都是妄想。”然而，几十年后，用于发电的核电站就问世了。

19世纪，当牛顿发现宇宙定律，伦琴发现X射线后，有科学家曾断言：科学的路已走到头了，以后科学家的任务就是尽量使实验做得更精确一些。但不久，爱因斯坦就提出相对论，为科学界开辟了一个新视野。

一位导师，每天晚饭后都要出去散步，在散步之前，他都要给他的一位学生留三道题，放在桌子上，等学生来解答。

这天，这位学生发现老师只给他留了两道题，他很快做完了，又在老师的书中发现了一张折着的小字条，上面写着一道题，题目是："如何用一支圆规和一把没有刻度的尺子来画一个正十七边形？"他开始冥思苦想，到深夜，终于找到了答案。次日学生来见导师，导师看见答案后异常惊讶，因为那道夹在书里的题目是他打算花大力气解决的，是当时数学界的一道难题。这位学生就是数学家高斯。

试想，如果高斯知道那是一道当时数学界的难题时，也许就无法那么快找到答案了。

所以，我们看问题时不要被问题吓倒，更不要惧怕权威，也不能迷信权威。我们应该学会独立思考，以自信心作为突围那些权威名义下的种种圈套的利器。

跳蚤效应：目标成就人生

◆定律阐释：跳蚤效应，心理学家解释为"习得性无助"，即长期积累的负面生活经验会使人丧失信心，继而丧失创造力。换言之，人生由目标决定，有什么样的目标，就有什么样的人生；有多大的目标，就有多大的人生舞台。

1.有什么样的目标，就有什么样的人生

生物学家曾经将跳蚤随意向地上一抛，它能从地面上跳起一米多高。在一米高的地方放个盖子，这时跳蚤跳起来会撞到盖子。如果一再地让跳蚤撞到

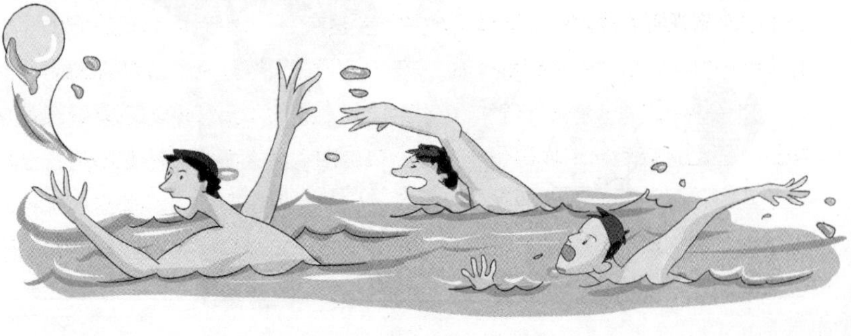

盖子，过一段时间后拿掉盖子，就会发现：虽然跳蚤继续在跳，但已经不能跳到一米高以上了，直至结束生命都是如此。

在实验中，跳蚤调节了自己跳的高度，而且适应了这种状况，不愿再改变。与此类似，一个人有什么样的目标，就有什么样的人生。

1952年7月4日清晨，浓雾笼罩着加利福尼亚的海岸。一位34岁的叫费罗伦丝·柯德威克的女士，在海岸以西21英里的卡塔林纳岛处涉水进入太平洋，开始向加州海岸游去。在此之前，她是游过英吉利海峡的第一位女性。这次若成功了，她就是第一个游过加利福尼亚海峡的女性。

那天早晨，海水冻得她身体发麻，再加上雾很大，她连护送她的船都看不清。时间一个钟头一个钟头过去，千千万万的人在电视前关注着她。在以往这类渡海游泳中，她最大的问题不是疲劳，而是刺骨的水温。15个钟头之后，她感觉自己不能再游了，就叫人拉她上船。这时，她的母亲和教练在另一条船上，告诉她海岸很近了，叫她不要放弃。然而，她朝加州海岸望去，除了浓雾，什么也看不到。几十分钟之后，人们还是把她拉上了船，而那个地点离加州海岸只有半英里！

当别人告诉她这个事实后，从寒冷中慢慢复苏的她很沮丧。她告诉记者，真正令她半途而废的不是疲劳，也不是寒冷，而是因为在浓雾中看不到目标。她一生中就只有这一次没有坚持到底。两个月后，她成功地游过了同一个海峡，她不仅成为第一位游过加利福尼亚海峡的女性，而且比男子纪录还快了大约两个钟头。

事实上，对于柯德威克这样的游泳好手来说，游过那个海峡并不是不可实现的，只是因为她看不到前方的目标，便感觉没有了“路”。第二次，明确目标后，她便坚定地沿着自己选择的路游向了成功的彼岸。

这个事例形象地说明了心理学中的跳蚤效应，人生是由目标决定的，有什么样的目标，就有什么样的人生；有多大的目标，就有多大的人生舞台。

如今，很多刚毕业的年轻人在人生路口上举棋不定，不知道是继续求学深造，还是直接走向工作岗位；是根据自己的兴趣找工作，还是根据自己的专业找工作……其实，这些迷茫与踌躇，都是因为没有给自己确立明确的人生目标。当你确立了自己的目标后，坚持下去，人生就不会迷茫，道路就不会消失。

2.“我要飞得更高”

相信大家都很熟悉那首名为《飞得更高》的经典歌曲：“生命就像一条大河……我知道我要的那种幸福，就在那片更高的天空，我要飞得更高，飞得更高……”正所谓“人生如歌”，我们只有明确目标，激发“飞得更高”的强烈欲望与激情，才能走向成功，令人生精彩。

拿破仑·希尔就是通过给自己树立远大的目标，倾注如火如荼的热情与毫不懈怠的努力，在事业的天空中越飞越高。

1883年10月26日，拿破仑·希尔出生于美国弗吉尼亚州一个贫寒之家。从小，继母就不断激励希尔树立伟大的人生目标。在继母的影响下，希尔一直坚信自己会成为一个成功者。

长大以后，希尔从没有动摇过自己的信念。18岁时，他正上大学，在一家杂志社工作，被派去采访钢铁大王安德鲁·卡内基。卡内基发现希尔是一个富有创造性的人才，于是建议他从事美国成功人士的研究工作，还写信给美国政界、工商界、科学界、金融界等取得卓越成绩的高层人士，介绍希尔与他们认识。

在以后的20年间，希尔不仅获得了博士学位，还访问了福特、爱迪生、洛克菲勒、贝尔等当时最成功的人士。希尔并没有满足于简单的采访，而是对所有成功者进行了深入的研究。在此基础上，他写出了《成功规律》书，激励千百万人去获得财富，成为卓越的成功者。

希尔的成功正是跳蚤效应的典型表现。正如他自己所言：“我之所以成功，是因为我志在成功！”

此外，在实验中，跳蚤之所以不能再跳到最初的一米多高，并非已失去跳跃能力，而是一次次受挫后学乖了，习惯了，麻木了。很多人不敢追求成功，不是追求不到成功，而是因为他们心里已经默认了一个“高度”，这个高度常常暗示他们：成功是不可能的，是没办法做到的，这就是可悲的“自我设限”。因此，在追求目标的道路上，我们要勇敢地突破自我限制。

PART 02

情绪：心情的颜色决定世界的颜色

情绪定律：情绪影响一切

◆定律阐释：情绪定律，指人百分之百是情绪化的，任何时候的决定都是情绪化的决定。即使有人说某人很理性，其实当这个人很有“理性”地思考问题的时候，也是受到他当时情绪状态的影响，“理性地思考”本身也是一种情绪状态。

1.情绪改变挽回一个诺贝尔奖带来的启示

你也许有过这样的经历：兴高采烈的时候，看什么都顺眼，做什么都顺手；情绪一落千丈的时候，觉得自己什么事都不顺心，什么都做得不好。其实，这就是情绪的强大影响力。

德国化学家奥斯特瓦尔德曾因自己的情绪变化，差点儿造成他人与诺贝尔奖擦肩而过。

有一天，奥斯特瓦尔德由于牙痛，疼痛难忍，情绪很坏。他拿起一位不知名的青年寄来的稿件粗粗看了一下，觉得满纸都是奇谈怪论，顺手就把这篇论文丢进了纸篓。

几天以后，他的牙痛好了，情绪也好多了，那篇论文中的一些观点又在他的脑海中闪现。于是，他急忙从纸篓里把它捡出来重读一遍，结果发现这篇论文很有科学价值。他马上给一份科学杂志写信，加以推荐。

后来，这篇论文发表了，轰动了学术界。

想想看，如果奥斯特瓦尔德的情绪没有很快好转，结果又会怎样呢？

事实上，情绪的好与坏与我们的心态及想法密不可分，这就是心理学中的情绪定律。一件事在别人眼中看着是悲哀的，在你眼中也许就是快乐的，关键是自己怎么想。下面是一个非常有趣的例子。

甲、乙是同一个办公室的两个白领，下班后都想找些有意思的事情来调节一下心情。甲便在网上找了一个简单的心理测试：请在“日”上加一笔，组成一个新的字。

凑巧的是，甲和乙都想到的是“目”字。于是两人一同看起了答案：你最近凡事需要谨慎、小心。

虽然只是短短的几个字，甲和乙却表现出截然不同的反应。甲惆怅地说：“这下惨了，估计最近凶多吉少啊！”乙却开心地说：“有道理，平时做事就是应该谨慎，这样才不会出差错嘛！”然后两个各自回家去了。

第二天上班，甲刚到办公室就哀叹道：“果然是倒霉运，煮粥都能把手腕烫伤！”就在上班时间马上要到了的时候，乙急匆匆奔进办公室，气喘吁吁地说：“真幸运，还好昨天提醒我做事要谨慎，今天提前出来20分钟赶车，不然非迟到不可！”

面对同一个答案，甲、乙两个人产生了不同的情绪，进而造成了两种不同的结果。这就是情绪对一个人的巨大影响。要知道，世事变幻莫测，人的情绪也是多种多样。但当我们了解情绪定律以后，在日常生活中，就应该学着理性地控制情绪。

2.把握自己，不做情绪的奴隶

漫漫人生路，要么是我们驾驭生命，要么是生命驾驭我们，而决定谁是坐骑、谁是骑师的，就是我们的情绪。情绪就像一把双刃剑，消极不良时会伤害我们，积极健康时则会帮助我们。

其实，如果能够从根本上改变对一件事的看法，我们的情绪也会得到很大的影响和改善。

有一位老人，她有两个儿子，大儿子是卖雨伞的，小儿子是卖草鞋的。晴天时，她心想：“真糟糕，大儿子的雨伞卖不出去了。”雨天时，她又想：“真糟糕，小儿子的草鞋卖不出去了。”所以，老人每天都是愁容满面、忧心忡忡。

有一天，邻居告诉他，你换过来想不好吗？晴天时，你就想小儿子的草鞋可以卖出去了，雨天时，你就想大儿子的雨伞可以卖出去了，是不是也很开心呀？老人听了这番话，就照着做了。

从此以后，老人每天都很开心，常常笑容满面。

许多时候，我们也和那位老人一样，对于同一现实或情境，从一个角度去看问题，可能引起消极的情绪体验，陷入心理困境；如果从另一角度看问题，就可以发现积极意义，从而使消极情绪转化为积极情绪。

要知道，快乐的钥匙不是掌握在别人手中，而是掌握在自己手中。我们郁闷也好，快乐也好，其实都不是由外界原因造成的，而是由我们自己的情绪造成的。所以，我们要做情绪的主人，而不能被情绪所左右。正如心理学家所证明的，人不仅仅是消极情绪的放大镜，而且也是积极情绪的制造者，生气郁闷只能是折磨自己。我们应该学会调整自己的情绪，经常保持积极情绪。

保持积极情绪的方法有很多种，包括宽容别人，保持积极乐观的心态，能接纳自己的情绪变化，及时调整自己的不良心态，掌握有效的自我调节的方法等。如果你不慎掉进了河沟里，不妨想想正好衣服该洗了；当你参加一些重要的考试或活动，感到非常紧张，可以在心里暗暗提醒自己“不要慌，我有实力，一定能成功”，这样自然就会冷静下来，信心百倍；当遭遇困难和逆境时，想想“这是在为成功摸索条件、积攒经验”，振作精神，那么，下一步就会走向成功。

情感宣泄定律：情感，需要一个宣泄的窗口

◆定律阐释：情感宣泄定律，指情感如果不及时宣泄，会引起心理问题。即使你在压抑、克制阶段意识不到它的存在，只是说明它从显意识层转移到了潜意识层，对你的影响仍然存在，而且一直在找机会真正发泄出去。

1.从祥林嫂说起

不知道你是否发现：女人们不开心的时候会哭，很开心的时候也会哭；失恋、丧偶的时候，无论男人、女人，都容易变得歇斯底里；有的人平时温文尔雅，但突然某个时候会变得絮絮叨叨；有的人平常不说脏话，但生气的时候也会破口大骂；有的人外表文质彬彬，但发起火来东砸西摔；有的人一向少言寡语，但郁闷、悲哀时，就会找朋友不停诉苦……

鲁迅笔下的祥林嫂，作为《祝福》的主人公，以“喋喋不休地讲述阿毛事件”而为人们所熟知。由于第二个丈夫的死，特别是儿子阿毛的死，祥林嫂的心理处于极度的紊乱状态，正常的精神发展在屡次的灾祸中严重受阻，只能依赖倾诉——絮叨“阿毛的故事”，来宣泄她那被压抑且痛苦的情感。其实，祥林嫂这种倾诉，更确切地说是宣泄，完全是创伤心理求得安慰的需要。

仔细想想，我们生活中一反常态的絮叨、歇斯底里，乃至失去理智的疯狂举动，不就是因为遭遇灾祸或不顺时的情绪发泄吗？我们每个人在一生中都会产生数不清的意愿、情绪，但最终能实现、能满足的并不多，因此就需要情感的宣泄。

有人认为，对那些未能实现的意愿、未能满足的情绪，应该千方百计地压抑下去、克制下去，不让其发泄出来，

殊不知，情绪和意愿如果被压制，就会产生一种心理上的能量，若不通过其他的途径进行释放，它自身丝毫不会减少，如同物理学上的能量守恒定律。

即使你在压抑、克制阶段意识不到它的存在，实际上它对你的影响仍然存在，而且一直在找机会真正发泄出去。

王先生是某公司的职员，有段时间经理总是批评他这不对、那不对，自己已经很努力了，可还是被扣上“效率低”的帽子。不过，谁叫人家是领导呢？王先生有怒不敢言，在公司竭力压抑自己，并在心里自我慰藉“能忍的人情商高”。

可是，每次下班回到家后，王先生总觉得心里堵得慌。于是，他就拿起笔练字，想通过这种方式使自己平静。谁料，等他写满一张纸才发现，纸上写的，除了经理的名字外，就是“龌龊”“王八蛋”等一类不满和愤恨的话，连他自己都不敢相信。

通过上面李先生的例子，我们可以看出，情绪需要宣泄的时候，光靠自己的克制是解决不了问题的，即使不经意间，它也会向外流露。感情宣泄的方式不仅仅局限于祥林嫂那样的“说”，王先生的“写”也可以，这就像人类的本能一样。

2.理顺情绪，疏导为本

生活中，难免会发生不如意的事情，由此所产生的情绪如同洪水一样，若不及时把它泄出去，会像水库里不断涨高的洪水，给我们的心理堤坝造成强大压力。对此，我们不能采用堵的方法，因为随着水位的升高，堵塞只能是暂时的，到一定程度就会造成“决堤”，那时情况失控，就更严重了。

也许你会问：“在心理上筑高堤坝不行吗？”要知道，如果这样做，势必使人在内心深处与外界日益隔绝，造成精神的忧郁、孤独、苦闷及窒息等不良后果。同时，这股暗流达到一定程度，会冲破心理堤坝，甚至导致精神失常。这也是为何我们有时会见到一些精神失常的人。

从科学上来讲，对于这样的情绪，最好的办法是疏导。霍桑工厂的谈话试验就是很好的例证。

美国芝加哥市郊外的霍桑工厂是一个制造电话交换机的工厂，薪资及各方面待遇都相当不错，但工人们仍然愤愤不平，生产状况也不理想。为探求原因，美国国家研究委员会组织了一个由心理学家等多方面专家参与的研究小组，对工厂生产效率与工作物质条件之间的关系进行了研究。

在这一系列试验研究中，有一个是谈话试验。在大约两年多的时间里，心理专家们找工人个别谈话两万余人次。在谈话中，专家耐心地听取工人对管理的意见和抱怨，没有任何反驳和训斥，让工人们把不满情绪尽情地宣泄出来。出人意料的是，谈话试验收到了非常好的效果：工厂的工作效率大大提高了。

关于这个试验，心理学家分析，工人长期以来对工厂各种管理制度有诸多不满而无处发泄，专家们的谈话方式能让他们将这些不满发泄出来，对情绪起到了疏导的作用，从而使工人们心情舒畅，干劲倍增，工作效率自然也大大提高。

再如，一些学校为学生开设情感宣泄课，让学生走上讲台，讲述自己心中的苦闷、遇到的困惑或者想发泄的事情。这样不仅对学生进行了情绪疏导，为他们提供宣泄的机会，而其他同学还可以帮忙想办法、出点子，使学生在互相帮助中学会如何摆脱苦恼，增进相互间的了解，从而形成融洽的人际关系。

需要注意的是，虽然情绪应当宣泄，但要注意合理性。这就好比我们用高压锅做饭，一方面要将气适当地放掉，另一方面也要保证把饭做好。如果只知道将气泄掉，那么，拿掉整个锅盖就可以达到目的了，然而，这样做却使饭夹生了。因此，情绪宣泄不仅要有建设性，还应该是无害的。

在宣泄的过程中，尽量不要用指责、诉苦的方式。可以找个不影响他人的适当场合，自己大哭一场；或者听音乐，做运动，自言自语，写日记，养育鱼鸟，种植花木，找心理医生等，都是很好的宣泄方式。

罗密欧与朱丽叶效应：“禁果”更有吸引力

◆定律阐释：罗密欧与朱丽叶效应，也叫禁果效应，指越是禁止的东西或事情，人们越是好奇和关注，充满窥探的欲望和尝试的冲动，更加想得到或知道。这与人们情绪中的好奇心和逆反心理有关。

1.“禁果”真的格外甜吗

在古希腊神话中，万神之神宙斯有位侍女叫潘多拉。一次，宙斯派她去传递一个魔盒，告诉她千万不能打开盒子。然而，正是宙斯的告诫，反倒激起她不可遏制的好奇和探究欲望，于是，她不顾一切地打开魔盒，结果，盒子里装的所有罪恶都跑到了人间。其实，正是宙斯的"禁止打开"促使潘多拉将盒子打开，这就是心理学上所说的"禁果效应"。

俄罗斯的有句著名的谚语："禁果格外甜。"谈到这个话题，我们就要先从禁果说起，它源自《圣经》，指伊甸园善恶树上结的果实。

《圣经·创世记》载，上帝为人类始祖亚当和夏娃建了一个乐园，也就是伊甸园。上帝让他们两人住在园中，负责修葺与看管乐园。同时，上帝还特意吩咐道："园内各种树上的果子你们都能吃，唯独善恶树上的果子你们不能吃。"亚当和夏娃谨记着上帝的教诲。

有一天，夏娃因为禁不住蛇的诱惑，被神秘善恶树上的禁果所吸引，于是摘下树上的果子，吃了下去。而且，她把果子也给了亚当，亚当也吃了。

后来，上帝得知此事，将他们赶出了伊甸园。同时，上帝惩罚了罪魁祸首——蛇，让它用肚子走路；责罚夏娃，增加她生产的痛苦；责罚亚当，让他终身劳作才能从地里获得粮食。

夏娃和亚当为什么要违背上帝的旨意偷吃禁果？是因为他们饥饿，还是因为他们嘴馋？都不是。这个关于人类远祖的故事，暗示了人类的本性中具有根深蒂固的"禁果效应"倾向。

在现实生活中，我们常常会遇到这样的情况：越是被禁止的东西或事情，越会引来人们更大的兴趣和关注，使人们充满窥探和尝试的欲望，千方百计试图通过各种渠道获得或尝试它，即上面所说的“禁果效应”。其实，这与东西本身没有太大的关系，主要是因为“禁”字激起了人们情绪中的好奇心理和逆反心理。

这种效应存在的心理学依据在于：无法知晓的神秘事物，比能接触到的事物对人们有更大的诱惑力，更能促进和强化人们渴望接近和了解的需求。我们常说的吊胃口、卖关子，就是因为人们对信息的完整传达有着一种期待心理，一旦关键信息在接收者心里形成了接收空白，这种空白就会对被遮蔽的信息产生强烈的召唤。这种“期待——召唤”结构就是禁果效应存在的心理基础。所以，“禁果格外甜”，不过是人们的一种心理表现。

2.禁果：品其甜、避其苦

禁果效应在生活中无处不在，它是一把双刃剑，既有积极的作用，又有消极的作用。

今天我们生活中司空见惯的蔬菜——土豆，在刚刚被发现时，就因为被当作禁果，才得到了广泛的推广。

土豆从美洲引进法国时，很长时间没有得到认可。迷信者把它称为“鬼苹果”，医生们认为它对健康有害，而农学家则告诉人们，土豆会使土壤变得贫瘠。这些“权威人士”的断言，使土豆成了不受欢迎、稀奇古怪的东西。

法国农学家安端·帕尔曼切在德国当俘虏时，亲自吃过土豆。他尝到了土豆的“甜头”，就想回到法国后，在自己的故乡培植它。可是因为那些“权威人士”的断言，谁也不敢种土豆。

后来他灵机一动，想出了一个办法。他得到国王的许可，在一块出了名的低产田上开始栽培土豆。根据他的要求，要由一支身穿仪仗服装、全副武装的卫队看守这块土地，只是白天看守，到了晚上，卫队就撤了。

这使人们非常好奇，是什么好东西需要卫队这样煞有介事地看守？一定是好东西，才怕别人偷啊。人们这样一想，就猜测土豆一定是非常美味或很有好处的食品，就禁不住想知道个究竟。于是，他们商量好，到晚上就到那块土地上偷挖土豆，然后种到自己的菜园里去。

结果，土豆得到了很好的推广，人们发现这是一种风味独特的食品，它没有任何可怕的地方。

除了像帕尔曼切那样利用禁果效应得到积极效果外，生活中还有不少因禁果效应适得其反的例子。

比如，历代统治者经常把他们认为是“诲淫诲盗”的书列入“禁书”之列，如西方的萨德、王尔德、劳伦斯等人的作品。但是，被禁不但没有使这些书销声匿迹，反而使它们名声大噪，使更多的人挖空心思要读到它们，反而扩大了它们的影响。再有，一些家长总是喜欢禁止孩子做这做那，如禁止读不健康的书，不让早恋，不允许玩游戏、网络聊天等，一味地严厉禁止反而增加了孩子的好奇心、逆反心理，使他们在这两种心态的驱使下甘冒风险去尝试那些苦涩的“禁果”，最终使教育走向了反面。

可见，利用禁果效应时，一方面，我们可以把某些人不喜欢而又有价值的事物人为变成禁果，以提高其吸引力；另一方面，我们不要轻易把某些不喜欢或不赞成的事物当成禁果，以免人为增加其吸引力，适得其反。

情绪转移定律：坏情绪会传染

◆定律阐释：情绪转移定律，指人的不好情绪如果没有得到适当的宣泄，就会转移到其他人和事上，是一种情绪的蔓延现象。

1.一场坏心情的“流感”

你是否有过这样的经历：遇到堵车时，如果有一个司机不耐烦地按喇叭，那么，这种烦躁的情绪便会传染开来，后面的司机也会不停地跟着按喇叭。同时，喇叭那刺耳的声音又会使更多的乘客和司机烦躁不安。其实，这种现象就是坏情绪的转移。

生活中，我们的坏心情就像流感一样，如果不加以控制，就会不断蔓延。下面这个故事，就是很好的证明。

王先生是某私企的总经理，对公司管理非常严格，而且以身作则，每天都早来晚去。但是，有一天早晨，王先生看报太入迷，出门晚了。他匆匆忙忙地开车，闯了一个红灯，正巧被警察逮到，还罚款了。

本来上班就迟到了，没想到还被罚款了，王先生气急败坏。刚到办公室，正好碰到项目经理向他汇报工作，他没好气地问：“上周那个项目敲定没有？”项目经理告诉他还没有。他大吼道：“我已经付给你7年薪水了，现在我们终于有一次机会做笔大生意，你却把它弄吹了！如果你不把那个项目争回来，你就别想再踏进公司半步！”

项目经理怀着一肚子不满回到自己的办公室，心想：“我为公司卖了7年力，你王经理不过是个傀儡。现在，就因为我丢掉了一个项目，就恐吓要解雇我，太过分了！”正巧秘书来找他签字，他马上问秘书：“今天早上我给你的那5封信打好了没有？”秘书回答说：“还没，我……”他立刻冒起火来，指责说：“不要找任何借口，我要你赶快打好这些信件。虽然你在这儿干了3年，但不表示你会一直被雇用！”

秘书愤怒地回到自己的座位上，心想：“3年来，我一直很努力工作，经常超时加班，现在就因为我无法同时做两件事，就恐吓要辞退我。太欺负人了！”

秘书下班回家，看到9岁的儿子正悠闲地打着游戏，立刻叫起来：“我告诉你多少次，要好好学习，赶快给我回到房里去看书！”

儿子回到自己房间，心想：“妈妈刚到家就冲我发这么大的火，真过分！”这时，平时他最喜欢的小狗走了过来，他二话没说就狠狠地踢了小狗一脚：“给我滚出去！”

小狗疼得乱窜，发疯似的冲出门乱咬，还咬了一个人——那个人正好是从这里路过的王总经理。

王先生的消极情绪通过漫长的链条，经过不同人物的传导，最后报应了自己。在心理学中，这种现象被概括为情绪转移定律，指人的不好情绪如果没有得到适当的宣泄，就会转移到其他人和事上，是一种情绪的蔓延现象。

其实，情绪转移现象在生活中并不少见。一个人的不良情绪一旦无法正常发泄和排解，往往会找一个出气筒，把情绪转移到别人的身上，有时甚至是无意识的，自己也很难控制。无论如何，拿别人撒气是不对的，对别人是不公平的。

中国有句古话“己所不欲，勿施于人”，就像我们不希望别人把自己当出气筒一样，我们也应该适当克制自己的情绪，不要把别人当成出气筒。

2.掌控你自己，别把坏心情传染给别人

既然人人都不希望被当作出气筒，那么，如果遇到不良情绪时，我们该怎么办呢?

答案很简单，我们要学会调整情绪的方法，及时扭转不良情绪，避免它的蔓延。

生活中，我们要懂得原谅别人。当别人对我们不友好时，不一定是真的对我们有恶意，也许是因为他遇上生气的事，不知不觉就把气撒到我们身上。对这样的人，我们没必要斤斤计较，宽容为怀往往更容易解决问题。

同时，如诗所言，“不如意事常八九，可与人言无二三”，人在社会中，难免会遇到一些不如意的事情，我们要学会排解不良情绪。

一方面，可以有意识地转移注意焦点。当你遇到挫折，感到苦闷、烦恼，情绪处于低潮时，就暂时抛开眼前的麻烦，不要再去想引起苦闷、烦恼的事，而把注意力转移到较感兴趣的活动和话题中去。多回忆自己感到幸福、愉快的事，以此来冲淡或忘却烦恼，从而把消极情绪转化为积极情绪。

另一方面，可以自觉地转换环境。如外出散步、旅游参观、调换居住地点等，这样可以冲淡、缓解消极的心理情绪。

明智人生需要“不以物喜，不以己悲”的平和。要做到处顺境不骄，处逆境不躁，心静若止水，从而能明察秋毫；还要守住一份寂寞，忍耐一份孤独，从而不随波逐流。自己的情绪，还是要自己做主。

PART 03 成功：鱼和熊掌不可兼得

手表定律：一个目标就是最好的目标

◆定律阐释：手表定律，指只有一只手表，可以确切地知道时间，拥有两只或两只以上的手表，反而无法确定时间。也就是说，对于任何一件事情，不能同时设置两个不同的目标，否则将使人无所适从。

1.用一个明确的目标，指引成功人生

一名游客在穿越森林时，把手表落在了树下的岩石上，恰巧被一只叫“猛可”的猴子拾到。因为拥有这块手表，它成了森林猴群作息时间的规划者，后来还当上了猴王。鉴于手表给自己带来了好运，它便想拾到更多的表。后来，它拾到了更多的表，但由于每只表指示的时间不同，它不知道该相信哪一只，猴群的作息时间也因此变得混乱。不久，它被推下了猴王的宝座，所有手表都被新任猴王占有。但很快，新任猴王也面临同样的困惑……

在哈佛大学，曾发生过这样一件意义深刻的事情。

有一年，哈佛对一群人进行了一次关于人生目标的调查。结果是这样的：

27%的人，没有目标；60%的人，目标模糊；10%的人，有清晰但比较短期的目标；3%的人，有清晰而长远的目标。

25年后，哈佛再次对这群人进行了调查。结果是这样的：

3%的人，25年间他们朝着一个方向不懈地努力，结果大多成为社会各界的成功人士；10%的人，他们的短期目标不断地实现，成为各个领域中的专业人士，大都生活在社会的中上层；60%的人，他们安稳地生活与工作，但都没有什么特别成绩，几乎都生活在社会的中下层；剩下的27%的人，他们的生活没有目标，过得很不如意，并且常常在抱怨他人，抱怨社会，抱怨这个“不肯给他们机会”的世界。

事实上，这些人之间的差别仅仅在于25年前，他们中的一些人知道自己要做的事，为自己树立了一个明确的奋斗目标，而另一些人则不清楚或不太清楚，并且在以后的生活中，在对目标的选择上陷入了手表定律的误区。

哲人曾说过：“一只脚不可能同时踏入两条河流。”所以，在起步前行时，我们必须像前面那3%的成功者一样，做出方向的选择，还要学会舍弃其他的选项，否则就会让自己的行为陷于混乱。

在这方面，罗斯福总统夫人用她的亲身经历给予了我们忠告。

有人问罗斯福总统夫人：“尊敬的夫人，你能给那些渴求成功，特别是那些刚刚走出校门的年轻人一些建议吗？”

总统夫人谦虚地摇摇头，但她又接着说：“不过，先生，你的提问倒令我想起我年轻时的一件事。那时，我在本宁顿学院念书，想边学习边找一份工作做，最好能在电信业找份工作，这样我还可以修几个学分。我父亲便帮

我联系，约好了去见他的一位朋友，即当时任美国无线电公司董事长的萨尔洛夫将军。

“等我单独见到了萨尔洛夫将军时，他便直截了当地问我想找什么样的工作，具体哪一个工种。我想：他手下的公司任何工种都让我喜欢，无所谓选不选了，便对他说，随便哪份工作都行！

“这时，将军停下手中忙碌的工作，眼光注视着我，严肃地说，年轻人，世上没有一类工作叫‘随便’，成功的道路是目标铺成的！

“将军的话让我面红耳赤。这句发人深省的话语伴随我的一生，让我以后非常努力地对待每一份新的工作。”

可见，如果我们非常想得到某件东西，就必须把它作为自己坚定的目标，并朝着这个唯一的方向不懈努力、不断前进。要知道，什么都想要，结果往往是什么也得不到。

2.一心一意，朝着最亮的星星前进

切入正题前，我们先看这样一个有趣的故事。

撒哈拉沙漠中有一个小村庄叫比塞尔。它在一块1.5平方公里的绿洲旁，从这儿走出沙漠一般需要三昼夜的时间。可是在英国皇家学院的院士肯·莱文1926年发现它之前，这儿的人没有一个走出过大沙漠。据说他们不是不愿意离开这块贫瘠的地方，而是尝试过很多次都没有走出去。

肯·莱文用手语同当地人交谈，结果每个人的回答都是一样的：从这儿无论向哪个方向走，最后都还要转回到这个地方来。为了证实这种说法的真伪，肯·莱文做了一次试验，从比塞尔村向北走，结果3天半就走了出来。

比塞尔人为什么走不出去呢？肯·莱文感到非常纳闷，最后决定雇一个比塞尔人，让他带路，看看到底是怎么回事。他们准备了能用半个月的水，牵上两匹骆驼，肯·莱文收起指南针等设备，只拄一根木棍跟在后面。

10天过去了。第11天的早晨，一块绿洲出现在眼前，他们果然又回到了比塞尔。这一次肯·莱文终于明白了，比塞尔人之所以走不出大沙漠，是因为他们根本就不认识北极星。在一望无际的沙漠里，一个人如果凭着感觉往前走，就会走出许许多多大小不一的圆圈，最后的足迹十有八九是一把卷尺的形状。比塞尔村处在浩瀚的沙漠中间，方圆上千公里，若没有指南针，想走出沙漠确实是不可能的。

肯·莱文在离开比塞尔时，带了一个叫阿古特尔的青年。他告诉这个青年：“只要你白天休息，夜晚朝着北面那颗最亮的星星走，就能走出沙漠。”阿古特尔照着去做，3天之后果然来到了大漠的边缘。

通过上面的例子，我们应该明白，也许我们曾不满足于自己的平庸，也许我们曾抱怨过生活的无聊，然而，当我们能够朝着最亮的星星一直前进时，我们的生活也就翻开了崭新的一页。

手表定律还告诉我们：觉醒后，当你找到了那颗最亮的星星，就应该一心一意、全力以赴朝着那个方向前进，不要因周围环境或他人的影响而分神。

现实生活中，很多人通常不太去留意促成事业获得成功的因素，他们常常把做事情和干事业看得过于简单，不肯集中自己的全部精力去做。殊不知，我们在一项事业上的经验好比是一个雪球，随着人生轨迹的推移，这个雪球将越滚越大。所以，任何人都应该把全部精力集中在某一项事业上，随着不断的努力，获得经验也就越多，做起事来也就越顺手、越容易。

歌德曾说过：“你最适合站在哪里，你就应该站在哪里。”这句话可以作为对那些三心二意者的最好忠告。

无论是谁，如果不趁年富力强的黄金时代去培养自己集中精力的习惯，那么，他以后基本不会有什么大成就。世界上最大的浪费，就是把一个人宝贵的精力无谓地分散到许多不同的事情上。一个人的时间有限、能力有限、资源有限，想要样样都精、门门都通，绝不可能办到。

所以，在竞争日趋激烈的现代社会，如果你想在某一个方面做出什么成就，就一定要牢记手表定律，专心一致，对自己的目标全力以赴。

马蝇效应：前进需要不断地激励

◆定律阐释：马蝇效应，没有马蝇叮咬，马慢慢腾腾，走走停停；然而有马蝇叮咬，马才不敢怠慢，跑得飞快。对于一个人来说，只有被叮着、咬着，才不敢松懈，才会努力拼搏，不断进步。

1.背点压力，你会跑得更快

1860年大选结束后的几个星期，有位叫作巴恩的大银行家看见参议员萨蒙·蔡思从林肯的办公室走出来，就对林肯说：“你不要将此人选入你的内阁。”林肯问：“你为什么这样说？”巴恩答：“因为他认为他比你伟大得多。”“哦，”林肯说，“你还知道有谁认为自己比我要伟大的？”“不知道了。”巴恩说，“不过，你为什么这样问？”林肯回答：“因为我要把他们全都收入我的内阁。”

林肯为什么要这样做呢？

很多人都对林肯的决定感到困惑。如巴恩所说，蔡思确实狂态十足、极其自大、妒忌心很重，而且一直希望谋求总统职位。至于林肯为何仍旧重用蔡思，用他自己的话来解释：“现在正好有一只名叫‘总统欲’的马蝇叮着蔡思先生，那么，只要它能使蔡思那个部门不停地跑，我还不想打落它。”

现实生活中，不仅是蔡思先生，我们任何一个人，若找只马蝇给自己施加点压力，都会向目标的方向前进得更快。

勒斯里为了领略山间的野趣，一个人来到一片陌生的山林，左转右转迷失了方向。正当他一筹莫展的时候，迎面走来了一个挑山货的美丽少女。

少女嫣然一笑，问道：“先生是从景点那边迷路的吧？请跟我来吧，我带你抄小路往山下赶，那里有旅游公司的汽车等着你。”

勒斯里跟着少女穿越丛林，正当他陶醉于美妙的景致时，少女说：“先生，往前一点就是我们这儿的鬼谷，是这片山林中最危险的路段，一不小心就会摔进万丈深渊。我们这儿的规矩是路过此地，一定要挑点或者扛点什么东西。”

勒斯里惊问：“这么危险的地方，再负重前行，那不是更危险吗？”

少女笑了，解释道：“你只有意识到危险了，才

会更加集中精力，那样反而更安全。这儿发生过好几起坠谷事件，都是迷路的游客在毫无压力的情况下一不小心摔下去的。我们每天都挑东西来来去去，却从来没人出事。”

勒斯里不禁冒出一身冷汗。没有办法，他只好扛着两根沉沉的木条，小心翼翼地走过这段“鬼谷”路。

两根沉木条，在危险面前竟成了人们的“护身符”。其实，许多时候，在肩上压两根“沉木条”，给自己一些压力，确实会让我们走得更好。下面，看看这个非常贴近我们自己的例子。

小王是学管理的，因为爱好设计，进了某企业的策划部。刚工作不久，他就接手了一个公司的圣诞节网站广告设计项目，期限是四天。

由于这次广告需要设计一个非常有创意的网页，而小王和其他同事都不懂网页设计软件，老总便在出差前给他推荐了一位网页做得不错的外援。谁料，小王拿着老总给的手机号码联系对方，人家却已经到外地出差了，根本抽不出时间。

当时，小王面前只有两条路：一是放弃，直接告诉老总做不了；二是迎难而上，完成项目。选择前者，会失去很好的表现机会，晋升的梦想也可能泡汤；选择后者，自己需要再想别的办法做出一个有创意的网页，既要符合活动广告的要求，又要体现公司的内涵和优势，如果成功了，会大大提升自己在老总心中的地位。一直希望能做出成绩的小王，最终选择了后者。

决定后，他想：如果再找别人，要让对方了解公司的企业文化、优势及活动意义等，至少也要一天左右，而整个项目只有四天，还不如自己上，毕竟自己对公司和这次活动主旨都比较了解，何况大学期间也学过FOXPRO、VB等计算机课程。

于是，他买了两本网页制作的书，把自己关在办公室，连续三天废寝忘食地学习。第四天，老总出差回来，小王交上了一个自己精心设计的网页。当老总问他是不是那个外援的杰作，他便把事情原原本本地告诉老总，老总立刻对他竖起了大拇指，还夸他是一个很有发展前途的年轻人。

我们不应总是惧怕压力，适当的压力反而会促使我们更好地发挥潜力。如果每天都给自己一点压力，你就会感觉到自己的重要性，发挥出更多的潜能。

2.利用对手“叮”上自己，让你变得更加强大

马由慢跑到快跑是由于马蝇的叮咬，那么，我们个人的发展由衰到强需要什么来“叮咬”呢？事实证明，在有竞争对手“叮咬”的时候，人往往能保持旺盛的势头，最终让自己强大起来，加速前进。

在北方某大城市里，诸多电器经销商经过明争暗斗的激烈市场较量，在彼此付出了很大的代价后，赵、王两大商家脱颖而出，他们又成为最强硬的竞争对手。

这一年，赵为了增强市场竞争力，采取了极度扩张的经营策略，大量地收购、兼并各类小企业，并在各市县发展连锁店，但由于实际操作中有所失误，造成信贷资金比例过大，经营包袱过重，其市场销售业绩反倒直线下降。

这时，许多业内外人士纷纷提醒王说，这是主动出击，一举彻底击败对手赵，进而独占该市电器市场的最好商机，王却微微一笑，始终不曾采纳众人提出的建议。

在赵最危难的时机，王却出人意料地主动伸出援手，拆借资金帮助赵涉险过关，最终让赵的经营状况日趋好转，并一直对王的经营造成压力，迫使王时刻面对着这一强有力的竞争对手。

有很多人曾嘲笑王的心慈手软，说他是养虎为患。王却没有丝毫后悔之意，只是殚精竭虑，四处招纳人才，并以多种方式调动手下人拼搏进取，一刻也不敢懈怠。

就这样，王和赵在激烈的市场竞争中，既是朋友又是对手，彼此绞尽脑汁地较量，双方虽各有损失，但各自的收获都很大。多年后，王和赵都成了当地赫赫有名的商业巨子。

面对事业如日中天的王，当记者提及他当年的“非常之举”时，王一脸的平静：击倒一个对手有时候很简单，但没有对手的竞争是乏味的。企业能够发展壮大，应该感谢对手时时施加的压力。正是这些压力，成为战胜困难的动力，进而使企业在残酷的市场竞争中始终保持着一种危机感。

没错，人生需一定的“激”。就好比著名的钱塘江大潮，至柔至弱的水，一经激发，便能产生“白马千群浪涌，银山万迭天高”的蔚为大观。

事实上，人皆有惰性，如果没有外力的刺激或震荡，许多人都会四平八稳、舒舒服服、得过且过地走完平庸的人生之旅，可是偏偏人生多蹇、世事难料，给人带来种种困窘，也带来种种激励。朋友反目，爱人变心，事业上不顺心，都可能成为一种精神动力源，激发人们的潜能，干出一番事业，改变自己的人生轨迹。

例如，司马迁不经宫刑之激，恐难写出“史家之绝唱”；勾践没有丧师辱国之激，怕也不会创下“卧薪尝胆，三千越甲可吞吴”的奇迹；苏秦一事无成时，屡受父母、嫂的白眼，于是发愤图强，悬梁刺股，夜以继日，废寝忘食，终成一代名士，挂六国相印，显赫一时，威震天下；蒲松龄虽满腹经纶，却屡试不中，穷困潦倒，愤而激励自己著书立说，以毕生心血学识凝成《聊斋志异》，自己也跻身文学巨匠行列，成为千古名人。

所以，想成功我们就要学会主动接收外在的压力，化压力为动力，以使我们的心智力量得到最大限度的发挥，使我们的人生变得更加瑰丽雄奇。

墨菲定律：成功要会与错误共生

◆定律阐释：墨菲定律，指如果坏事情有可能发生，不管这种可能性多么小，它总会发生，并引起最大可能的损失。它告诉我们，错误虽是世界的一部分，但人类不得不接收与错误共生的命运。

1.不存侥幸心理，从失败中汲取教训

一位名叫墨菲的美国上尉认为他的一位同事是个倒霉蛋，不经意间说了句笑话：“如果一件事情有可能被弄糟，让他去做就一定会弄糟。”后来，由这句话延伸出现一些其他表达形式，如“会出错的，终将会出错”等。既然这些错误注定不可避免，那么，我们该怎么办呢？

众所周知，人类即使再聪明，也不可能把所有事情都做到完美无缺。正如所有的程序员都不敢保证自己在写程序时不会出现错误一样，容易犯错误是人类与生俱来的弱点。这也是墨菲定律一个很重要的体现。

因此，想取得成功，我们不能存有侥幸心理，想方设法回避错误，而是要正视错误，从错误中汲取经验教训，让错误成为我们成功的垫脚石。

一次，丹麦物理学家雅各布 · 博尔不小心打碎了一个花瓶，但他没有像一般人那样一味地悲伤叹惋，而是俯身细心地收集起了满地的碎片。

他把这些碎片按大小分类称出重量，结果发现：10至100克的最少，1至10克的稍多，0.1克及以下的最多；同时，这些碎片的重量之间表现为统一的倍数关系，即较大块的重量是次大块重量的16倍，次大块的重量是小块重量的16倍，小块的重量是小碎片重量的16倍……

于是，他开始利用这个“碎花瓶理论”来恢复文物、陨石等不知其原貌的物体，对考古学和天体研究产生了意想不到的作用。

事实上，我们主要是从尝试和失败中学习，而不是从正确中学习。例如，超级油轮“卡迪兹”号在法国西北部的布列塔尼沿岸爆炸后，成千上万吨的油污染了整个海面及沿岸，于是石油公司才对石油运输的许多安全设施重新考虑。还有，在三里岛核反应堆发生意外后，许多核反应过程和安全设施都改变了。

可见，错误具有冲击性，可以引导人考虑更多细节上的事情，只有从错误中吸取教训，人们才会不断进步。假如你工作的例行性极高，你犯的错误就可能很少，而如果你从未做过某事，或正在做新的尝试，那么发生错误在所难免。发明家不仅不会被成千的错误所击倒，反而会从中得到新创意。在创意萌芽阶段，错误是创造性思考必要的副产品。正如著名垒手耶垂斯基所言：“假如你想打中，先要有打不中的准备。”

现实生活中，每当出现错误时，我们通常的反应都是：“真是的，又错了，真是倒霉啊！”殊不知，错误的潜在价值对创造性思考具有很大的作用。

人类社会的发明史上，有许多利用错误假设和失败观念来产生新创意的人。哥伦布以为他发现了一条到印度的捷径，结果却发现了新大陆；开普勒偶然间得到行星间引力的概念，却是由错误的理由得到的；爱迪生也是知道了上万种不能做灯丝的材料后，才找到了钨丝……

所以，想迎接成功，先放下你的侥幸心理，增强你的“冒险”力量。遇到失败，从中汲取经验，尝试寻找新的思路、新的方法。

2.在哪里跌倒就在哪里爬起来

英国小说家、剧作家柯鲁德·史密斯曾说过：“对于我们来说，最大的荣幸就是每个人都失败过，而且每当我们跌倒时都能爬起来。”成功者之所以成功，只不过是他不被失败左右而已。

1927年，美国阿肯色州的密西西比河大堤被洪水冲垮，一个9岁的黑人小男孩的家被冲毁。在洪水即将吞噬男孩的一刹那，母亲用力把他拉上了堤坡。

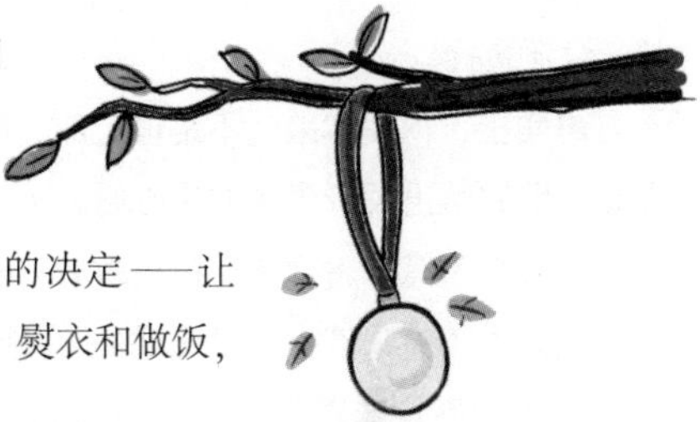

1932年，男孩8年级毕业了，因为阿肯色的中学不招收黑人，他只能到芝加哥读中学，但家里没有那么多钱。那时，母亲做出了一个惊人的决定——让男孩复读一年。她则为50名工人洗衣、熨衣和做饭，从而给孩子攒钱上学。

1933年夏天，凑足了那笔上学的钱，母亲带着男孩踏上火车，奔向陌生的芝加哥。在芝加哥，母亲靠给别人当佣人谋生。男孩以优异的成绩读完中学，后来又顺利地读完大学。

1942年，他开始创办一份杂志，但最后一道障碍是缺少500美元的邮费，不能给订户发函。一家信贷公司愿借贷，但有个条件，得有一笔财产作抵押。母亲曾分期付款好长时间买了一批新家具，这是她一生最心爱的东西，但她最后还是决定将家具作为抵押。

1943年，那份杂志获得巨大成功。男孩终于能做自己梦想多年的事了：将母亲列入他的工资花名册，并告诉她算是退休工人，再不用工作了。母亲哭了，那个男孩也哭了。

后来，在一段反常的日子里，男孩经营的一切仿佛都坠入谷底，面对巨大的困难和障碍，男孩已无力回天。他心情忧郁地告诉母亲："妈妈，看来这次我真要失败了。"

"儿子，"母亲说，"你努力试过了吗？"

"试过。"

"非常努力吗？"

"是的。"

"很好。"母亲果断地结束了谈话，"无论何时，只要你努力尝试，就不会失败。"

果然，男孩渡过了难关，攀上了事业新的巅峰。这个男孩就是驰名世界的美国《黑人文摘》杂志创始人、约翰森出版公司总裁、拥有3家无线电台的约翰·H.约翰森。

事实上，得失本来就不是恒定的，而是可以相互转化的矛盾共同体。有一本杂志曾归纳出关于失败的优胜面。

失败并不意味着你是一位失败者——失败只是表明你尚未成功。

失败并不意味着你一事无成——失败表明你得到了经验。

失败并不意味着你是一个不知灵活性的人——失败表明你有非常坚定的信念。

失败并不意味着你要一直受到压抑——失败表明你愿意尝试。

失败并不意味着你不可能成功——失败表明你也许要改变一下方法。

失败并不意味着你比别人差——失败只表明你还有缺点。

失败并不意味着你浪费了时间和生命——失败表明你有理由重新开始。

失败并不意味着你必须放弃——失败表明你还要继续努力。

失败并不意味着你永远无法成功——失败表明你还需要一段时间。

失败并不意味着命运对你不公——失败表明命运还有更好的给予。

那么，期待成功的你，不要再被一时的失败所左右了，在哪里跌倒，就从哪里爬起来吧！

瓦拉赫效应：要懂得经营自己的长处

◆定律阐释：瓦拉赫效应，指人的智能发展都是不均衡的，都有智能的强项和弱项，人一旦找到自己的智能最佳点，使智能潜力得到充分的发挥，便可取得惊人的成绩。

1.像盖茨一样经营自己的长处

比尔·盖茨，这位赫赫有名的世界级成功典范，令无数人仰慕不已。其实，他的成功与他把握住未来的大趋势，尤其与懂得经营自己的强项密不可分。

事实上，盖茨一开始就与伙伴保罗·艾伦看出了个人电脑将改变整个世界的趋势，他们两个人经常通宵达旦地探讨个人电脑世界将会是什么样子，对这场革命的到来深信不疑。对于初出茅庐的微软来说，“它将到来”是他们的坚定信念，而他们就是为这将要到来的计算机时代开发软件。没想到竟使他们的公司迅速上升到世界舞台的前列，并发挥着超凡的作用。但当时他们至少窥见IBM或数字设备公司这样的主板生产公司已陷入自身无法意识到的困境了。“我记得从一开始我们就纳闷，像数字设备公司这样的微机生产商生产出的机器功能强大但价格低廉，那么他们的发展前景在哪里呢？”“IBM的前景又在哪里呢？在我们看来，他们好像把一切都弄糟了，而且他们的未来也将是一团糟。我们对上帝说，天啊，这些人怎么能不警觉呢？他们怎么能不震惊害怕呢？”

盖茨的技术知识是微软所向披靡的成功秘诀中最重要的一条，而这也正是他的核心强项，他始终保持着对这一领域的决定权。许多时候，他能比他的对手更清楚地看到未来科技的走势。

微软公司的同事们都盛赞盖茨的技术知识让他独具优势，他总是能提出正确的问题，他对程序的复杂细节几乎了如指掌。

和盖茨个人的以强项打天下几乎如出一辙，微软公司把开发新产品作为全部事业的中心，不断根据市场需求推陈出新，发挥自身优势，力求变弱为强，深谋远虑，未雨绸缪，牢牢把握住了世界信息产业市场的未来。

微软与任何公司一样，实际上类似于一个动态的人体系统。它之所以能够有效运行，是因为微软人将竞争所需的各种技术能力和市场知识结合了起来，并且把它们付诸行动。产品开发是微软所有事业的中心，公司的存亡和盛衰关键在于新产品。

例如，在20世纪90年代，如果微软没能推出Word和Excel新版本，并把它们结合进Office套装软件的话，它的收益一定会下滑。后来，这些产品占收益和利润的一半左右。仅仅为了维持它在操作系统上的销售额，微软就必须从MS-DOS迈进到Windows，它成功地开发了Windows NT的两个版本，并有初步迹象显示新产品Windows95随后在商业上获得巨大成功。微软还必须源源不断地增添有用功能来说服其成百万的现有顾客购买产品的新版本，虽然旧版本对于绝大多数人来说已经够用。为了保持市场份额在未来持续增长，微软计划创建种类繁多的、结合先进的多媒体及网络通信技术的消费性产品。显然，微软面临的一个关键问题是公司能否继续增进其开发能力，并且建立更大、更复杂的软件产品和以软件为基础的信息服务。就像我们已经指出过的那样，微软还必须极大地简化这些中间产品，从而将它们成功地推销给世界上数十亿的新兴

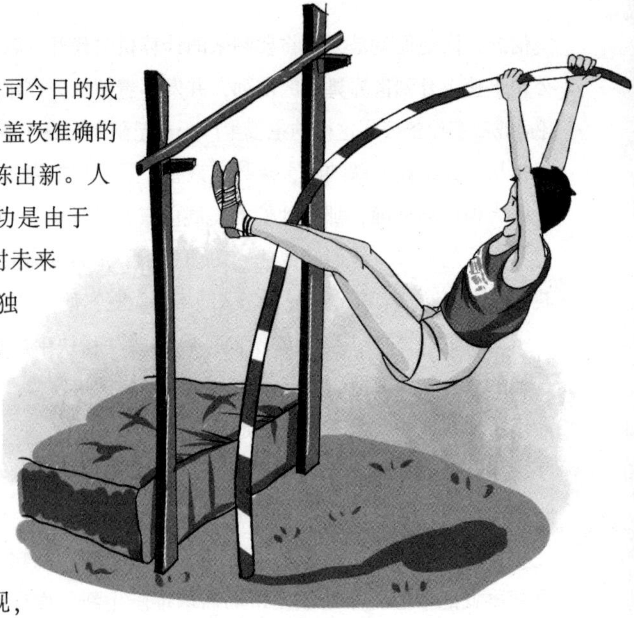

家庭消费者。

不言而喻，微软公司今日的成功，很大程度上得益于盖茨准确的市场定位和产品的推陈出新。人们公认微软公司的成功是由于不停地创新，而盖茨对未来形势精确的分析和其独有的战略眼光，以及对自己强项的经营程度，不仅为微软公司的员工，也为其对手所称道。

这一切，也正是瓦拉赫效应的典型体现，幸运之神就是那样垂青忠于自己个性长处的人。正如松下幸之助所言：“人生成功的诀窍在于经营自己的个性长处，经营长处能使自己的人生增值，否则，必将使自己的人生贬值。”

2.承认缺憾，弥补缺陷

在美国某个学校的一间教室里，坐着一个8岁的小孩，他胆小而脆弱，脸上经常带着一种惊恐的表情。他呼吸时就好像别人喘气一样。

一旦被老师叫起来背诵课文或者回答问题，他就会惴惴不安地站起来，而且双腿抖个不停，嘴唇也颤动不安。自然，他的回答时常含糊而不连贯，最后，他只好颓废地坐到座位上。如果他能有张好看的面孔，也许给人的感觉会好一点，但是，当你向他同情地望过去时，你一眼就能看到他那一副实在无法恭维的龅牙。

像他这种小孩，自然很敏感，他们会主动地回避多姿多彩的生活，不喜欢交朋友，宁愿让自己成为一个沉默寡言的人。但是，这个小孩却不如此，他虽然有许多的缺憾，然而，在他身上也有一种坚韧的奋斗精神——一种无论什么人都可具有的奋斗精神。事实上，对他而言，正是他的缺憾增强了他去奋斗的热忱。他并没有因为同伴的嘲笑而使自己奋斗的勇气有丝毫减弱，相反，他使经常喘气的习惯变成了一种坚定的声响；他用坚强的意志，咬紧牙根使嘴唇不再颤动；他挺直腰杆，使自己的双腿不再战栗，以此来克服他与生俱来的胆小和众多的缺陷。

这个小孩就是西奥多·罗斯福。

罗斯福并没有因为自己的缺憾而气馁，相反，他还千方百计把它们转化为自己可以利用的资本，并以它们为扶梯爬到了荣誉的顶峰。他用一种方法战胜了自己的缺憾，这种方法是大家都可以用得上的。到他晚年时，已经很少有人知道他曾经有过严重的缺憾，他自己又曾经如何的惧怕过它。美国人民都爱戴他，他成了美国有史以来最得人心的总统之一。

盖茨说："我们尊敬罗斯福，同时，也希望能像他一样，为改变自己的命运做些努力。如果我们尝试着去做一件还有点价值的事，失败了，我们便借故来掩饰自己，那么我们就是在以自己的缺憾为借口。"缺憾应当成为促使自己向上的激励机制，而不是自甘沉沦的理由。它暗示你在它上面应当做一点努力。

重要的并不在于你所做的是什么事，而在于你应当采取某种行动。最不可取的态度是一点事情都不去做，一味让自己躲藏在困难的后面，动不动就被困难吓倒，这很容易让自己滋生一种自卑感，久而久之，就什么事情都不敢去做了。那么，一个人什么时候应当坦然承认自己的缺陷，什么时候又应当去和困难奋斗呢？

如果你只有一条腿，就完全没有必要勉强自己去做一个长跑运动员。如果你的容貌确实够不上美艳绝伦，就不必非得去参加什么选美大赛。在这种情形之下，如果一个人在某些方面确实存在自身不可抗拒的缺陷，就完全没有必要较劲，非要在这方面和别人争高低。

一个矮小的人想在体格上炫耀自己，这是何等的愚蠢！一个粗壮的妇人勉强要扮出娇羞的样子来东施效颦，这又是何等的可笑！对于你和你的朋友来说，对那些你们明显不能去做的事，就不要浪费精力去干。

不言而喻，真正懂得去经营自己强项的人是十分明智的，但同时，我们也要学会承认缺憾，弥补缺陷。

PART 04 人际交往：打好“征服人心”这张牌

首因效应：印象也是先人为主

◆定律阐释：首因效应，也叫首次效应、优先效应或第一印象效应，指与人第一次交往时给他人留下的印象，在对方的头脑中形成并占据着主导地位。这种印象非常深刻，持续的时间也长，比以后得到的信息对于事物整个印象产生的作用更强。

1.从“额满，暂不雇用”到破格录用的神奇转变

《三国演义》中，庞统当初准备效力东吴，于是去面见孙权。孙权见到庞统相貌丑陋、傲慢不羁，无论鲁肃怎样苦言相劝，最后还是将这位与诸葛亮比肩齐名的奇才拒之门外。为什么会这样呢？是庞统无能，还是孙权根本不需要帮手呢？其实，造成这样的后果，仅仅是因为庞统没能给孙权留下良好的第一印象。

如今，大家都认为工作不好找，尤其是刚毕业的学生。其实，如果在求职时注意给主考官留下良好的第一印象，效果往往会出乎意料。

一个新闻系的毕业生正急于寻找工作。一天，他到某报社对总编说：“你们需要一个编辑吗？”

“不需要！”

“那么记者呢？”

“不需要！”

“那么排字工人、校对呢？”

“不，我们现在什么空缺也没有了。”

“那么，你们一定需要这个东西。”说着他从公文包中拿出一块精致的小牌子，上面写着“额满，暂不雇用”。总编看了看牌子，微笑着点了点头，说：“如果你愿意，可以到我们广告部工作。”

这个大学生通过自己制作的牌子，表现了自己的机智和乐观，给总编留下了良好的第一印象，引起对方极大的兴趣，从而为自己赢得了一份满意的工作。这也是为什么当我们参加面试或与某人第一次打交道之前，常常会听到这样的忠告：“要注意你给别人的第一印象！”

也许你会好奇，第一印象真的有那么重要，以至于在今后很长时间内都会影响别人对你的看法吗？心理学家曾做了这样一个实验。

心理学家设计了两段文字，描写一个叫吉姆的男孩一天的活动。其中，一段将吉姆描写成一个活泼外向的人：他与朋友一起上学，与熟人聊天，与刚认识不久的女孩打招呼等；另一段则将他描写成一个内向的人。

研究者让有的人先阅读描写吉姆外向的文字，再阅读描写他内向的文字；而让另一些人先阅读描写吉姆内向的文字，后阅读描写他外向的文字，然后请所有人评价吉姆的性格特征。

结果，先阅读外向文字的人中，有78%的人评价吉姆热情外向；而先阅读内向文字的人中，则只有18%的人认为吉姆热情外向。

由此可见，第一印象真的很重要。事实上，人们对你形成的第一印象，日后往往很难改变，而且人们会寻找更多的理由去支持这种印象。有的时候，尽管你的表现并不符合原先留给别人的印象，但人们在很长一段时间里仍然会坚持对你的最初评价。

2.打造良好的第一印象

我们既然了解了第一印象的重要性，那么，应该怎样做才能给人留下良好的第一印象呢?

通常，第一印象包括谈吐、相貌、服饰、举止、神态，对于感知者来说都是新的信息，它对感官的刺激也比较强烈，有一种新鲜感。这好比在一张白纸上，第一笔抹上的色彩总是十分清晰、深刻。随着后来接触的增加，各种基本相同的信息的刺激，也往往盖不住初次印象的鲜明性。所以，第一印象的客观重要性是显而易见的，并在以后的交往中起了思维定式作用。

如果你与人初次见面就不言不语、反应缓慢，给人的第一印象基本就是呆板、不热情，对方就可能不愿意继续了解你，即使你有许多优点，也不易被人接收；而如果你给人留下的印象是风趣、直率、热情，即使你身上尚有一些缺点，对方也会用自己最初捕捉的印象来评价你。

一般来说，想给他人留下良好的第一印象，要牢记以下5点：

（1）显露自信和朝气蓬勃的精神面貌。

自信是人们对自己的才干、能力、个人修养、文化水平、健康状况、相貌等的一种自我认同和自我肯定。一个人要是走路时步伐坚定，与人交谈时谈吐得体，说话双目有神、目光正视对方、善于运用眼神交流，就会给人以自信、可靠、积极向上的感觉。

（2）讲信用，守时间。

现代社会，人们对时间愈来愈重视，往往把不守时和不守信用联系在一起。若你第一次与他人见面就迟到，可能会造成难以弥补的损失，最好避免。

（3）仪表、举止得体。

脱俗的仪表、高雅的举止、和蔼可亲的态度等是个人品格修养的重要部分。在一个新环境里，别人对你还不完全了解，过分随便有可能引起误解，产生不良的第一印象。当然，仪表得体并不是非要用名牌服饰包装自己，更不是过分地修饰，因为这样反而会给人一种轻浮浅薄的印象。

（4）微笑待人，不卑不亢。

第一次见面，热情地握手、微笑、点头问好，都是人们把友好的情意传递给对方的途径。在社会生活中，微笑有助于人与人之间的交往和友谊。但与别人第一次见面，笑要有度，不停地笑有失庄重。言行举止也要注意交际的场合，过度的亲昵举动难免有轻浮油滑之嫌。尤其是对有一定社会地位的朋友，不应表露巴结讨好的意思、趋炎附势的行为不仅会引起当事人的蔑视，连在场的其他人也会瞧不起你的。

（5）言行举止讲究文明礼貌.

语言表达要简明扼要，不乱用词语；别人讲话时，要专心地倾听，态度谦虚，不随便打断；在听的过程中，要善于通过身体语言和话语给对方以必要的反馈；不追问自己不必知道或别人不想回答的事情，以免给他人留下不好的印象。

刺猬法则：“距离产生美”

◆定律阐释：刺猬法则，指人与人之间，需要保持适当的距离，只有这样，才能最大限度地感受彼此的美好。

1.我们都需要一定的距离

生物学家曾做了一个实验：冬季的一天，把十几只刺猬放到户外空地上。这些刺猬被冻得浑身发抖，为了取暖紧紧地靠在一起，而相互靠拢后，它们身上的长刺又把同伴刺疼，于是它们很快分开。接着，寒冷又迫使大家再次围拢，疼痛又迫使大家再次分离。如此反复多次，它们终于找到了一个较佳的位置——保持一个忍受最轻微疼痛又能最大限度取暖御寒的距离。其实，人与人之间亦如此，良好交际需要保持适当的距离。

这里，我们先来做一个小小的选择题。

你要坐公交车出去玩，上车后你发现只有最后一排还有五个座位，走在你前面的两个人，一个选了正中间的座位，一个选了最右侧靠窗子的座位。剩下的三个座位中，一个在前两个人之间，两个在中间人与最左侧的窗户之间，这时你会坐在哪里呢?

想必，你多半会选择最左侧窗户的座位，而不是紧挨着两个人中的任何一位坐下。这很正常，因为人与人之间也像前面讲的刺猬那样，彼此需要一定的距离。

这种距离，有时是环绕在人体四周的一个抽象范围，用眼睛没法看清它的界限，但它确确实实存在，而且不容他人侵犯。

例如，在拥挤的车厢或电梯内，你都会在意他人与自己的距离。当别人过于接近你时，你可以通过调整自己的位置来逃避这种接近的不快感；当挤满了人无法改变时，你只好以对其他乘客漠不关心的态度来忍受心中的不快，所以看上去神态木然。

戴高乐在其十多年的总统岁月里，对新上任的办公厅主任总是这样说："我使用你两年，正如人们不能以参谋部的工作作为自己的职业，你也不能以办公厅主任作为自己的职业。" 所以，他的秘书处、办公厅和私人参谋部等顾问和智囊机构，没有任何人的工作年限超过两年以上。用戴高乐自己的解释就是：第一，由于受军队流动性做法的影响，他觉得调动很正常，固定才是不正常。第二，他不想让这些人成为自己"离不开的人"，唯有通过调动，才能使相互之间保持一定的距离，以确保顾问与参谋的思维、决断具有新鲜感及充满朝气，并能杜绝顾问与参谋们利用总统与政府的名义来徇私舞弊。

关于这方面，一位心理学家曾做过这样一个实验。

在一个刚刚开门的阅览室，当里面只有一位读者时，心理学家进去拿了把椅子，坐在那位读者的旁边。实验进行了80人次。结果证明，在一个只有两位读者的空旷的阅览室里，没有一个被试能够忍受一个陌生人紧挨自己坐下。

当他坐在那些读者身边，被试不知道这是在做实验，很多人选择默默地远离，到别处坐下，还有人干脆明确表示："你想干什么？"

这个实验向我们证明了，任何一个人都需要在自己的周围有一个自我空间，如果这个自我空间被人侵犯，就会感到不舒服、不安全，甚至恼怒。

所以，我们在人际交往中要把握适当的交往距离，就像前面互相取暖的刺猬那样，既互相关心，又有各自独立的空间。

2.交际中的距离学问

既然距离在人际交往中如此重要，那么，究竟保持多远的距离才合适呢？一般而言，交往双方的人际关系以及所处情境决定着相互间自我空间的范围。

美国人类学家爱德华·霍尔博士划分了4种距离，各种距离都与双方的关系相称。

（1）亲密距离。

所谓"亲密距离"，即我们常说的"亲密无间"，是人际交往中的最小间隔，其近范围在15厘米之内，彼此间可能肌肤接触、耳鬓厮磨，以致相互间能感受到对方的体温、气味和气息；其远范围是15～44厘米之间，身体上的接触可能表现为挽臂执手，或促膝谈心，以体现出亲密友好的人际关系。

这种亲密距离属于私下情境，只限于在情感联系上高度密切的人之间使用。在社交场合，大庭广众之下，两个人（尤其是异性）如此贴近，就不太雅观。在同性别的人之间，往往只限于贴心朋友，彼此十分熟识而随和，可以不拘小节，无话不谈；在异性之间，只限于夫妻和恋人之间。因此，在人际交往中，一个不属于这个亲密距离圈子内的人随意闯入这一空间，不管他的用心如何，都是不礼貌的，会引起对方的反感。

（2）个人距离。

这是人际间隔上稍有分寸感的距离，较少有直接的身体接触。个人距离的近范围为45～76厘米之间，正好能相互亲切握手，友好交谈。这是与熟人交往的空间。陌生人进入这个距离会构成对别人的侵犯。个人距离的远范围是76～122厘米，任何朋友和熟人都可以自由地进入这个空间。不过，在通常情况下，较为融洽的熟人之间交往时保持的距离更靠近远范围的近距离76厘米端，而陌生人之间谈话则更靠近远范围的远距离122厘米端。

人际交往中，亲密距离与个人距离通常都是在非正式社交情境中使用，在正式社交场合则使用社交距离。

（3）社交距离。

这个距离已超出了亲密或熟人的人际关系，而是体现出一种社交性或礼节上的较正式关系。其近范围为1.2～2.1米，一般在工作环境和社交聚会上，人们都保持这种程度的距离。社交距离的远范围为2.1～3.7米，表现为一种更加正式的交往关系。

（4）公众距离。

通常，这个距离指公开演说时演说者与听众所保持的距离，其近范围为3.7～7.6米，远范围在7.62米之外。这是一个几乎能容纳一切人的“门户开放”的空间，人们完全可以对处于空间的其他人“视而不见”、不予交往，因为相互之间未必发生一定联系。因此，这个空间的交往大多是当众演讲之类，当演讲者试图与一个特定的听众谈话时，他必须走下讲台，使两个人的距离缩短为个人距离或社交距离，才能够实现有效沟通。

当然了，人际交往的空间距离不是固定不变的，它具有一定的伸缩性，这依赖于具体情境、交谈双方的关系、社会地位、文化背景、性格特征、心境等。

了解了交往中人们所需的自我空间及适当的交往距离，我们就能够有意识地选择与人交往的最佳距离；而且，通过空间距离的信息，还可以很好地了解一个人的实际社会地位、性格以及人与人之间的相互关系，更好地进行人际交往。

投射效应：“以小人之心，度君子之腹”

◆定律阐释：投射效应，指当人们不知道别人的情况（如个性、好恶、欲望、观念、情绪等）时，往往主观地认为别人有同自己相同的特性。也就是说，人们总是喜欢假设别人与自己有某些相同的倾向，喜欢认为自己具有的某些特点别人也具有。

1.为何会有“以小人之心，度君子之腹”的心结

宋代著名学者苏东坡和佛印和尚是好朋友。一天，苏东坡去拜访佛印，与佛印相对而坐，苏东坡对佛印开玩笑说：“我看你是一堆狗屎。”而佛印则微笑着说：“我看你是一尊金佛。”苏东坡觉得自己占了便宜，很是得意。回家以后，苏东坡得意地向妹妹提起这件事，苏小妹说：“哥哥你错了。佛家说‘佛心自现’，你看别人是什么，就表示你看自己是什么。”对这个笑话，也许你会一笑而过，但其中苏小妹的话确实是有道理的。

从心理学角度，上面一则笑话中的苏小妹正好指出了人喜欢把自己的想法投射到他人身上的投射效应。俗语说的“以小人之心，度君子之腹”，讲的就是小人总喜欢用自己卑劣的心意去猜测品行高尚的人。

与之类似，还有这样一个有趣的笑话。

一天晚上，在漆黑偏僻的公路上，一个年轻人的汽车抛锚了。

年轻人下来翻遍了工具箱，也没有找到千斤顶。怎么办？这条路很长时间都不会有车子经过。他远远望见一座亮灯的房子，决定去那个人家借千斤顶。可是他又有许多担心，在路上，他不停地想：

“要是没有人来开门怎么办？”

“要是没有千斤顶怎么办？”

“要是那家伙有千斤顶，却不肯借给我，该怎么办？”

……

顺着这种思路想下去，他越想越生气。当走到那座房子前，敲开门，主人一出来，他冲着人家劈头就是一句：“他妈的，你那千斤顶有什么稀罕的？”

主人被弄得丈二和尚摸不着头脑，以为来的是个精神病人，就“砰”的一声把门关上了。

我们不难发现，这个年轻人，

错就错在把自己的想法投射到了主人的身上。

在人际交往中，认识和评价别人的时候，我们常常免不了要受自身特点的影响，我们总会不由自主地以自己的想法去推测别人的想法，觉得既然我们这么想，别人肯定也这么想。例如，贪婪的人总是认为别人也都嗜钱如命；自己经常说谎，就认为别人也总是在骗自己；自我感觉良好，就认为别人也认为自己很出色……

1974年，心理学家希芬鲍尔曾做了这样一个实验。

他邀请一些大学生作为被试，将他们分为两组，给其中一组学生放映喜剧电影，让他们心情愉快；而给另外一组学生放映恐怖电影，让他们产生害怕的情绪。然后，他又给这两组学生看相同的一组照片，让他们判断照片上人的面部表情。

结果，看了喜剧电影而心情愉快的那组大学生判断照片上的人也是开心的表情，而看了恐怖电影而心情紧张的那组大学生则判断照片上的人是紧张害怕的表情。

这个实验说明，被试的大部分学生将照片上人物的面部表情视为自己的情绪体验，即将自己的情绪投射到他人身上。

其实，投射效应的表现形式除了将自己的情况投射到别人身上外，还有另一种表现——感情投射，即对自己喜欢的人或事物越看越喜欢，越看优点越多；对自己不喜欢的人或事物越看越讨厌，越看缺点越多。这种情况多发生在恋爱期间，如在热恋时人们喜欢在周围人面前吹嘘自己的另一半如何完美无缺；一旦失恋，又把对对方的憎恨之情溢于言表，并言过其实。

所以，了解了投射效应会使我们对其他人的知觉失真，我们就要在与人交往的过程中保持理性，避免受这种效应的不良影响。

2.巧妙利用投射效应

尽管投射效应有时会令我们的感觉失真，但在日常生活中，我们也可以对其进行巧妙地利用。

投射效应会使我们以自己的感受去揣度别人，缺少人际沟通中认知的客观性，从而造成主观臆断并陷入偏见的深渊，这是我们需要克服的。

《庄子·天地》中记载了这样一个故事。

尧到华山视察，华封人祝他“长寿、富贵、多男子”，尧都辞谢了。华封人说："寿、富、多男子，人之所欲也；汝独能不欲，何邪？"尧说："多男子则多惧，富则多事，寿则多辱。是三者，非所以养德也，故辞。"

透过这个故事，我们发现，人的心理特征各不相同，即使是富、寿等基本的目标，也不能随意投射给任何人。

由于产生投射效应是主观意识在作祟，所以我们应保持理性，克服潜意识和惯性思维，让事物的发展规律还原它本来的面目，从而消除这种效应带来的不良影响。

首先，我们要客观地认清别人与自己的差异，不断完善自己，不能总是以己之心，度人之腹。

其次，我们要承认和尊重差异，多角度、全方位地去认识别人。

最后，为了避免投射效应，我们需要学会换位思考，也就是设身处地站在对方的立场去看别人。在与人交往时，我们只有站在对方的立场上，为对方着想，理解对方的需要和情感，才能与他人进行很好的交流和沟通，也更容易达成谅解和共识。

不可否认的是，因为人性有相通之处，有些时候不同的人也会产生相同的感受，我们就可以从一个人对别人的看法中来推测这个人的真正意图或心理特征。正如钱锺书说"自传其实是他传，他传往往却是自传"，要了解某人，看他的自传，不如看他为别人做的传。

例如，你在帮公司招聘人员的时候，想了解求职者真实的应聘目的，那就可以设计这样的问题：

1.你来应聘的主要原因是什么？

A.工作轻松

B.有住房

C.公司理念符合个人性格

D.有发展前途

E.收入高

2.你认为跟你一起到公司应聘的其他人的主要应聘原因是什么？

A.工作轻松

B.有住房

C.公司理念符合个人性格

D.有发展前途

E.收入高

显然，第一个题目并没有多大意义，大部分求职者都会选择C或D；第二个题目，则可以考察求职者的心理投射，求职者一般会根据自己内心的真实想法来推测别人，其答案很可能也就是求职者内心的想法。

那么，在干部谈话或招聘等过程中，我们就可以利用投射效应来了解交际对象的内心态度和动机，为我们带来积极的意义。

所以，对待交际中的投射效应，我们要学会辩证地看待其影响，以理智避开它不利的一面，以智慧运用它有利的一面。

刻板效应：小心记忆中的刻板阻断人脉

◆定律阐释：刻板效应，指人们在长期的认识过程中所形成的关于某类人的概括而笼统的固定印象，是我们在认识他人时经常出现的一种普遍现象。

1.偏见的认知源于记忆中的刻板

心理学家曾做过这样的实验：将一个人的照片分别给两组被试看，对甲组说“此人是个罪犯”，对乙组说“此人是位著名学者”。然后，请两组被试分别对此人的照片特征进行评价。结果，甲组认为：此人眼睛深凹表明他凶狠、狡猾，下巴外翘反映其顽固不化的性格；乙组被试认为：此人眼睛深凹表明他具有深邃的思想，下巴外翘反映他具有探索真理的顽强精神。这是因为，在大多数人眼中，罪犯的眼睛、下巴等特征应归类为凶狠、狡猾和顽固不化，学者的特征应归为思想的深邃性和意志的坚忍性，这就是心理学中的刻板效应。

对于各个地方的人，人们往往形成一种固定的认识，并以此推广到全部人群。

有人这样调侃重庆女孩：如果你的前面是一位发怒的重庆女孩，后面是万丈深渊，那么，奉劝你还是往后跳吧！这个笑话不能说没有一点道理，重庆女孩的泼辣，可以说是“盛名远播”，因此，一提到重庆女孩，首先进入人们脑海的就是"泼辣"二字，丝毫不顾其中是否有被"冤枉"的例外。

对于上海人，我们总是想当然地认为他们是精明的、小气的，上海的男人是唯唯诺诺的，上海的女人是崇尚外国潮流的。可实际上呢？上海也有大方的男人，也有做出一番成就的男人，也有在老婆面前理直气壮的男人；而上海的女人中，也有很传统，不为外国新潮事物所动的。

在人际交往中，我们没有时间和精力去和某个群体中的每一个成员都进行深入交往，而只能与其中的一部分成员交往，因此，我们就会由我们所接触到的个体或部分推知群体的全部，由此形成了刻板印象。类似的例子不胜枚举，对于各个地方、各个领域的人，我们总是形成一个固定的认知模式，以共同特点去认识他们，诸如此类的看法都是类化的看法，都是人脑中形成的刻板、固定的印象。

作为一种社会心理效应，刻板印象是普遍存在的。美国的一些心理学家分别于1932年、1951年和1967年对普林斯顿的大学生进行了3次有关民族性的刻板印象调查。他们让学生选择5个他们认为是某个民族最典型的性格特征。3次研究的结果大致相同，如下所示。

美国人：勤奋、聪明、实利主义、有雄心、进取。

英国人：爱好运动、聪明、因袭常规、传统、保守。

德国人：有科学头脑、勤奋、不易激动、聪明、有条理。

犹太人：精明、吝啬、勤奋、贪婪、聪明。

意大利人：爱艺术、冲

动、感情丰富、急性子、爱好音乐。

日本人：聪明、勤奋、进取、精明、狡猾。

雷兹兰、西森斯、休德费尔等的研究也充分证实了这种刻板效应对人知觉的严重曲解。

“物以类聚，人以群分”，刻板印象虽然反映了某类成员的共性，有一定的合理性和可信度，可以简化人们的认知过程，帮助人们迅速有效地适应环境，但是，“人心不同，各如其面”，笼统的印象并不能代替活生生的个体。如果不明白这一点，一旦形成不正确的刻板效应，用这种定式去衡量一切，唯刻板印象是瞻，像削足适履的郑人，宁可相信作为尺寸的刻板印象，也不相信自己的切身经验，就会出现以偏概全的错误，如同戴上有色眼镜去看人一样，导致人际交往的失败，自然也就不利于我们获得成功。

2.移去刻板，摘掉“有色眼镜”

一提起女性、同性恋等名词，你会想到什么呢？对有些人来说，提及这些便能唤起他们丰富的想象、记忆，甚至有可能预测这类人在假定情境中将如何行事。这种联系的存在表明我们可能受到偏见的影响，而那些偏见往往是刻板效应的表现。

刻板效应的产生，一是来自直接交往印象，二是通过别人介绍或传播媒介的宣传。刻板效应的消极作用是非常明显的，如果我们在人际交往中总是以头脑中已形成的印象与人接触，套用旧有的概念去交流，就会弄出许多误会，也可能出现啼笑皆非的尴尬局面。

与人交往，我们要尽量避免刻板效应的消极影响，不要从交往对象的性格、地位、背景出发交往，不要戴着有色眼镜，穿着“印象外套”交往，要用变化的眼光看待变化的人和事物。评价一个人的时候，首先要有大系统思维观，切忌单线条或者直线思维，要考虑事情原因和结果的多样性、复杂性，而不是一个事物、一种现象、一个结果，要建立多原因、多结果论。其次，要用发展的眼光来看问题。世界是时时刻刻在发展变化的，如果用刻舟求剑的办法处理问题，是落后的、要闹笑话的，最终会导致严重的错误。再次，要多方位、多角度观察社会，“横看成岭侧成峰，远近高低各不同”。只有观察多了，才有可能比较全面地认识一个人。

其实，在不同人的头脑中，刻板效应的作用、特点是不相同的。文化水平高、思维方式良好、有正确世界观的人，其刻板效应是不刻板的，是可以改变的。克服刻板效应，必须摘掉有色眼镜，关键在于以下两个方面：

一是要善于用“眼见之实”去核对“耳听之词”，有意识地重视和寻求与刻板印象不一致的信息。

二是深入群体中，与群体中的成员广泛接触，并重点加强与群体中典型化、有代表性的成员的沟通，不断地检索验证原来刻板印象中与现实相悖的信息，最终克服刻板印象的负面影响，从而获得准确的认识。

刻板效应往往是由墨守成规导致的，因此，我们要纠正刻板效应的消极作用，努力学习新知识，不断扩大视野、开拓思路、更新观念，养成良好的思维方式。

当然，在日常生活和工作中，我们也可以将社会中业已形成的刻板印象为我所用。例如，公司在做入户调查的时候，一般都选择女性，而不选择男性去进行，这是因为在人们心目中，女性一般来说比较善良、攻击性较小、力量也比较单薄，因而入户访问对主人的威胁较小；男性则更容易使人联想到一系列与暴力、攻击有关的事物，使人们增强防卫心理，所以身强力壮的男性如果要求登门访问，则很容易被拒绝。恰当地利用刻板印象，可以与社会普遍心理达成共识，事半功倍地达到我们的目标。

得寸进尺效应：步步为营，登入对方心境

◆定律阐释：得寸进尺效应，又称登门槛效应，指一个人一旦先接收了他人一个微不足道的要求，为使自己的形象看起来不自相矛盾，在心理惯性的支配下，就有可能接收他人更高的要求，哪怕是原本不愿接收的要求。这种现象就好比登门槛，只要对方乐意稍稍打开一条门缝，让你登了他的门槛，你就有可能进入室内。

1.提要求，先登上对方心理“门槛”

明代洪应明在《菜根谭》中有言：“攻人之恶勿太严，要思其堪受；教人之善勿太高，当使人可从。”意思是，一下子向他人提出一个较高的要求，

对方一般很难接收，而如果逐次提出要求，不断缩小差距，对方就比较容易接收。其实，人与人之间的交际，尤其是需要对方帮忙的情况，更是同样的道理。步步为营，像登门槛一样，才能走进对方心境。

美国社会心理学家弗里德曼与弗雷瑟，曾做过一个经典而又有趣的实验。

他们派了两个大学生去访问加州郊区的家庭主妇。首先，其中一个大学生先登门拜访了一组家庭主妇，请求她们帮一个小忙：在一个呼吁安全驾驶的请愿书上签名。这是一个社会公益事件，而且非常容易，所以绝大部分家庭主妇都很合作地在请愿书上签了名，只有少数人以“我很忙”为借口拒绝了这个要求。

接着，在两周之后，另一个大学生再次挨家挨户地去访问那些家庭主妇。不过，这次他除了拜访第一个大学生拜访过的家庭主妇之外，还拜访了另外一组第一个大学生没有拜访过的家庭主妇。与上一次的任务不同，这个大学生拜访时还背着一个呼吁安全驾驶的大招牌，请求家庭主妇们在两周内把它竖立在她们各自院子的草坪上。

实验结果是：第二组家庭主妇中，只有17%的人接收了该项要求，而第一组家庭主妇中，则有55%的人接收了这项要求，远远超过第二组。

通过这个实验我们发现，答应了第一个请求的家庭主妇表现出了乐于合作的特点。当她们面对第二个更大的请求时，为了保持自己在他人眼中乐于助人的形象，她们会同意在自家院子里竖一块粗笨难看的招牌。

可见，一个人一旦接收了他人的一个小要求之后，如果他人在此基础上再提出一个更高一点的要求，那么，这个人就倾向于接收更高的要求。这样逐步提高要求，就可以有效地达到预期的目的。这就是心理学家所谓的“登门槛效应”。

日常人与人的交往中，有许多利用这种效应的例子。例如，男士在追求自己心仪的女孩时，并不是一步到位提出要与对方共度一生，而是逐渐通过看电影、吃饭、游玩等小要求来逐步达到目的。一个推销员，当他可以敲开门跟顾客进行交谈时，其实，他已经取得了一个小小的成功。在这种情况下，如果他能够说服顾客买一件小东西的话，那么，他再提出进一步的要求，就很可能被满足。还有，我们小时候向家长提要求，比如“可不可以吃颗糖果”等，当妈妈答应的时候，我们往往会提出进一步的要求：“那可不可以喝一小杯果汁呢？”妈妈通常也是会答应的。这一切，无非是先越过对方的心理“门槛”，然后步步深入，最终达到目的。

可见，在人际交往中，当我们要向他人提出一个比较高的要求时，如果直接提出，就很容易被拒绝。如果先提出一个较小的要求，一旦对方答应，再提出那个较高的要求，就会有更大的被接收的可能。因此，如果此刻你有什么请求或要求向他人提出，不妨运用登门槛效应，很可能会给你带来意想不到的收获。

2.把握对方兴趣及心情的“门槛”

生活中，我们常会遇到这样的情况：在等公交车时，一些乞丐手里拿着一个很破的碗，在等车的人群中乞讨，但是很少有人给钱。每当那个乞丐走近的时候，人们的反应几乎是一致的，要不就是跟同伴聊天，假装没看见，要不就是转过身去……那个乞丐转了一圈之后，发现没有人给钱，便无趣地走开了。

人们通常会自动地忽视陌生人的请求。不过，研究发现，对陌生人提出请求时，若能引起对方的兴趣，就很有可能会获得帮助。

有心理学家曾经做过一个有趣的实验：一些女助手扮演乞丐，到大街上乞讨，在不打算引起路人注意的情况下，女助手提出的请求是：“您能给我一些零钱吗？”或者是：“您能给我一个25美分的硬币吗？”为了引起路人的注意，并且不至于让路人一下子就拒绝，另一组助手提出了不同寻常的请求：“您能给我17美分吗？”或者是：“您能给我37美分吗？”

结果表明，第二组助手的请求引起了许多路人的兴趣，大约有75%的路人将助手所需要数目的钱给了她们；而在前一种情况下，只有一半的路人给了她们一些钱。

通过上面的实验，人们发现，可以通过引起他人注意的方法来改变他人的行为。与此类似的还有美国校园里的一些慈善活动。有人想出了一些别出心裁或引人注意的请求来增加他们集资的数目。比如，有一些教员会被“拘留”，这些教员只有得到了一定的来自他自己或其他人的担保金额才可以被释放。结果，这种做法非常成功。

事实上，要想得到他人的帮助，除了引起对方的兴趣外，还可以在提出请求之前，让他人有一个好心情。

心理学家在美国旧金山最大的购物中心进行了一次有趣的实验。

实验分两种情况进行，一种是实验人员在使用电话之前放入10美分硬币，另一种是电话亭里没有放钱。在电话亭打电话的人并不知道有什么实验，只是当他们打完电话后，从电话亭里出来的时候，实验人员抱着一堆书之类的东西从他们跟前走过，故意让书落到地上。

结果显示，没有捡到钱的人当中，只有5%的人帮忙捡起了落下的书本，而捡到钱的人当中却有90%以上的人伸出了援助之手。

由此可见，心情好的确使人更容易帮助别人。这正如当你遇见一个好人，顿时觉得生活特别美好，觉得自己非常幸运。在这种情况下，为什么不去帮助那些不如你幸运的人呢？为什么不能让世界有更多的美好呢？似乎好心情有一种惯性，日常生活中，很多人总是在别人喜事临门、有意外收获的时候，让别人请客，或帮忙做一些事，结果就是被求的人要比平时更容易同意。这一切，都是登门槛效应的种种表现。

PART 05 职场：走出竞争困境

路径依赖法则：职场，第一步决定成败

◆定律阐释：路径依赖法则，类似于物理学中的惯性，指一旦选择进入某一路径（无论是好还是坏），就可能对这种路径产生依赖。也就是说，一旦人们做了某种选择，就好比走上了一条不归之路，惯性的力量会使这一选择不断自我强化，并让你无法轻易走出去。

1.关键的第一份工作

斯太菲克是位退役军人，一次因伤住进了医院。在那里，正愁日后不知如何谋生的他，偶然发现许多洗衣店都把刚熨好的衬衣折叠在一块硬纸板上，以避免皱褶。他写了几封信给洗衣店，获悉这种纸板每千张4美元。他便与洗衣店商谈，以每千张1美元的价格出售，但要在每张纸板上登则广告，广告费归他所有。就这样，这个智慧而成功的选择成了斯太菲克事业的开端，他沿着这条路，最终成为美国赫赫有名的富商。

有专家曾形象地比喻，择业就像我们穿衣服一样，第一颗扣子（第一份工作）特别重要，如果这第一颗扣子扣错了，路径依赖问题就出现了，就可能一路错下去。

客观来讲，第一份工作的选择无非是两种情况：一种是成功的选择，像

斯太菲克一样，找到了一个适合自己发展的起点，并沿着这条路一直走向成功；另一种是失败的选择，随着工作的深入，发现自己并不适合。但无论哪种情况，最初的选择对后来的影响都是很深远的。

张鹏和刘明是某重点大学的同班同学，非常要好，工作几年始终保持联系。

当初大学即将毕业之际，两人都积极地联系就业单位。那时，张鹏认为，个人要发展，应当进大公司去寻求广阔的发展空间。经过努力，他如愿以偿进了一家知名外企。而刘明则认为，在哪里工作不是很重要，重要的是要能施展自己的才能，实现自己的价值。小公司人虽少，但个人发展机会反而可能更多，所以，他选择了一家只有十几人的小公司。

在后来几年的工作实践中，张鹏由于所在的公司人才济济，他只能做一些很“低级”的杂活，想跳槽又心有不甘，始终处于进退两难、势成骑虎的状态。而刘明的公司则因员工数量少，工作成果见效快，他的才能也很快显露出来。不久，他就被升为企划经理。

张鹏和刘明同时起步，只因第一份工作的选择不同，一个是愁眉苦脸，无所作为；一个是如鱼得水，大展宏图。他们的经历让我们深刻地体会到：第一份工作的选择，对日后的发展非常重要。

同时，张鹏的“想跳槽又心有不甘，处于进退两难、势成骑虎的状态”也让我们看到，路径依赖问题对一个人职业生涯的重要影响。与此类似，姜亮的经历也是一个很好的证明。

姜亮在报考大学时，只因为家里人一再坚持让其报财务类专业，就顺了家人的意思。大学毕业至今，他在这家公司做了近7年的财务工作，虽然很稳定，但总觉得若有所失。

突然有一次，朋友请他帮忙去谈一桩非常难成的生意，谁料，他很轻松就谈成了。从那时起，他才发现，无论从性格、兴趣方面，还是从能力、特长方面，自己更适合谈判类工作。同时，朋友也诚挚邀请他过去帮忙。

然而，他在现在的公司做了这么多年的财务工作，两年前还被任命为财务主管，且公司的财务经理再过3年就要退休了，他几乎是全公司公认的候选人。同时，从经济上讲，他的房贷还有15年才能还清，贸然转行风险很大。况且，若真的转行了，他大学4年的专业知识、7年的工作经验可能要石沉大海。

像姜亮这种情况，在职场上十分普遍。年少时不知道自己要什么，完全依照家长的指引选择，走了很远才发现所选的路并不是自己想要的。而当另外一条“金光大道”出现在面前时，想要换条路走，却不那么容易了。

当我们已经习惯了某种工作状态和职业环境，就会产生一定的依赖性，若重新做出选择，往往会丧失许多既得利益，甚至元气大伤，从此一蹶不振。所以，我们对重新选择过程中所存在的不确定性因素总是存在恐惧。

专家建议，第一份工作最好兼顾自己的兴趣、个性、能力及专业知识，为自己量身定做一个既具挑战性，又不失客观、实际的职业生涯发展规划，按照规划一步步努力走下去。这样，即便对所选择的职业路径产生依赖感，也会起到正反馈的作用，进入良性循环。

2.一旦发现入错行，要勇敢打破“路径依赖”

纵然初入社会时的第一次择业对我们以后的职业路径非常关键，但并不是人人都能像斯太菲克和刘明那样一次就选对方向，还有很多类似张鹏、姜亮那样进退两难的职场人士。

那么，当知道第一次择业选错了，我们真的就永无回头的机会了吗？我们骑在虎上真的就下不来了吗？路径依赖是永恒的吗？

其实，人生的机遇并非只有一次。当你发现不再适合自己的工作、不再适合自己的事业时，最好还是跳出“路径依赖”的影响，勇敢地走出来。下面这则小故事或许能让你有所收获。

他5岁时就失去了父亲。

他14岁时从格林伍德学校辍学，开始了流浪生涯。

他在农场干过杂活，干得很不开心。

他当过电车售票员，也很不开心。

16岁时他谎报年龄参了军，但军旅生活也不顺心。

一年的服役期满后，他去了亚拉巴马州，在那里他开了个铁匠铺，但不久就倒闭了。

随后他在南方铁路公司当上了机车司炉工。他很喜欢这份工作，他以为终于找到了属于自己的位置。

他18岁时结了婚，仅仅过了几个月时间，在得知太太怀孕的同一天，他又被解雇了。

接着有一天，当他在外面忙着找工作时，太太卖掉了他们所有的财产，逃回了娘家。

随后大萧条开始了。他没有因为老是失败而放弃，别人也是这么说的，他确实非常努力了。

他曾通过函授学习法律，但后来因生计所迫，不得不放弃。

他卖过保险，也卖过轮胎。

他经营过一条渡船，还开过一家加油站。

但这些都失败了。

有人说，认命吧，你永远也成功不了。

有一次，他躲在弗吉尼亚州若阿诺克郊外的草丛中，谋划着一次绑架行动。

他观察过那个小女孩的习惯，知道她下午什么时候会出来玩。他静静地埋伏在草丛里，思索着，他知道她会在下午两三点钟出来玩。

尽管他的日子过得一塌糊涂，可在此之前他从来没有过绑架这种冷酷的念头。然而此刻他借着屋外树丛的掩护，躲在草丛中，等待着一个天真无邪、长着红头发的小姑娘进入他的攻击范围。为此，他深深地痛恨自己。

可是，这一天，那位小姑娘没出来玩。

因此，他还是没能突破他一连串的失败。

后来，他成了考宾一家餐馆的主厨。但一条新修的公路刚好穿过那家餐馆，他又一次失业了。

接着他就到了退休的年龄。

他并不是第一个，也不会是最后一个到了晚年还无以为荣的人。

幸福鸟，总是在不可企及的地方拍打着翅膀。

他一直安分守己——除了那次未遂的绑架，但他只是想从离家出走的太太那儿夺回自己的女儿。不过，母女俩后来回到了他身边。

时光飞逝，眼看一辈子快过去了，而他一无所有。

要不是有一天邮递员给他送来了他的第一份社会保险支票，他还不会意识到自己老了。

那天，他愤怒了，觉醒了，爆发了。

政府很同情他。政府说，轮到你击球时你都没打中，不用再打了，该是放弃、退休的时候了。

他们寄给他一张退休金支票，说他“老”了。

他说：“呸。”

他收下了那张105美元的支票，并用它开创了新的事业。

后来，他的事业欣欣向荣。

他，终于在88岁高龄时大获成功。

这个到生命快结束时才开始的人就是哈伦德·山德士，肯德基的创始人。

如果把路径依赖比作一种“魔咒”，一种“顽疾”，那么，突破它的禁锢就需要努力，需要勇气。在选择和失败之间、放弃和成就之间抉择时，当你发现自己走错时，应勇于打破“路径依赖”，这是你重新回到成功轨道的唯一选择。

蘑菇定律：初涉职场，成蝶需先破茧

◆定律阐释：蘑菇定律，指初学者一般像蘑菇一样被置于阴暗的角落（不受重视的部门，或做打杂跑腿的工作），头上浇着大粪(无端的批评、指责、代人受过)，只能自生自灭(得不到必要的指导和提携)。这是许多组织对初出茅庐者的一种管理心态。

小说《一地鸡毛》中描写到，主人公小林夫妇都是大学生，很有事业心，努力、奋发，有远大的理想。二人志向高得连单位的处长、局长、社会上的大小机关都不放在眼里，刚刚工作就锋芒毕露。于是，两人初到单位，各方面关系都没处理好，而且因为一开始就留下了“伤疤”，后来的日子也经常是磕磕碰碰。说到底，夫妇俩都败给了自己的职场第一步。

1.职场起步，切勿过早锋芒毕露

众所周知，蘑菇长在阴暗的角落，得不到阳光，也没有肥料，自生自灭，只有长到足够高的时候才开始被人关注，可此时它自己已经能够吸收阳光了。

这种经历，对于成长中的职场年轻人来说，就像蛹，是羽化前必须经历的一步。只有承受这些磨难，才能成为展翅的蝴蝶。日本前邮政大臣野田圣子，就为我们做了一个很好的榜样。

野田圣子的第一份工作是在帝国酒店当白领丽人，在新人受训期间负责清洁厕所，她从未做过如此粗重的工作，上班不足一个月，她便开始讨厌这份工作。

有一天，一名与野田圣子一起工作的前辈，在擦完马桶后，居然从马桶中盛了满满一杯水，并在她面前一饮而尽，目的是向她证明经她清洁后的马桶干净得连其中的水也可以饮用。此时，野田圣子才发现自己的工作态度有问题，根本没资格在社会上肩负任何重大的责任，于是她告诉自己：就算一生洗厕所，也要做个最出色的洗厕人。

结果，在训练课程的最后一天，当她擦完马桶之后，毅然盛了一杯水喝下。这次的经历，也成为她日后为人处世的精神力量源泉。

其实，对于初涉职场的新人来说，不仅要像野田圣子那样，能承受得了“蘑菇”阶段的历练，还要注意不能过早地锋芒毕露。

有一位图书情报专业毕业的硕士研究生分到上海的一家研究所工作，从事标准化文献的分类编目工作。

他认为自己是学这个专业的，自认为比其他人懂得多，而且刚上班时领导也以“请提意见”的态度对他。于是工作伊始，他便提出了不少意见，上至单位领导的工作作风与方法，下至单位的工作程序、机制与发展规划，都一一列举了现存的问题与弊端，提出了周详的改进意见。对此领导表面点头称是，同事也不反驳，可结果呢，不但没有一点儿改变，他反倒成了一个处处惹人嫌的主儿，被单位掌握实权的某个领导视为狂妄、骄傲，一年多竟没有安排他具体做什么活儿。

后来，一位同情他的老太太悄悄对他说："小王啊，你还是换个单位吧，在这儿你把所有的人都得罪了，别想有出息。"

于是，这位研究生闭上了嘴。一段时间后，他发觉所有的人都在有意无意地为难他，连正常的工作都没有人支持他，他只好"炒领导的鱿鱼"，离开了。

临走时，领导拍着他的肩头："太可惜了！我真不想让你走，我还准备培养你当我的接班人哩！"

那位研究生一边玩味着"太可惜"三个字，一边苦笑着离去。

在现实社会中，与这位研究生一样的年轻人并不少见。他们处世往往不留余地，锋芒毕露，有十分的才能与聪慧，就要表露出十二分。殊不知，职场有职场的游戏规则，你如果想在职场有所作为，就要先适应这里的游戏规则，实力壮大、羽翼丰满之后，再通过你的能力来制定新的游戏规则，否则，你一定会被碰得头破血流，留下"壮志未酬身先死"的怨叹。

中国有一个成语叫"大智若愚"，行走职场，必要的时候，你一定要学会做一个"愚人"来保全自己，这往往能让你以不变应万变。

2.做"蘑菇"该做的事

曾有人说过这样一番话："一个人既然已经经历'蘑菇'的痛苦，哭也好，骂也好，对克服困难毫无帮助，只能是挺住，你没有资格去悲观。因为，此时假如你自己不帮助自己，还有谁能帮助你呢？"

这句话说明了一个很重要的道理：正因身处"蘑菇"境遇，你得比别人更加积极。谁都知道，想做一个好"蘑菇"很难，但那又能怎样呢？如果只是一味地强调自己是"灵芝"，起不了多大作用，结果往往是"灵芝"未当成，连"蘑菇"也没资格做了。

所以，你想要突破"蘑菇"的境遇，使自己从"蘑菇堆"里脱颖而出，在最开始就要做好"蘑菇"该做的事，用智慧去突破"蘑菇"境遇。

你要学会从工作中获得乐趣，而不仅仅是按照命令被动地工作。确立自己的人生观，根据你自己的做事原则，恰如其分地把精力投入到工作中。要想让企业成为一个对你来说有乐趣的地方，只有靠你自己努力去创造、去体验。

身为新人，工作中你要注意礼貌问题。也许你觉得这样是在走形式，但正因为它已经形式化了，所以你更需要做到，从而建立良好的人际关系。记得有这样一句话：礼貌这东西就像旅途使用的充气垫子，虽然里面什么也没有，却令人感觉舒适。记住：有礼貌不一定是智慧的标志，可是不礼貌会使人认为其愚蠢。

常言道，“少说话，多做事”，这对新人更是适用。每一个刚开始工作的年轻人都要从最简单的工作做起。如果你在开始的工作中就满腹牢骚、怨气冲天，那么你就会对工作草率行事，从而有可能导致错误的发生；或者本可以做得更好，而没有做到。这会使你在以后的职务分配中很难得到你本可以争取到的工作。

还有，毕业后一旦走向社会，会发现梦想与现实总是存在很大的差距。当你到了一个并不满意的公司，或者在某个不理想的岗位，做着也许很没劲甚至很无聊的工作时，肯定产生前途茫然的感觉，如果收入又不理想，你肯定会郁闷万分，此时实际上就是蘑菇定律在考验你的适应能力。达尔文的话是最好的忠告：要想改变环境，必须先适应环境，别等环境来适应你。

时刻记住，人可以通过工作来学习，可以通过工作来获取经验、知识和信心。你对工作投入的热情越多，决心越大，工作效率就越高。当你抱有这样的热情时，上班就不再是一件苦差事，工作就会变成一种乐趣，就会有许多人聘请你做你喜欢做的事。

正如罗斯·金所言：“只有通过工作，你才能保证精神的健康，在工作中进行思考，工作才是件愉快的事情。两者密不可分。”处于“蘑菇”阶段的年轻人，快沉下心来，以你的智慧与能力在职场破茧成蝶吧！

青蛙法则：居安思危才能永远前进

◆定律阐释：青蛙法则，把一只青蛙放进冷水锅里，如果慢慢地加热，青蛙会随水温逐渐升高而被煮死。相反，如果把一只青蛙直接放进热水锅里，

它便会立刻感觉到危险，并迅速跳出锅外。这个法则旨在提示人们要懂得居安思危。

1.生于忧患，死于安乐

19世纪末，美国康奈尔大学进行了一个有趣的实验：他们将一只青蛙扔进一个沸腾的大锅里，青蛙一接触到沸水，便立即触电般地跳到锅外，死里逃生。实验者又把这只青蛙丢进一个装满凉水的大锅，任其自由游动，然后用小火慢慢加热。随着温度慢慢升高，青蛙并没有跳出锅去，而是被活活煮死。实际上，这只青蛙，是死于缺乏危机意识的麻木之中。

“蛙未死于沸水而灭顶于温水”的结局，很是耐人寻味。若是锅中之蛙能时刻保持警觉，在水温刚热之时迅速跃出，也为时不晚，就不至于导致被煮死的结局。这就让我们想起了孟子曾说过的一句话：“生于忧患，死于安乐。”

一个人如果丧失了忧患意识，那么，就会像被水煮的青蛙一样，在麻木中死亡。所以，在从初涉职场到工作干练的渐变过程中，我们要保持清醒的头脑和敏锐的感知，对新变化做出快速的反应。不要贪图享受，安于现状，否则当你感觉到环境已经使自己不得不有所行动的时候，你也许会发现，自己早已错过了行动的最佳时机，等待你的只是悲哀、遗憾和无法估计的损失。

漫漫的职场路，我们都希望自己能一帆风顺，不希望遇到忧患与危机。但客观上讲，忧患与危机并不是什么可怕的魔鬼，当它们出现在我们面前时，往往能激发潜伏在我们生命深处的种种能力，并促使我们以非凡的意志做成平时不能做的大事。所以，与其在平庸中浑浑噩噩地生活，不如勇敢地承受外界的压力，过一种更有创造力的生活。

拿破仑在谈到他手下的一员大将马塞纳时曾说：“平时，他的真面目是不会显现出来的，可当他在战场上看到遍地的伤兵和尸体时，那种潜伏在他体内的狮性就会在瞬间爆发，他打起仗来就会勇敢得像恶魔一样。”

再如拿破仑本人，如果年轻时没有经历过窘迫而绝望的生活，也就不可能造就他多谋刚毅的性格，他也就不会成为至今为人们所景仰的英雄人物。贫穷低微的出身、艰难困顿的生活、失望悲惨的境遇，不仅造就了拿破仑，还造就了历史上的许多伟人。例如，林肯若出生在一个富人家的庄园里，顺理成章地接收了大学教育，他也许永远不会成为美国总统，也永远不会成为历史上的伟人。正是有了那种与困境做斗争的经历，使他们的潜能得以完全爆发，从而发现自己的真正力量。而那些生活在安逸舒适中的人，他们往往不需要付出太多努力，也不需要个人奋斗就能达到目的，所以，潜伏在他们身上的能量就会被遗忘、湮没。

当今世界上，有许多人都把自己的成功归功于某种障碍或缺陷带来的困境。如果没有障碍或缺陷的刺激，也许他们只能挖掘出自己20%的才能，正因为有了这种强烈的刺激，他们另外80%的才能才能够得以发挥。

所以，身处今天快节奏、不断变幻的职场，我们要懂得居安思危。要知道，危机并不代表灭亡，而恰恰可能是一种契机。我们经由这些危机，往往会发现自己真正的价值所在，激发出深藏于心的巨大力量，从而使人生更加精彩。

2.在自危意识中前进

我们都知道，未来是不可预测的，人也不可能天天走好运。正因为这样，我们更要有危机意识，在心理上及实际行为上有所准备，以应付突如其来的变化。有了这种意识，或许不能让问题消弭，却可把损害降低，为自己打开生路。

常言道，一个国家如果没有危机意识，迟早会出问题；一个企业如果没有危机意识，迟早会垮掉；一个人如果没有危机意识，也肯定无法取得新的进步。

那么，我们具体该如何在竞争激烈的职场中提升自己的危机意识呢？下面，来看看闻名于世的波音公司的一个有趣做法。

波音公司以飞机制造闻名于世。为了提升员工的忧患意识，一次，公司别出心裁地摄制了一部模拟倒闭的电视片让员工观看：

在一部天空灰暗的日子，公司高高挂着“厂房出售”的招牌，扩音器传来“今天是波音公司时代的终结，波音公司关闭了最后一个车间”的通知，全体员工一个个垂头丧气地离开工厂……

这部电视片使员工受到了巨大震撼，强烈的危机感使员工们意识到：只有全身心投入生产和革新中，公司才能生存，否则，今天的模拟倒闭将成为明天无法避免的事实。

看完模拟电视片，员工们都以主人翁的姿态，努力工作，不断创新，使波音公司始终保持着强大的发展后劲。

事实上，波音公司的这种做法不仅对企业有深刻启示，对于行走职场的个人来说，同样具有一定的借鉴作用。在工作中，我们也应该像波音公司的员工那样，时刻提醒自己：只有全身心投入生产和革新中，公司才能生存，我们才有机会发展，否则，今天意识中的倒闭将成为明天无法避免的事实。

当今社会的快节奏和激烈的竞争，令很多人在35岁时遇到这样一个困惑：为什么多年来我一事无成？接下来的岁月我应该做些什么？在机会面前，许多人不敢贸然决定。因为他们从心理上理解了人生的有限，而自己也开始重新衡量事业和家庭生活的价值，于是产生了职业生涯危机。这就是著名的“35岁危机论”。

罗伯特先生，35岁，自言感觉过去对工作、对自己的认识似乎有错误，而自己长期养成的行为习惯好像变成了事业的绊脚石。想改变自己，又不忍心否定过去；想改变生活方式，又担心选择的并不是最适合自己的。两年前，他终于下定决心放弃了某公司副经理的职位，参加MBA考试并重回校园深造。

现在，完成学业的罗伯特先生在找工作时却犯了难。罗伯特先生业已投出上百份简历，但有回音者寥寥无几。罗伯特先生说，自己并不要求高起点的薪金，而只要求一个管理类的工作职位。然而他发现，“社会上已经人满为患”。

罗伯特先生曾读过一篇题目为《35岁，你还会换工作吗》的文章，文中专家说：“社会对35岁以上的求职者提出了较高的要求，必须通过不断学习和更新知识，提高自身竞争力。”对此罗伯特先生很纳闷：我正是为了完善自己才去学习，为什么反而让社会把自己挤了出去呢？

其实，像罗伯特先生这种工作以后又

重返课堂充电，充电后找工作重新迎接社会的挑战，已不仅仅是35岁的人才会面临的境况。有人甚至感叹：“不充电是等死，怎么充了电变成找死啦？”

最关键的一点是：我们要明白，人生的经历是积累的，不要以为学习充电后就无须面临社会“物竞天择，适者生存”的自然选择。以前的经历是你的宝贵财富，但这并不能让你在职场上永操胜券。千万不要有一劳永逸的期待，要时刻保持危机意识，告诉自己“一定要快跑，不够优秀在什么时候都会被淘汰”。

自信心定律：点亮自信明灯，秀出你的精彩

◆定律阐释：自信心定律，指一个相信自己有能力完成各种任务、能应付各种事件、能达到预定目标的人，必然是一个充满自信的人，也是非常容易成功的人。

1.丢掉第6份工作引发的职场思考

某人在一家公司工作近10年，总是抱着“我的能力有限，再努力也没有用”的心态，因此工作上从未有什么出色的业绩，薪水也不见涨。一天，他终于忍不住向老板大吐苦水。老板对他说：“你虽然在公司待了近10年，但你的工作经验却和只工作了1年的员工差不多，能力也只是新手的水平。”可见，有一个自信积极的心态对我们的职业前景非常重要。

2008年11月27日，某网站转载了一则关于某男子毕业3年，因不自信丢掉了第6份工作的消息：

“难道我真的一无是处，是个没用的人？”刚刚失去第6份工作的李磊(化名)想起3年来在工作中的点点滴滴，对自己彻底失去了信心。

他说，前几天刚被老板辞退，这已经是他毕业3年来的第6份工作了。他自己觉得，不自信是丢掉工作的主要原因。原来，一周前李磊到一家牙科诊所应聘，老板问他是什么学历，因为害怕老板嫌弃自己的学历低，李磊便谎称是本科学历，而实际上他是大专学历。本以为老板只是问问学历，没想到上班之后，老板天天要他拿出学历证书。再也瞒不过去的李磊只得向老板吐露了实

情，结果第二天老板就以“为人不诚实”将他辞退了。

“一家私人诊所可能也不会太在乎学历，我毕业3年了，有实践经验，这对老板来说可能比学历更为重要。”李磊很后悔当初不自信，没有对老板说实话。

李磊的经历给我们带来了深刻的思考：职场上，自信心对于一个人很重要。要想老板看重你，首先要自己看重自己。

客观上来说，一个人有没有自信，来源于对自己能力的认识。充满自信就意味着对自己信任、欣赏和尊重，意味着对工作胸有成竹、很有把握。

未来学家弗里德曼在《世界是平的》一书中预言：“21世纪的核心竞争力是态度。”这就是在告诉我们，积极的心态是个人决胜未来最为根本的心理资本，是纵横职场最核心的竞争力。

所谓的积极心态，自信心当然是非常重要的一部分。一个失去自信的人，就是在否定自我的价值，这时思维很容易走向极端，并把一个在别人看来不值一提的问题放大，甚至坚定地相信这就是阻碍自己进步的唯一障碍，自然就很难有出类拔萃的成就了。

事实上，工作中若能时刻保持一种积极向上的自信心态，即使遇到自己一时无法解决的困难，也会保持一种主动学习的精神，而这种内在的、自发的主动进取，往往会让我们把事情做得更好。

美国成功学院对1000名世界知名成功人士的研究结果表明，积极的心态决定了成功的85%！对比一下身边的人和事，我们不难发现，很多自信的人工作起来都非常积极、有把握，并且取得了出色的工作业绩；而那些总认为“我不行”“做不了”“我就这水平了”的人，尽管有过多年的工作经历，但工作上始终没有什么起色或前进。

所以，职业生涯中，必须充满自信。自信心是源自内心深处、让你不断超越自己的强大力量，它会让你产生毫无畏惧、战无不胜的感觉，这将使你工作起来更加积极。

2.自信飞扬，做职场冠军

在工作中，我们常会遇到这样的情况：挫折袭来，有的人始终不能产生足够的自信心，从而一蹶不振;有的人却能在焦虑和绝望后迅速产生强大的自信心，从而拼劲十足地实现目标。

其实，产生这种差异并不完全是由先天因素决定的，往往是因为前者平时不注重自信心的树立；后者却懂得经过长期的自我训练，增强自信心。

无论从事什么职业，自信都能给人以勇气，使你敢于战胜工作中的一切困难。工作上，谁都愿意自己出类拔萃，这就要求我们必须挑战人生，要挑战就必须以充满自信为前提，如果我们连自信心都没有，能做好一切吗？

大家都知道《毛遂自荐》的故事，正因为毛遂有极强的自信心，所以才敢向平原君推荐自己，并最终出色地完成了任务。还有，在井冈山艰苦斗争的年代，有些人对中国革命产生了怀疑，于是毛泽东提出了“星星之火，可以燎原”的论点，从而促使中国革命继续向前，这不也是自信心的表现吗？正因为这种自信，在党的英明领导下，中国革命才能由小到大，由弱到强。

美国思想家爱默生说：“自信是煤，成功就是熊熊燃烧的烈火。”对于成功人士来说，自信心是必不可少的。据说，今日资本集团总裁徐新当初之所以选择投资网易，正是因为网易创始人丁磊的自信。

丁磊毕业于电子科技大学，毕业后被分配到宁波市电信局。这是一份稳定的工作，但丁磊无法接收那里的工作模式和评价标准，自信的他从电信局辞职：“这是我第一次开除自己。有没有勇气迈出这一步，将是人生成败的一个分水岭。”

因为自信，丁磊在两年内3次跳槽，最终在1997年决定自立门户。后来，丁磊和徐新在广州一家狭小的办公室见面。徐新主动问他一些问题：“网易在行业内的情况怎么样？”

“我们会是第一。”丁磊毫不犹豫地这么回答。客观上讲，1999年初，网易刚向门户网站迈进，与新浪、搜狐相比，还只是一个刚刚崭露头角的小网站。

徐新当然知道当时的网易不是门户网的第一，但觉得："他很有上进心，而不是吹牛——是有实质的自信。我觉得企业家有这种精神是很必要的，你有这么一个理想跟雄心去做行业排头兵。我投的就是他的这个自信。"

通过丁磊的经历，我们可以肯定地说：开放的自信是创立事业、成就价值的重要素质。

既然自信心如此重要，那么，我们要怎样做才能树立自信心呢？

首先，在平时的工作中要不断地学习，不断地提升自己。

阿基米德说过，"只要给我一个支点和足够长的杠杆，我就可以把地球撬动"，有如此的自信，那是因为他深入掌握科学的原理；关羽之所以敢独自一人去东吴单刀赴会，是因为他深知自己的本领……正所谓"有了金刚钻，才敢揽瓷器活"。

其次，要有一定的耐心和毅力。

有些事情不是一朝一夕就能做好，需要我们持之以恒地努力。要用长远的目光看待目前遇到的困境，相信我们有能力去解决它，相信自己，最后的成功必定是我们的。

最后，不要总想着自己的缺点，要时刻告诉自己"我是最棒的""我是优秀的"。

每个人都有缺点，完美无缺的人是不存在的，对自身的缺点不要念念不忘。要知道，别人往往并没有那么在意你的缺点。要相信自己，相信自己是最棒的、最优秀的。

¥6.00
¥5.00

第五篇

色彩心理学

PART 01 有趣的色彩现象

为什么女人喜欢粉色

“粉粉嫩嫩，做夏天可爱女人！天下美人谁最粉？是你！是你！还是你！要想全方位拥有粉色系产品，在这个夏天做粉嫩女人，请不要错过本店今夏的女装新品。产品有限，欲购从速！！！”

商场的高音喇叭不停地播放着这则广告，而在促销区里三层外三层已经挤满了各个年龄段的女性，她们正在挑选自己心仪的款式，颜色大都是粉色。

距离促销区不远的一个柜台，两个营业员正为自己销售的货物着急上火。

“你发现没有，只要是粉色系的女装，一到货就能一销而空，我记得去年也是这个样子，你说人家老板怎么这么会做生意，你再看看我们老板，进的都是些什么东西，不是黑的，就是绿的，怎么可能卖得好？”

与之类似，粉色的鞋袜，粉色的图案，粉色的指甲油……生活中，这些粉色的事物几乎全都与女性紧密联系在一起，构成了一道迷人的风景线。女性为什么对粉色格外钟情？

其实，女性喜欢粉色跟自身的母性意识有关。一般而言，选择粉色的女性母爱浓郁而强烈，是位温柔可爱的家庭型女人。从心理学角度来讲，粉色是女性子宫内壁的象征色，也是表现母性本能的不附带任何条件的爱的颜色。喜欢粉色的女性，在她的体内就好像聚积了一团在母亲胎内才有的温馨柔和的软能量，无论对谁，都能缓缓地无私地释放出来，很容易让人感到她是位有着母亲般爱心的人。

从这个角度来说，喜欢粉色的女性都是属于乐施好善、心地善良、助人为乐的一类人，时常能体会到“我在被需要着”的感觉，这种心情常常会令喜欢粉色的女性感到幸福。

正因如此，如果身边没有可以尽情倾注自己的善意、自己的爱的对象时，她们会产生忐忑不安，郁郁寡欢的消极情绪。由于容易被这种情绪影响，喜欢粉色的人追求的不是职场的成功，更非仕途的坦荡，她们更愿意筑一个情感的温暖之巢，为丈夫子女，为亲朋好友，也为身边人带去爱意。对喜欢粉色的女性来说，这样的人生更具有意义，也更能使她们获得愉悦。

喜欢粉色的女性由于其强烈的母性意识，使得第六感官异常敏锐和发达，恋人或丈夫稍露不端，马上就会被她们察觉出来。所以对喜欢粉色的女性来说，虽然具有施爱的天性，乐意帮助他人的美好品德和一颗善良纯净的心灵，但也要注意保持适当的空间给你周围的亲人朋友，否则可能因为过于敏感，有时候反而容易给人造成压力，继而疏远。

一到冬天为什么衣服更多彩

生活中，你是否遇到过这样的情况：

“阿菲姐呀，本来冬天就让人感觉萧瑟沉闷，你怎么还老穿黑颜色的啊，让人看着心里不舒服。”

“不会吧，冬天大家不都穿这些颜色吗？”

“哪有啊，你看看街上的小女孩，都是艳丽的颜色，冬天灰蒙蒙的，穿衣服怎么还挑那些让人沉闷的颜色？”

下班后，阿菲和亲亲在一起吃饭。在看到阿菲一身黑色的羽绒服后，亲亲马上道出了自己的不满！

“阿菲姐，您今年贵庚啊？”

“贵庚？开玩笑，姐姐今年刚30！”刚才被亲亲一番数落，阿菲满腔怒火。

“阿菲姐，30岁，不要把自己打扮得这么老气嘛，你看看我，还有我那些同事，你都认识吧，越是寒风萧瑟，树叶凋零，越是穿红挂绿，把自己打扮得艳丽。你真的得好好向我们学习了。才30岁，又不是老人家。”

从这段对白中我们不难发现，虽然冬季寒气袭人、百花凋零，但这丝毫没有影响人们多彩的着装。

不得不承认，现代社会是一个五光十色的社会，这不仅是指社会的发展速度，也反映出人们各具风采的着装品位。尤其是冬天，爱美的姑娘都会穿上半筒靴，套上修身羽绒服，红色的帽子、绿色的手套，黄灿灿的或是红艳艳的围巾，走在街上，俨然是一道惹人注目的风景。在沉闷萧瑟的冬季，给人以清晰自然而舒服的感觉。

“越萧瑟越靓丽”正在成为一种潮流、一种时尚。人们已经很难看到过去那种冬天一身黑的装扮。这当然跟时代发展息息相关，但是从心理学的角度来分析，实际上也反映了一种色彩的心理现象。心理学家称为“颜色温度理论”。

心理学家实验发现，不同颜色给人以不同的温度感受。心理学家请两个人做一个实验，让其中一人进入粉红色壁纸、深红色地毯的房间，让另外一人进入黑色壁纸、灰色地毯的房间。不给他们任何计时器，让他们凭感觉在一小时后从房间中出来。结果，后一个房间的人在40分钟后就出来了，而前一个房间的人在80分钟后才出来。后一个房间的人说黑色壁纸、灰色地毯让他感到沉重、压抑，好像心头压了块石头，眼前偶尔会出现幻觉；而进粉红色壁纸、深红色地毯房间的人则说这个房间让他感到轻松，感到时间过得很快，虽然是密闭的屋子，但是他感觉很凉快。

其实这种现象在生活中很常见，暗色调的东西总是让人感觉冰冷、厚重，缺乏温暖又显得臃肿，而亮色调的东西则给人轻盈、温暖的感觉。心理学研究发现，亮色调和暗色调在心理上会产生接近两倍的温度差。这也正是一些女孩子喜欢穿靓丽颜色衣服的原因。

“刺客”的夜行衣为什么是黑的

喜剧大片《大内密探灵灵狗》吸引了不少观众的眼球，估计看过此片的人对下面的剧情一定记忆犹新。

“大内密探护驾！”

熟悉的求救声传到大内密探灵灵狗的耳朵里时，他正在电视机前看奥特曼打怪兽。

“不好，皇上有难！”

灵灵狗急忙拿起十年磨出来的宝剑，一跃来到皇上寝宫。此刻，寝宫内寂静一片，伸手不见五指，突然间，一道寒光闪过，大内密探灵灵狗的肩膀被划出了一道口子。鲜血直流。灵灵狗深吸一口冷气，忖道：“好家伙，竟然暗算老夫！”

灵灵狗拔出剑，在四周胡乱地砍着。“有种的就出来，偷偷摸摸算什么刺客！你们祖师爷荆轲没好好教你刺客的职业道德吗？有本事别穿夜行衣，穿夜行衣就不要把蜡烛吹灭。你给我出来！”

“嘿嘿，大内密探原来不过如此，我以为是什么了不起的货色。我就在你身边，好好找找吧。我是穿了夜行衣，那又怎么样？没听说过，各行各业都有自己的工作服吗？真是没见识！”

“你这个混蛋，赶紧自动现身，还可饶你一死，如果耽误了我看‘天天向上’，我决不轻饶你！”

“你以为我愿意跟你耗吗？我等会儿还要看欧洲杯足球赛，你受死吧！”

说话间，一道寒光闪过，这次，这道寒光不是来自刺客，而是灵灵狗的“灵光一斩”。就在刺客倒下的那一刻，皇宫侍卫举着火把陆续赶到，将皇帝从柱子上解下来，拉掉嘴里塞的抹布。

“你、你怎么知道我在这个方向？”刺客惊恐地问道。

“你以为我的耳朵是摆设吗？你以为我的大内密探职称是开后门要来的？”灵灵狗冷冷一笑，“你刚才说那么多的废话，早就暴露了你的位置。还穿黑色的夜行衣，简直是笑话！”

事实上，在很多古装片中，总会出现刺客这样的人物，他们穿着紧身的黑色夜行衣，步伐矫健，武功高强。在漆黑的夜色中，潜入对方家中，进行暗杀活动。刺客总是在夜间活动，那么为什么还要穿黑色的夜行衣呢？

黑色代表着肃穆与哀愁，具有某种邪恶和冷酷的象征。在很多文化体系中，黑色又往往与死亡联系在一起，是一种充满悲剧意味的颜色。从这种意义上来说，刺客穿着夜行衣去行刺，其实是将一只脚踏入鬼门关，时刻与死神相伴的所谓“职业特征”。心理学家将其称之为“色彩属性原理”。

相对于其他颜色，黑色更具有隐藏的力量，这种隐藏并不是指仅仅将个体掩盖，不让他人发现，更多的是让人感觉神秘而不可接近，继而产生畏惧感。这是黑色具有的特殊的能力。

不光刺客的夜行衣是黑

色，魔女的衣服也是黑色的；邪恶的魔术被称为“黑魔术”；黑猫虽然没做过什么坏事，却被认为是不吉利的象征而遭人讨厌；在中国的五行说中，北方是一片不毛之地，用黑色来代表北。此外，黑色中还蕴藏着一股威慑力，使用黑色可以给对手造成压迫感。

正因如此，在人类所有的文明中，大多都将黑色视为不吉利的颜色。有个词语叫作“黑白分明”，意思是将邪恶与正义鲜明地区分开来。比如黑道、黑势力，“黑”简直成了邪恶和坏的代名词了。

从以上种种的色彩属性而行，可以说，黑色是性格最为复杂的一种颜色。正因如此，在当今社会，也不是任何场合都能使用黑色。在欢庆的晚会上，或是别人的结婚现场，一切欢快热闹的地方，都需要尽量避免穿黑色的衣服。

投降时为什么要举白旗

1944年，中国军队与日军在湖南雪峰山进行了一场殊死较量。面对兵力占优势，战术火力也比中国军队强的日军，中国军队利用雪峰山优越的地形，前松后紧，节节反击，抵住了日军的疯狂进攻。战斗进入后段，日军的补给迟迟跟不上，丧失了再度进攻的能力。而此时的中国军队，英勇作战，将敌人的援军牢牢地堵在了雪峰山以东的崇山峻岭之中。随后中国守军等来了援军，将敌军团团包围，打死打伤日兵4000多人。弹尽粮绝的日军最后只能举白旗投降。雪峰山战役以中国军队的全面胜利而结束。

你是否思考过，投降时人们为什么要用白旗呢？

翻开人类历史，也不知道是从何年何月开始，在战败投降后举白旗便成了某种约定俗成的惯例。这里面有很多必然和偶然的因素在起作用，有人文环境的原因，也有地域政治的因素。而在心理学家看来，投降时举白旗，而不是其他颜色的旗子，实际上是满足了胜利一方的支配心理。

支配心理是指在各种人类行为中表现出来的，以满足自我控制欲、支配欲为目的的一种心理状态。这种心理状态强调的是以自我为中心，凸出表现自己的目的与愿望，而强行施之于对方。

投降举白旗，实际上就是以白色旗帜为底板，在上面涂上属于胜利者的颜色，从而在精神实质上支配和控制失败的一方，以此达到操控的目的。心理学家认为，这种方式是对原始社会晚期对战争中失败一方取消其图腾，或在其图腾上涂上自己部族吉祥颜色的一种延续。

支配心理无疑是一种强势的心理状态。具有支配心理的人往往是某个团队的中心人物，具有较强的组织能力。这种支配心理更多的给人带来负面的影响。它使人丧失包容性，失却基本的人性关怀和尊重，缺乏对人的基本信任。无论是在生活中，还是工作上，这些负面影响都会导致不幸的结果。

怎样能更好地调节支配心理呢?

（1）少一点完美，多一点谅解，并在此基础上，改善与他人的紧张关系。

（2）如果对他人有所不满或失望，要痛快淋漓地表达出来。以谦卑的姿态去包容他人的过失，并从中找准自己的位置。

（3）在面对比自己地位低的人时，要放低自己的姿态，以理性的交往方式取代“控制你、毁灭你”这样可怕的支配者逻辑。

当你内心的支配心理影响到你的为人处世时，请牢记以上的三点建议。

支配心理唯有在可控范围内才能发挥积极的作用，相反，则会形成可怕的恶性循环，造成不必要的危险和麻烦。

换了颜色，旅店起死回生

有个人开了一间旅馆，但是由于经营不当，面临倒闭。正好阿凡提经过这里，就向旅馆老板献策：将旅馆进行重新装饰。到了夏季，将旅馆墙面涂成绿色；到了冬日，再将墙面刷成粉红色。旅馆老板按阿凡提所说的做了之后，果然很是吸引顾客，生意渐渐兴隆起来。

为什么粉刷墙壁就能改善旅馆的经营状况，使之扭亏为盈呢？其中的奥秘在哪儿呢？原来阿凡提巧妙利用了人们的联觉心理。联觉是一种感觉引起另一种感觉的现象，这种心理现象实际上是感觉相互作用的结果。上述事例就是通过改变颜色，使不同颜色产生不同的心理效果，从而起到吸引顾客的作用。

不同的颜色会给我们带来不同的心情，这是每个人都能体会到的。颜色会影响人们的情绪，有的时候，这种影响是至关重要的。国外某地有一座黑色的桥梁，每年都有很多人在那里自杀。后来有人提议把桥涂成天蓝色，结果在那儿自杀的人明显减少了。后来人们又把桥涂成了粉红色，结果，再也没人在那里自杀了。

从心理学的角度分析，黑色显得阴沉，会加重人痛苦和绝望的心情，容易把本来心情绝望、濒临死亡的人，向死亡更推进一步。而天蓝色和粉红色则容易使人感到愉快开朗、充满希望，所以不容易让人产生绝望的情绪。

有研究表明，在一般情况下，红色表示快乐、热情，它使人情绪热烈、饱满，激发爱的情感；黄色表示快乐、明亮，使人兴高采烈，充满喜悦；绿色表示和平，使人的心里有安定、恬静、温和之感；蓝色给人以安静、凉爽、舒适之感，使人心胸开朗；灰色使人感到郁闷、空虚；黑色使人感到庄严、沮丧和悲哀；白色使人有素雅、纯洁、轻快之感。

由于不同的颜色使人产生不同的情绪、情感。长期住在红房子里，情绪会兴奋；若住在苹果绿色的屋里，心情会平静下来。接触阳光和灯光，因而对红、橙等色产生幸福温暖之感；接触树木、禾苗，因而对绿色产生生长、希望之感；接触即将收割的稻、麦等，就会对黄色产生成熟、务实之感；经常接触泥土、重金属，则会对黑色和棕色产生沉重、艰辛、凝重之感。

在临床实践中，学者们对颜色治病也进行了研究，效果是很好的。高血压病人戴上烟色眼镜可使血压下降；红色和蓝色可使血液循环加快；病人如果住在涂有白色、淡蓝色、淡绿色、淡黄色墙壁的房间里，心情很安定、舒适，有助于恢复健康。

也有研究指出，颜色可以影响人们的食欲。橙黄色可以促进食欲，黑白色则会降低食欲。适宜的颜色不仅影响食欲，而且可以增进健康。人们通常习惯于把医院和诊所的墙壁刷成白色，因为白色给人清洁的印象，也可使痛苦的病人安静下来，这样有利于治疗、恢复健康。德国慕尼黑市的医院通过实验还发现，浅蓝色的墙有帮助高烧病人退烧的作用，紫色会使孕妇安静，赭色有助于升高低血压病人的血压。

不可思议的是，颜色甚至影响着人们的工作效率。某企业有过这样有趣的事例：许多搬运黑色和深灰色部件的工人感到这些部件特别沉重。在心理顾问的指导下，管理部门把这些部件改漆成浅黄色后，工人感到比以前轻松多了。

此外，专家们还发现，黄色、橙色和红色能激发人们的热情，提高人们的积极性。运动场上总是红旗招展，现在新型的塑胶跑道上也画出了色彩鲜艳的跑道线，其目的亦在于激起运动员的神经兴奋，使他们进入良好的竞技状态。相反，蓝色和紫色等属于消极色，会减慢人们的工作节奏。

PART 02 色彩与心理学的神秘之约

奇妙的色觉心理

现代美学已证实，人类对艺术作品的审美80%以上是依靠视觉而获得的，大多的审美信息是由视觉来捕捉，对于绘画艺术的审美来说，首先是“悦目”而至“赏心”，能够带来“悦目”“赏心”的美感体验，在很大程度上离不开对色彩的感觉即色觉。

色觉心理是一种极其复杂而奇妙的心理活动，尽管不同的色彩对人的视觉刺激作用有快有慢、有强有弱，视觉造成的心理反应也因人而异，但人们对大部分色彩的心理反应乃是基于对色彩的一种普遍共识。

1.色彩的冷暖感

众所周知，在寒冷的冬季，人们都喜欢穿深色的服装，因为白色等很浅的颜色会给人一种寒意感。其实，色彩本身并无冷暖的温度差别，是视觉引起人们对冷暖感觉的心理联想。

在色彩心理学中，色彩根据不同的色相分为暖色、冷色和中性色。从色相上看，有暖和感的是红紫到黄色，其中红橙是最暖的色；中性色为紫色和绿色，它们是由冷暖两色的红与蓝及黄与蓝混合而成，因此呈中性化；有寒冷感的是蓝绿至蓝紫色，其中蓝色是最冷的颜色。同时，色彩的冷暖感觉还具有相对的倾向性。例如，同属黄色系的柠檬黄偏冷，而中黄则感觉偏暖，但如与黄橙色相比，前两色又都显示出寒冷感的倾向。

2.色彩的软硬感

不知道你是否留意到：同在一幅画上，只是选择了不同的颜色，有的地方看起来柔软，有的地方却看起来比较硬挺，如人物的衣服看上去就比其他地方柔软得多。不必好奇，这些都是色彩软硬感的一些表现。

色彩的软硬感觉主要来自色彩的明度变化，但与纯度亦有一定的关系。明度越高感觉越软，明度越低则感觉越硬。明度高、纯度低的色彩有软感，中纯度的色彩也带软感，而高纯度的色彩都呈硬感，当它们低明度时则硬感更强烈。在色彩组合中，对比强烈的色彩具有硬感，对比较弱的色彩具有软感。但需要注意的是，白色是比较特殊的，其软感几乎并不突出。

3.色彩的动静感

很多人对徐悲鸿笔下的骏马赞叹不已，因为那些马尽管被禁锢在纸上，但其奔腾的气势却栩栩如生。能造出如此逼真的效果，就不得不说到色彩的动静感了。红、橙、黄等暖色鲜艳而明亮，色彩丰富，给人以活泼、华丽、兴奋的感觉，即有动感；蓝、蓝绿、蓝紫等冷色朴素、淡雅，给人以沉着、平静的感觉，即有静感。

此外，纯度关系中，高纯度色易引起兴奋感，低纯度色则易产生沉静感。而明度关系中，高明度、高纯度的色彩呈兴奋感，低明度、低纯度的色彩呈沉静感；在色彩组合中，强对比的色彩富有动感，感觉通俗、流行，而弱对比的色彩则显得宁静，感觉高贵、典雅。

4.色彩的轻重感

如果要在等面积的深色与浅色之间做轻重的比较，我们无疑会得出深色较沉重的结论，这是由于色彩和视觉经验形成的重量感作用于人心理的结果。

色彩的轻重感主要取决于明度，颜色中黑色感觉最重，而白色感觉最轻。低明度的色彩(如深褐色)显得重，易使人联想到钢铁、石材等物象，产生沉重、稳定、下降等感觉；高明度的颜色(如浅蓝、淡黄)显得轻，使人联想到蓝天、白云、花卉等，产生轻柔、飘浮、上升等感觉。同时，同一色相在明度相同的情况下，纯度高的感觉轻，纯度低的感觉重。

5.色彩的兴奋感与沉静感

色彩的兴奋感与沉静感与色相、明度、纯度都有关，其中纯度的作用最为明显。在色相方面，凡是偏红、橙的暖色系具有兴奋感，凡属蓝、青的冷色系具有沉静感；在明度方面，明度高的色彩具有兴奋感，明度低的色彩具有沉静感；在纯度方面，纯度高的色彩具有兴奋感，纯度低的色彩具有沉静感。因此，暖色系中明度最高纯度也最高的色彩兴奋感觉强，冷色系中明度低而纯度低的色彩沉静感觉强。强对比的色调具有兴奋感，弱对比的色调具有沉静感。

6.色彩的距离感

由于空气透视的关系，各种不同波长的色光在人眼视网膜上的成像有前有后。所以，暖色系的色相在色彩距离上有向前的感觉，冷色系的色相给人后退及远离的感觉；大体上光度较高、纯度较高、色性较暖色的有近距离感，反之，则具有远距离感。六种标准色的距离感按由近而远的顺序排列是：黄、橙、红、绿、青、紫。但实际上这是视错觉的一种现象。

此外，色彩的距离感还与色彩对比的知觉度有关，凡对比度强的色彩具有前进感，对比度弱的色彩具有后退感；膨胀的色彩具有前进感，收缩的色彩具有后退感；明快的色彩具有前进感，暧昧的色彩具有后退感。

现在，你应该明白为什么有些绘画作品能带给人栩栩如生、身临其境的感觉了吧？

色彩心理学是一门学科

色彩心理学是通过颜色来研究人类心理活动的科学，虽然没有被正式列入心理学的范畴，但它是一门十分重要的学科。色彩心理透过视觉开始，从知觉、感情而到记忆、思想、意志、象征等，其反应与变化是极为复杂的。色彩的应用，很重视这种因果关系，即由对色彩的经验积累而变成对色彩的心理规范，当受到什么刺激后能产生什么反应，都是色彩心理所要探讨的内容。

色彩牵涉的学问很多，包含了美学、光学、心理学和民俗学等。心理学家近年提出许多色彩与人类心理关系的理论。他们指出每一种色彩都具有象征意义，当视觉接触到某种颜色，大脑神经便会接收色彩发放的信号，即时产生联想，例如红色象征热情，于是看见红色便令人心情兴奋；蓝色象征理智，看见蓝色便使人冷静下来。经验丰富的设计师，往往能借色彩的运用，勾起一般人心理上的联想，从而达到设计的目的。

色彩具有不可思议的神奇魔力，会给人的感觉带来巨大的影响。同时，这种影响是非常复杂的，大多都是多种效果混合在一起的复合影响，而且效果会因人而异。

近年来，有关色彩心理学的研究日益增多，而且人们还把研究成果广泛应用于实践。例如，商家灵活运用色彩搭配，来吸引顾客、促进销售和提高顾客的回头率；人们会根据不同的场合需要、职业需要，选择不同的着装。还有大家熟悉的食品包装，人们一见到红色的糖果包装，就会感到甜味浓；一见到清淡的黄色用在蛋糕上，就会感到有奶香味，等等。

人类探究色彩的历史

人类历史上积累了无数杰出的艺术作品，其中，色彩赋予它们在视觉效果、精神内容及文化含义等诸多方面神奇而瑰丽的效果。这一切，不仅体现出人类的审美与智慧，更体现出人类对色彩历史的孜孜探究。

大约在15万～20万年以前的冰河时期，人类便开始使用色彩了。原始时代的遗址中，曾发现涂有红色的骨器遗物。而人类有意识地应用色彩，则是从原始人使用红土、黄土涂抹自己的面部和肢体、涂染劳动工具开始的。有资料显示，在古埃及的遗迹中，考古学家发现了共有八种颜色的调色板，而且据说古希腊人所进行的色彩搭配是建立在一定的理论基础之上的。

关于人类对于颜色的系统研究，有人认为最早可追溯至公元前500年左右的亚里士多德等哲学家。随着历史文化的不断发展，绘画色彩在历代画家的苦苦追索中也产生着新的变化。到了欧洲的文艺复兴时期，达·芬奇、米开朗琪罗和拉斐尔三位巨匠，破除了宗教的禁锢，从科学认识的角度把绘画色彩提高到了一个新的高度。画家们从单纯地临摹圣像逐渐地开始了“四固定”方式的写生。于是，自然而然地发现了焦点透视与明暗规律，同时也开始发现了条件色的一些规律。

1666年，英国科学家牛顿发现了七色光谱，分析出各种色彩是不同波长的光所形成的。另一方面，德国诗人歌德则致力于色彩对人情感的影响的研究，并于1810年发表了精神性的色彩这一理论。这就是现代色彩心理学的基础。

19世纪80年代，德国生理学家埃瓦尔德·赫林提出了自然色彩系统（Natural Colour System）的思想。经过大量的研究，自然色彩系统的理论最终于1964–1970年间被确立。进入20世纪以后，阿尔伯特·H.芒塞尔和威廉·奥斯特瓦尔德等人建立了我们一直沿用至今的色彩体系。

不过，真正意义上的色彩心理学研究还是从近些年才开始的，客观来讲，它还是一门非常年轻的学科。

色彩心理学的实践

由于不同的色彩选择、搭配等能带给人们神奇而巨大的心理影响，色彩心理学在诸多实践领域得到了非常广泛地应用。

1.色彩心理学与犯罪

近年来，人们利用色彩心理学预防和抑制犯罪受到了社会各界的广泛关注。例如，美国加利福尼亚州的一个监狱把原来的灰色墙壁涂成了淡粉色，这种淡淡而温和的粉色可使犯人放松情绪，减轻紧张感，从而大大减少了囚犯之间发生打架和暴动的次数。

2.色彩心理学与孩子

色彩与孩子的心理及情绪，有着相当大的关联性。孩子对色彩的选择，可以透露出他当时的情绪是快乐还是忧伤，同时，对颜色的无意识选择也有可能说出了孩子的内心秘密、深层个性及鲜明特征。例如，孩子极端地热爱某一种颜色，他的个性往往越突出，这种个性常常是他优点和缺点的爆发点，这是儿童色彩心理学的发现。学者通过大量总结和研究解读了色彩是如何揭示儿童内心的。

3.色彩心理学与书籍

正如画家约瑟夫·恰彼克所说："书的封面，并非单纯的装饰，而是与内容相结合的一种美的设计。"一本书的封面对这本书能否赢得读者青睐具有很重要的影响。然而，选择一个易于传递信息的颜色，又是成功的封面设计的关键所在。

例如，爱情小说比较适合使用以白色为基调的浅色封面，这样可以使读者联想到一个美满的大结局以及浪漫无比的恋爱场景；犯罪推理小说多用黑色封面，它的目的是可以让人对书中的推理谜题产生丰富的联想，还没看到书中的故事，读者就已猜想到错综复杂的谜团、暗藏玄机的埋伏……

4.色彩心理学与电影

有些电影看过之后，我们也许会忘记大概的故事，也许会混乱那些经典的段落，可每每想起，总会有那么一种色彩，印象深刻地冲击着大脑皮层，可能是根据主题构想出来的主色彩，可能是全片画面展现的主色调，也可能只是一个镜头中一个角色头上别着的一朵鲜艳的小花。

你是否还记得：《拯救大兵瑞恩》里灰色调的画面，是一种真实的惨烈，感觉中夹杂着淡蓝的色彩，伴随着寻找瑞恩的信念，一直坚持着；《阿甘正传》里阿甘身上那套整洁的西服，飘摇在空中的那片洁白的羽毛，白得简单、善良、纯洁又执着；《太阳照常升起》里几乎用尽了颜料桶里的各种颜色，红、黄、蓝、绿、白，色彩鲜明的画面堆积出了一个梦幻、疯狂、超现实的梦境，让人欲罢不能……

每个导演在电影中对色彩的运用各不相同，无论是直观的印象色彩，还是自我情感与之交流产生的抽象色彩，总会让我们感受到震撼的氛围，情不自禁地就走进了电影刻画的那个世界中去。这正如列宾所说："色彩就是思想。"

5.色彩心理学与企业

在企业的视觉形象中，颜色起着非常关键的作用。例如，很多企业在设计自己的商标和企业标识(LOGO)时，往往是把自己的理念和信条融入那些不同象征意义的颜色之中。因为，与形状相比，人们更容易记住颜色。

还有，现在很多企业还非常注重自己的商品包装的设计。他们非常了解顾客的心理，通过新奇的设计和合理的颜色搭配给顾客留下深刻的印象，甚至造成强烈的视觉冲击。从而使很多顾客虽然没有仔细了解商品但仅凭第一印象就买了下来。

除上述五大方面以外，色彩心理学在医疗、工作、家庭、恋爱、装扮、体育等各实践领域也都有广泛的应用。

PART 03 从原色彩的喜好洞察人心

喜欢红色的人：热情、外向

红色是非常受欢迎的一种颜色，而且在这点上没有男女之分。喜欢红色的人性格几乎都是外向型，通常活泼好动，激情四溢，精力充沛。与此同时，这类人也大多鲁莽、热情，而且极富正义感。

从某种程度上讲，喜欢红色的人，如果有聪明的领导的话，他们会是很

好的执行者，行动力强。他们只想怎么样按要求完成任务，从来不会计较代价是什么。不过，他们也很容易会扯出一些题外话。他们通常不会花足够的时间去关注某一件事，但当他们专注的时候，就对自己的决定很坚定。他们能够很快地给出一个问题的答案，认为自己什么都懂。如果他们不懂，或者你已经证明了他们不懂，他们就会寻根问底，直至彻底弄明白为止。

喜欢红色的人多是情绪型的人，他们可能在你面前突然像活火山一样时不时地爆发一次，然后又很快就恢复平静。不过，这类人只要多使用淡一点的红色或让人冷静的红色，便可以弥补性格中的缺点。

也有些人，虽然心里喜欢红色，但却不太敢穿红色的衣服或戴红色的饰物。这部分人对红色的热情还没有达到极其强烈的程度，但算是喜欢红色的预备军。他们往往比较理性，但又渴望具有行动力，所以才会喜欢上红色。这类人一旦感受到红色的魅力，就会一发而不可收。

此外，一个人如果喜欢砖红色（红褐色），表示他可能对毒品、酒精成瘾，饮食不正常，或者情绪不稳定；如果喜欢红色中带有蓝色折光，多表示他是情绪激昂，很有活力的人；如果喜欢橘红色，多表示他不仅精力充沛，而且很喜欢户外活动及一些群体活动；如果喜欢品红色，多表示他性情比较温柔、朴实、坦率、平和。

喜欢黄色的人：理性、积极

喜欢黄色的人很理性、上进心强、好奇心强、爱好钻研，很有科学性、分析性、判断性、独立性、专业性。总体来说，这类人绝对是个挑战者。

喜欢黄色的人普遍喜爱权力和控制他人。他们会是好的领导，一般能够很有条理地做出决定。在行动之前会认真地分析每一个细节，每个战略游戏都能引起他们的兴趣。同时，他们也很有生意头脑，善于投资和赚钱。他们有着独树一帜的想法，具备走向成功的能力和推动力。他们多是理想主义者，擅长制订各种计划，并一步步实现。

正如孩子们往往很喜欢黄色，喜欢黄色的人大都有依赖他人的倾向，甚至有些人非常缺乏自立心。在心理上，他们比较孩子气、纯洁、天真，喜欢自由自在，害怕受到束缚。当他们有压力的时候，他们感觉有必要把自己的情绪隐藏起来，并且会朝着这个方向努力。如果他们在你面前表现出他们在承受着压力，那代表他们真的很虚弱了。因为，他们是那种会尽量在你面前展现自己甜蜜一面的人。

不过，虽然同是喜欢黄色，但喜欢像奶油色那样淡黄色的人，性格却很稳定，平衡局面的能力也很强；而喜欢深黄色的人，个性就会倾向于有些自负、刚愎自用，他们会认为只有自己才能做出正确的决定，使得别人很容易怀疑他们做事的动机是什么。

需要注意的是，即使喜欢黄色，如果过度使用，很容易引起自身焦虑或招致别人的讨厌。所以，最好使用黄色做点缀或与其他颜色搭配使用。当然了，黄色在短时间内可以提高人的注意力，只是太多了会适得其反。

喜欢蓝色的人：严谨、感性

蓝色代表着一种平静、稳定，能给人一种和谐、宽松的感觉。喜欢蓝色的人性格多内向，有很强的团队协调能力，讲究礼貌，为人谦虚、和蔼。

他们绝不是头脑冲动的人，在行动前都会制订一个周密的计划。他们还是个谨慎派，会严格遵守各种规则。他们偶尔会固执己见，但基本不会持续太久。

由于蓝色是一种情感化的颜色，喜欢蓝色的人一般比较容易伤感。当然，这类人也很容易满足，能够保持平衡、调和，经常保持沉着、安定，安全感比较强烈。他们喜欢和平、不好斗，总是尽量使自己不与周围的人产生摩擦，和谐是他们一切行动的指导。然而，这种性格有时会让他们显得有些懦弱。总体来讲，他们比较信赖别人，同时亦希望自己能得到别人的信赖，所以处事还是比较圆滑的。

此外，喜欢不同种类蓝色的人，在性格上也有微妙的差异。例如，喜欢深蓝色的人，一般比较理性，意志沉稳而坚定，喜欢凌驾于他人之上；喜欢浅蓝色的人，多心情开朗，充满自信心，为人随和。

喜欢绿色的人：和平、朝气

绿色代表着活力、生长、青春，与复苏、变化、天真、平衡等有关，给人以希望。喜欢绿色的人，意志坚定，不易动摇或改变，偏重于理性，自视很高。他们拥有截然不同的两种特质，既有很强的行动力，又具备沉静思考的能力。他们兼具优雅与知性，喜好寂静又谨慎保守，行事不会逾越本分，非常明白自己的立场。

喜欢绿色的人社会意识比较强，态度认真。他们能够礼貌待人，普遍个性率直，基本不会掩饰内心的想法。他们会把自己的信念表达出来，并为了信念而努力。他们好奇心强，但不会积极采取行动，大多时候都要等同伴的召唤再一起行动。他们对事情大多比较敏感，会深入思考，把问题分析得很透彻。他们无论面对任何事都能冷静处理，处事稳妥且坚强，决不感情用事，所以深受别人信赖。在人际关系方面，他们是和平主义者，和周围的人可以和睦共

处，但是警惕性非常高。他们乐意去帮助每一个人，对于别人的请求，总是欣然接收。热爱和平是他们固化的责任，他们希望每个人都能过上和谐的生活。

由于绿色也分很多种，喜欢不同绿色的人在性格方面也会有所差别。例如，喜欢黄绿、苹果绿等绿中带黄的人，为人友好，处事圆滑，行动力强，但性情温顺，与喜欢普通绿色的人相比更善于社交；喜欢深绿色的人多沉着、冷静、干练且性格温厚。

此外，喜欢绿色的人普遍不太喜欢运动，而酷爱美食，所以大多偏胖。

喜欢青色的人：温柔、平和

青色是绿色与蓝色的巧妙融合，所以喜欢青色的人在性格方面，兼顾了绿色的和平与蓝色的感性。他们性情温柔，为人热情、友善，对周围的人都很体贴。

喜欢青色的人是一个值得交往的朋友，能够令与自己在一起的人感觉非常轻松快乐。他们待人热情友好，不以自我为中心；同时又非常善解人意，十分值得信赖。一方面，他们拥有火一样的热情，有幽默感；另一方面，他们也相当稳重踏实。他们情感丰富，总是能够深深体会到别人的感觉，并很快体会到别人的反应与情感变化。他们向往和谐，不太喜欢突如其来的变化与压力，也不太喜欢自己做决定。在他们的观念中，人本身比单纯地完成任务更重要。他们乐于鼓励别人，为他人着想，善于倾听别人的倾诉并提供解决问题的办法，总会十分周到地想到该做什么事。在他们心目中，别人的快乐是他们快乐的源泉。

此外，虽然喜欢青色的人感性而温柔，但他们本身又是非常坚强的，他们乐观，对生活充满希望，对于任何事情都能泰然处之，并且自得其乐。

PART 04 别样的场合，别样的色彩

面试中的实用色彩心理学

现今的职场，已俨然成为人生中一个重要的大舞台。一方面，每个人都要在这个舞台上接收诸多目光的检阅，成功地秀出自己；另一方面，这个舞台的环境影响着台上每个人的“表演”。而在这整个过程中，色彩起着不容忽视的作用。

当今是一个追求和谐美的时代，适当颜色的着装搭配无疑会使你面试时的形象锦上添花，而且让面试官们看着舒服，你胜出的概率也就越大。

很多人，尤其是刚刚毕业的大学生，找工作参加面试时，往往青睐于清一色的职业套装，即那种深蓝色、黑色或灰色的西装套装，衬衫也基本都为白色，甚至连发型和皮包也都中规中矩。尤其是面试公务员和教师等职业更为普遍。

很显然，这种着装搭配非常缺乏新意，没有什么个性。例如，蓝色或黑色套装不仅给人一种整洁感，还使人看起来精明能干；白色衬衫可以把人的肌肤衬托得更加亮丽，也会凸显人的气质。然而，蓝色与白色或黑色与白色的搭配都有一个缺点，会给人留下一种冷淡的印象；再加上大家面试时或多或少都会紧张，如果无法很好地表达自己的意图，就很容易把自己完全埋没在套装之中，结果没有给面试官留下任何鲜明的印象。

客观来讲，造成这种大趋势的原因无非就是两方面：一是人们保守的思想在作怪，大家都害怕太有个性会给自己带来麻烦，所以比较倾向于选择以求稳为先的雷同装扮；二是人们对不同面试场合或环境的服饰色彩搭配，还不能够掌握得恰如其分。

要知道，招聘方与被招聘方是平等的，只是雇佣与被雇佣的关系。面试者需要工作机会，但招聘方更需要人才。所以，你应当在符合应聘行业、职位需要的同时，大大方方地把自己的个性表现出来，把自己的风采展现在面试官面前，这样更能受到对方的认可。

首先，服装的色彩搭配分为三类。第一类是强烈色配合，指两个相隔较远的颜色相配，如黄色与紫色、红色与青绿色等。这种配色比较强烈，在进行服饰色彩搭配时应先衡量一下，你是为了突出哪个部分的衣饰。同时，不要把沉着色彩，如深褐色、深紫色等，与黑色搭配，这样会和黑色呈现“抢色”的后果，令整套服装没有重点，而且服装的整体表现也会显得很沉重、昏暗无色。第二类是补色配合，指两个相对的颜色的配合，如红与绿、青与橙、黑与白等。补色相配能形成鲜明的对比，有时会收到较好的效果，黑白搭配是永远的经典。第三类是近似色相配，指两个比较接近的颜色相配，如红色与橙红或紫红相配，黄色与草绿色或橙黄色相配等。不是每个人穿绿色都能穿得好看的，绿色和嫩黄的搭配，给人一种春天般的感觉，整体感觉非常素雅，淑女味道不经意间流露出来。

其次，着装的风格应与你所应聘岗位性质相吻合。

职业装是比较正统的着装方式，应聘行政文秘类的岗位，外企、法律、金融、国家机关等单位机构时，正装比较符合这些企业的企业文化和特质。由于职业装一般是以黑白灰等较暗的颜色为主的，常常会让人觉得没有生气与活力。所以，如果是深色的外套，则可以选颜色亮一点的衬衣；而如果外套的颜色比较浅，则要选择深色或白色的衬衣进行调节。另外，男生在西装的搭配上应要遵循西装和衬衫的颜色都是单色的，领带是花色；女生则可选用色彩亮一些的丝巾作为调节和点缀。

创意性着装主要适用于新闻、娱乐、广告、平面设计、动画制作、形象造型等工作，针对单位是一些传媒公司、影视娱乐公司、广告公司等。面试者如果应聘这些工作，单单以传统的正装示人就未免显得太过拘谨、没有新意。因此，这个时候面试者在避免呆板与随意的同时，可以穿着一些体现个性特质的服装。

技术类工作虽然看重的是面试者的技术能力，招聘方对着装也没太多的要求，但招聘方还是想通过面试者的着装来对其进行初步判断，看看面试者在严谨、稳妥、含蓄等方面的特质，所以适合内敛性着装。这种方式不必对着装过于讲究、准备，只要表现出干净、大方、舒适即可。

最后，恰到好处地运用色彩，不但可以修正、掩饰身材的不足，而且能强调突出你的优点。如对于上轻下重的形体，宜选用深色轻软的面料做成裙或裤，以此来削弱下肢的粗壮。身材高大丰满的女性，在选择搭配外衣时，亦适合用深色。

营销中的实用色彩心理学

你是否还记得百事可乐与可口可乐的一场色彩对决：2005年中国夏日的天空，被世界两大饮料巨头给渲染成红、蓝两种色彩。一边是蓝色风暴瞬间引爆，一边是“要爽由自己”的红色宣言；一边是F4、古天乐、谢霆锋的蓝色拯救英雄行动，一边是S.H.E的为正义的红色之战。

从两大可乐的红蓝广告大战中，我们看到了色彩在营销中的有效应用。所谓色彩营销，就是要在了解和分析消费者心理的基础上，做消费者所想，给商品恰当定位，然后给产品本身、产品包装、人员服饰、环境设置、店面装饰一直到购物袋等配以恰当的色彩，使商品高情感化，成为与消费者沟通的桥梁，实现“人心——色彩——商品”的统一，将商品的思想传达给消费者，提高营销的效率，并减小营销成本。这是现代企业不可缺少的营销过程。

再以前面的“两乐”色彩对决为例。有研究表明：红色可以使人心理活跃，蓝色可以使人凉爽，色彩的这些特点可以用来调节情绪，影响智力，改善沟通环境，从而使其在营销中有着广阔的应用前景。百事可乐的蓝色给人以凉爽，这在炎热的夏日，很容易引起人们的购买欲，你会情不自禁地来一瓶“突破渴望”。同样，可口可乐的红色使人活跃，充满青春活力，是否来一瓶爽一下，正如广告语中的“要爽由自己”。

据有关资料分析，人的视觉感官在观察物体时，最初的20秒内，色彩感觉占80%，而其造型只占20%；两分钟后，色彩占60%，造型占40%；5分钟后，各占一半，随后，色彩的印象在人的视觉记忆中继续保持。所以，色彩是一种作用神速的、强大的和极具吸引力的表达工具，若能合理充分地在商业环境中应用色彩，企业或产品将可以脱颖而出吸引更多目光，成为关注的焦点，更迅速、更有效地向人们传递信息。因此也有人把色彩比作是“一把打开消费者心灵的无形钥匙”。

总体来说，商品包装色彩使用的原则，一要符合消费者的审美习惯，二要符合商品的使用特点，三是包装色彩要不断发展。例如，在化妆品的包装中，常常以深暗的颜色，如黑色、深绿色等表示男性用品，以示庄重；而适合女性化使用的包装，则常用柔和、淡雅的颜色，如紫色、粉红、珍珠白等色，以示典雅。在医药药品的包装方面，常用明确的冷暖色块表示出药品的性质，如红色表示滋补健身，蓝色表示消炎退热，绿色表示止痛镇静，用红黑色块表示剧烈药物等。这样，不同的种类用不同的颜色将其包装，既便于消费者的识别，以及下次购买时发挥色彩记忆功能，又可以缩短商品交易时间，加快了商品销售与产品流通。

生活中我们还会发现，不少商家还喜欢将若干商品组合销售，这就涉及商品组合包装的色彩搭配。一般来说，红色和白色的组合更容易畅销。因为红色本身非常醒目，再与白色组合会形成鲜明的对比，更有视觉冲击效果。

同时，商品包装中的色彩可以使消费者对产品产生信任感。例如，在打火机、钟表、金笔等精致产品的包装设计上，使用金色、银色、灰色等色彩，不仅能衬托出商品的高贵、美观气质，而且，消费者也会对产品的质量产生信任感，这样便有利于促成消费者购买行为的完成。还有，黄色使人联想到刚烘焙出炉的糕点，散发着诱人的香味，因此在表现食品的香味时多用黄色；橙黄色介于红与黄之间，其传递的味觉如橙子，甜而略带酸味；绿色能让人联想到生命、生机、鲜、嫩，故表现新鲜、嫩、脆、酸等口感与味觉时一般都以绿色系列的色彩来表现；红色的硕果给予人甜美的口感，因此要传递甜味觉的包装多选用红色；由于红色还给人以热烈、喜庆、革命的联想，因此在食品、烟、酒上应用红色，又有喜庆、热烈的含义。

此外，对商品或广告进行合理的色彩包装，还能扩大商品知名度、树立企业形象。

家庭中的实用色彩心理学

家是远离周围世界的避风港。工作一天之后，回到家吃饭睡觉，与家人一道放松。家也是病后恢复健康的地方。简而言之，人生的大部分时间在家里度过，所以居室的色彩很重要。这些色彩不仅影响着居室空间上的美感，而且能够影响人的身体、情感、心理和精神状态。所以，恰当、科学地应用色彩，才会产生较高的审美价值和有益身心健康的特殊效果。

1.房间的用途

要考虑到每个房间的用途，以及该房间的总体色彩是否符合这个用途。以卧室为例，自己的睡眠质量如何？一夜是否熟睡？早晨醒来是否精神焕发？还是夜晚辗转反侧，清晨起来面带倦容？如果是后者，也许因为卧室的色彩是暖色。暖色具有使人兴奋的作用，而你需要的是具有镇静作用的蓝色。你可以用同样的方式，到每个房间看看，问问自己每个房间的用途。平时是否在起居室里轻松聊天，还是经常吵架？在书房中的工作效率如何？

起居室是家庭活动中心，家庭成员在这里聚集、交流、看电视等，所以它起到很多不同的功能。起居室的色彩设计就要考虑到这些功能。

2.创造环境

设计首先要考虑的是要创造什么样的环境，是宁静的处所，还是温暖愉快的地方？如果是后者，那就要考虑添入暖端的色彩，如桃红或杏色。这两种色彩都是浅色调的橙色，橙色则充满了令人愉快和使空间显得宽敞的特色。这些色彩都能与蓝色搭配，而蓝色正是橙色的辅助色。这两种色彩相辅相成，创造的环境使人放松愉快。如果沙发的靠垫由这两种色彩组成，则效果更佳。

3.卧室

卧室是另一个重要的房间。在卧室里人们睡眠、思考、阅读，甚至还写东西。这是私人空间，主人想独处或与另一个人亲密相处。这个房间最应该表现出主人的特点。

主要是采用宁静的色彩，以便夜晚能够安静地入眠。卧室中采用粉红色较好，因为粉红色柔和，使人感觉良好。另外还可以使用各种色调的白色。但是不能用纯白色。蓝色是宁静的色彩，但又是冷色，如果卧室太冷，则不宜采用蓝色。如果想创造出充满激情的格调，可以添入红色。当然，如果只是用红蜡烛、红床单则更合适。否则很可能会影响睡眠质量。

此外，在卧室中点缀几片花瓣，摆上贝壳和简单的鹅卵石，让你随手接触自然，为你的卧室带来清爽的气息。

4.起连接作用的空间

除了房间之外，住宅里还有许多空间。如大厅的入口处、楼梯、楼梯平台、过道等。这些空间不仅起到连接的作用，而且在通过这些地方时可以顺便交谈，或者甚至彼此鼓励。

这些空间是活动的中心，也是客人来访时首先看到的地方。那么，主人准备给客人留下什么印象？明亮、暖端的色彩吸引客人，使客人感到这里温暖如家。如果想达到柔和、舒适的效果，就可以使用这些色彩：土红色、铁锈红、橙色、柠檬色。重要的是大门的色彩。在某些文化中心，大门总是涂成保护色，如黑色、白色、紫色或者蓝色。

一天高强度工作下来，回家后就想关上门，累得瘫倒在家里。如果这样，冷端的色彩会有助于主人一进入房间后就感到放松。

起连接作用的空间往往涂成中性色彩。比如非纯白色、奶黄色、米色。但是这些色彩显示静态气氛，因此当客人来访进门后，往往会驻足不前，不知道是往前走，还是等待主人来接。有时，这些起连接作用的空间小而拥挤，缺乏自然光线，不通气，而且凉飕飕的，采用不同的色彩可以避免一些这样的缺陷。如采用淡色，可以产生明亮、宽敞的效果；深色或很浓的色彩，会给人亲切的感觉。凉飕飕的过道可以用红色端的色彩粉刷，使过道显得温暖。不透气的楼梯平台可以用蓝端的色彩粉刷，使过道显得凉爽透气。

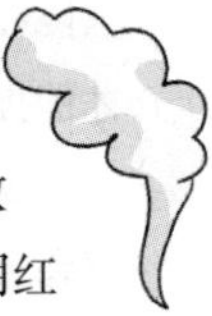

5.厨房

厨房和浴室的环境要明显不同，因为两个房间内所进行的活动完全不同。厨房不仅是烹调的地方，而且是家人聚集在一起吃饭，招待客人的地方。浴室是个私人场所，是一天劳累下来洗个热水澡的地方。

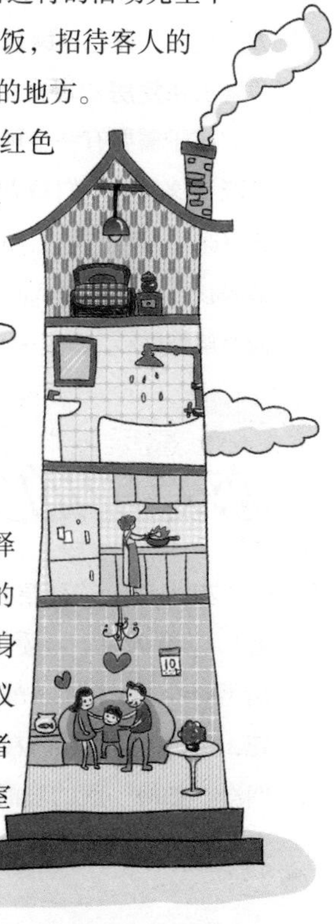

厨房是家的中心，色彩要温暖，要给人以欢乐。红色会提供能量，橙色刺激食欲且助消化，黄色有助于交谈。红色能够保护人们。所以厨房的地砖如果是土红色，会使我们在电脑前工作了一天，或者开了一天会之后，仍旧能够有精力在家里活动。厨房中还可以摆放装水果和蔬菜的盘子、各种器皿，可采用对比色或辅助色。

6.浴室

许多浴室都很狭小，甚至没有窗户，这时色彩的选择就很重要。目的是要使浴室显得相对明亮宽敞。较合适的色彩也许是蓝色或大海般的绿松色。这些色彩可以使人身心放松。但是浴室不能给人以过于寒冷的感觉，所以建议运用自然清新的暖色系，如蛋黄色、浅橘色、淡绿色或者原实木色，也可用浴垫、毛巾和浴袍的柔和色彩缓冲浴室中的冷色。

7.书房

书房也许是某个房间的一隅，也许是由阁楼改成。房屋主人在书房中从事业余爱好活动，或者孩子们在里面学习。以前人们一直认为，仅仅为了从事业余爱好活动而拥有书房是一种奢侈。然而现在越来越多的人在家办公，因此书房就变得不可缺少。也许自己的住房不够大，不能拥有一间独立的书房，而只能在另一个房间里隔出一角作为书房。即使是这样，也要考虑采用什么色彩才能提高自己的工作效率。

例如，自己的工作性质是脑力劳动而不是体力劳动，需要思考、阅读、写作或者想出新思路，黄色就一定能够激发思维。黄色与阳光的色彩最为接近，所以能够激发活力。

如果工作性质是艺术类的，如绘画、缝纫等，也许采用紫色较好。紫色可以激发创造力，同时能够避免干扰。

如果空间足够大，也许可以在房间的一角留出休息或可用以沉思的地方。这时，蓝色、绿色或者松绿色都是较好的选择。

8.儿童房

孩子需要有一个可供学习的地方。在孩子长大一些时，他们会偏爱明亮的色彩，这显示他们精力充沛。但是这些大胆明亮的色彩不适于孩子学习。因此最好采用较淡、较柔和的色彩，这样可以使孩子学习或做作业时注意力集中。如果孩子晚上难以入睡，是否因为房间的色彩太明亮，太刺激了？如果是，就需要调整色彩。

恋爱中的实用色彩心理学

有人说："爱情是红色的，是两颗激情澎湃的心，同时跳动又血脉相通！"有人说："爱情是水晶的颜色，可以显示出无数种不同的色彩，反映出不同的人生百态，酸甜苦辣。"有人说："爱情是白色的，像天空飘扬的雪花，洁白无瑕不揉一粒尘埃！"有人说："爱情是蓝色的，蓝得如天空一般的明净，如海一般的瑰丽深邃！"有人说："爱情是绿色的，一如你走入一望无际绿草如茵的草原，绿得让你眩晕而又不知所措！"有人说："爱情是紫色的，神秘而高贵，是来如风去无影的丽影……”

1.约会中的色彩密码

事实上，这些斑斓的色彩，不仅赋予人们对爱广阔无垠的遐想，而且为人们游刃于现实的爱情世界，提供了不可或缺的色彩心理应用元素。

生活中，几乎每个女人第一次和心上人约会前，都为穿什么衣服去这个问题而烦恼不已。不少白领女性认为白色衣服能使人显得干净、整洁，能让对方更好地看清楚自己，所以第一次约会穿白色或浅色衣服最合适。没错，白色衣服使人看起来干净、整洁，能彰显一个人的气质，也能充分展现女性之美。然而，第一次约会，大家多少都会有些紧张，想说的话都无法准确表达出来。这种情况下穿白色，在给人带来好印象的同时，也会让对方觉得自己冷淡，突显出白色的负面效果。实践证明，在前两次约会中，女性穿着颜色鲜明的衣服可以给对方留下轻松、愉快的印象；第三次约会时，女性穿上白色的衣服会给对方的心理造成巨大的印象差，让对方颇感意外，从而激发对方对自己的兴趣。可见，第一次约会时，女性最好不要穿白色衣服，等到第三次约会以后再穿白色衣服效果会更好。当然了，约会对象对颜色的偏好也是多种多样的，这就要求我们不能一概而论地说哪种颜色好，哪种颜色不好，要依具体情况而定，避免不好的颜色，选择适合自己和自己喜欢的颜色，穿出自己的个性。

谈完女士，我们再来看看男士。由于红色具有使人感情兴奋、情欲膨胀的心理效果，很多不怀好意的男性在第一次约会时，喜欢穿红色衣服出场。他们的真正目的就是第一次约会就把异性带回家。所以女性对于穿红色衣服赴约的男性一定要提高警惕，必要时可以毫不客气地转身闪人。对于男士而言，深颜色与调和色独具魅力，尤其应用在外衣上则更引人注目，比如深蓝色和砖红色最能引起好感和重视。与女孩子约会的时候，你大可不必西装革履，休闲一些的装束能够让你们更快地融合在一起，毕竟以后要是经常见面你也不可能次次都做非常庄重的打扮。不过，如果你是一个平时不大讲究穿着的男士，适度的包装一下还是必要的，因为女人都是细心的动物，她往往会观察你平时和约会所穿衣着的不同来判定你对她的重视程度。

2.缘分中的色彩密码

恋爱中的人们总喜欢提“缘分”一词。所谓缘分，就是指两个人的性格是否合适，合适了就是有缘分，不合适就是没缘分，当然了，如果性格合适却因为其他原因不能在一起只能说是有缘无分了。关于这方面，女性一般比男性更在乎一些。

色彩心理学认为，我们可以通过恋爱双方所喜好的颜色，识别对方和自己是否投缘。这有些类似配色中的色彩调和的原则，如果双方喜欢的颜色是类似色或补色，就说明二人比较投缘。

一般来说，喜欢白色或红色的女性，和喜欢蓝色的男性也比较投缘。喜欢橙色的男性与喜欢灰色的女性比较合适。喜欢蓝色的男性，和喜欢蓝色系或蓝色补色黄色的女性比较合适。喜欢黄色的男性，和喜欢紫色的女性特别相配。喜欢黑色和白色的女性也适合喜欢红色的男性。喜欢粉红色的女性与喜欢黑色的男性比较合适。喜欢红色的男性，与喜欢红色、橙色或绿色的女性比较合适。

需要注意的是，人对颜色的偏好并不是一成不变的，随着时间的推移或环境等因素的变化，这种喜好很容易改变。其实，一个人一旦喜欢上另一个人，尽管起初未必会喜欢对方喜欢的颜色，甚至是讨厌对方喜欢的颜色，但随着感情的发展，渐渐也会喜欢上对方喜欢的颜色，正如我们在第四篇心理定律中讲到的晕轮效应，即“爱屋及乌”了。所以，如果两个人是真心相爱，也不必太拘泥于通过颜色判断缘分，这种分析适合作为一种参考。

喜欢绿色的人：和平、朝气

魔术为什么能“欺骗”观众的眼睛